国家自然科学基金项目(51878591)(51478411)成果

高原山地人居环境适应性保护与建设

徐　坚　丁宏青　著

科学出版社
北　京

内 容 简 介

本书在高原山地人居环境，包括环高原湖泊人居环境分析研究基础上，突破传统城乡规划的研究方法，结合景观格局指数分析等量化分析手段，系统研究高原山地人居环境的空间格局特征、最具高原山地特性的垂直梯度特征。并提出适合高原山地的人居环境评价体系，以及适应性的高原山地人居环境保护与建设策略。本书为特殊地域的人居环境建设提供了融合传统城乡规划与空间规划理论、方法、实践方面的创新。

本书属于人居环境保护与发展领域的研究，可供国土空间规划、城乡规划、城市设计等相关专业的从业人员、老师、学生参考。

图书在版编目(CIP)数据

高原山地人居环境适应性保护与建设 / 徐坚，丁宏青著. —北京：科学出版社，2020.11

ISBN 978-7-03-066815-8

Ⅰ.①高⋯　Ⅱ.①徐⋯　②丁⋯　Ⅲ.高原–居住环境–环境保护–研究–云南②山地–居住环境–环境保护–研究–云南　Ⅳ.①X21

中国版本图书馆 CIP 数据核字（2020）第 221617 号

责任编辑：孟　锐／责任校对：彭　映
责任印制：罗　科／封面设计：墨创文化

科 学 出 版 社 出版

北京东黄城根北街16号
邮政编码：100717
http://www.sciencep.com

成都锦瑞印刷有限责任公司 印刷

科学出版社发行　各地新华书店经销

*

2020 年 11 月第 一 版　　开本：787×1092　1/16
2020 年 11 月第一次印刷　　印张：17 3/4
字数：450 000

定价：188.00 元

作 者 简 介

徐坚，女，云南大学建筑与规划学院副院长(主持工作)、教授；建筑学硕士，生态学博士；国家注册建筑师；西南地区建筑标准设计专家委员会专家委员、云南省建筑类专业教学指导委员会副主任委员、云南省城乡规划技术委员会专家、云南省及昆明市评标专家、云南大学学术委员会委员、第四届云南大学教学指导委员会委员、云南大学建筑与规划学院学术委员会主任。同时担任"国家自然科学基金委员会"评审专家；云南、四川、广东、广西多省区基础研究项目评审专家；云南省建设科技专家委员会专家；云南省科技奖评审专家；云南省住房和城乡建设厅专家技术委员会专家等社会公职。主要从事人居环境、城市设计、建筑设计、城乡规划、生态城镇建设的理论研究与实践工作。主持国家自然科学基金项目 5 项，参研若干项；主持及参加云南省自然科学基金重点项目及各类科研项目若干；主持及参加关于人居环境、城市设计、城乡规划、建筑设计等规划设计实践项目百余项；获科研及设计奖项若干；出版专著 3 本，合著 4 本；发表专业论文 90 余篇。

丁宏青，云南山地城镇区域规划设计研究院院长、高级工程师；建筑学背景下的资深旅游策划及规划、城乡规划、城市设计、建筑景观设计师。有三十余年的丰富从业经历，云南省知名项目管理者及设计师，并出版了相关设计论著。主持精品旅游策划及规划、城乡规划、城市设计、建筑景观设计项目百余项，擅于项目总体把控、资源融合、创意定制及设计细节贯彻。

前　言

　　山地研究早已成为科学研究的前沿方向。比山地更为复杂脆弱的高原山地作为全球变化响应的敏感区，受自然条件限制显著，山多地少，人居环境开发建设与生态环境保护、农田生存空间等的矛盾日益严重。

　　2012 年国家自然科学基金委提出的研究重点领域指南中指出："环境变化研究表明，人类已具有通过改变生物和非生物的过程来影响和改变地球系统运行状态的能力。由于人类活动影响地球系统的方式和程度有所不同，地球环境在不同尺度和不同区域的响应方式和表现结果存在显著差异。如何定量地刻画和区分人类活动对环境变化的贡献，特别是如何理解土地利用与土地覆盖变化、城镇化、工业化等大规模人类活动过程与地球自然过程的叠加和相互作用，已成为学术界关注的重大科学挑战。"据此表明，高原山地环境变化与人类适应是科学研究的重点方向，包括人居环境中生态环境保护、可持续发展、特色塑造等重点领域。

　　高原山地普遍具有以下特征：①高原呈波涛状。相对平缓的山区占总面积的比例极小，山地尺寸既有大尺度的高原尺寸，也有小尺度的山地尺寸，加大了研究和开发建设的复杂性和艰巨性。②高山峡谷相间。山岭和峡谷相对高差大，垂直梯度特征明显，且变化快。③地势随地形地貌呈阶梯递降或递增。每一梯层内的地形地貌都十分复杂，高原面上不仅有丘状高原面、分割高原、大小不等的山间盆地，还有巍然耸立的巨大山体和深切的河谷，把本来已经十分复杂的地带性分布规律变得更加错综复杂。④众多断陷盆地星罗棋布。盆地及高原台地形成的"坝子"，所占比例不大，但所起的推动、辐射、中心作用明显，带动周边山地城镇的发展。现"坝子"作为城镇化水平最高区域存在的同时，已几乎被填满。⑤山川湖泊纵横。山多、河流湖泊众多，构成山岭纵横、水系交织、河谷深渊、湖泊棋布的特色景观。因此，高原山地人居环境地处复杂、恶劣的自然环境，生态环境脆弱，自然灾害频发；人居环境保护与建设难度大，易造成"建设性破坏"和"破坏性建设"；自然条件影响下形成的封闭单一的自然经济模式导致经济文化落后的局面；基础设施和社会事业发展滞后，人居环境亟须改善提升。

　　本书以云南作为主要研究对象，其中"高原山地"为广义的概念。处于典型高原山地区域的云南，民族众多，是"一带一路"倡议中打造国际贸易投资合作开放新平台、建设连接南北大通道的主要着力点，是中国向西南开放的前沿和窗口。云南急切需要加强生态文明建设、改善人居环境、塑造高原山地人居环境名片，以便主动融入国家发展战略，立足西南边疆，确保生态安全屏障作用，塑造人居环境特色，保护和更新地域性人居环境特征。

本书作者长期致力于高原山地人居环境的理论研究与实践校验，主持了 5 项国家自然科学基金项目：基于适应性的高原山地民族传统人居环境空间格局及文化景观特征研究（51878591）、基于生态适应性的环高原湖泊人居环境保护与开发建设研究（51478411）、高原山地垂直梯度人居环境变化及生态适应性研究（51268057）、滇西北城镇生态适应性与景观格局保护、优化研究（50878189）、云南民族宗教建筑群景观环境体系建构研究（50578137）。依托云南山地城镇区域规划设计研究院，作者主持及参与了大量关于高原山地人居环境的实践项目，如：云南晋宁盘龙寺旅游总体规划、昆明市东川区红土地镇总体规划及镇区修建性详细规划、红河州龙朋特色镇总体规划、东川乌龙特色镇总体规划、云南叶枝县保护性规划、石屏县历史文化街区保护规划、云南六库赖茂新城景观风貌规划、石林县城市色彩规划设计、石屏县城东部片区城市设计项目、石林南片区控制性详细规划及站前广场修建性详细规划、石林康德明珠规划及建筑设计、石林小东山片区修建性规划及建筑设计、石屏焕文广场城市综合体暨石屏县棚户区改造项目修建性详细规划及建筑设计、石屏县城市环境卫生专项规划、石屏县城市抗震防灾专项规划、石林郦邦国际修建性详细规划及建筑设计、大理海东部分地块修建性详细规划及建筑设计、大理才村等村庄旅游规划及村庄规划等。在理论与实践相结合的过程中，为高原山地人居环境可持续发展提供了科学、安全、适应的学术高地平台。

　　本书是国家自然科学基金项目（51878591、51478411）成果，作为高原山地人居环境的系列研究成果，在对前人研究分析总结的基础上，结合 GIS 等方法进行部分区域的科学、量化探索，主要形成了三个方面的研究内容：①建立高原山地人居环境适应性评价体系，包括适应高原山地特点的地形适应性、土地利用适应性、气候适应性、水文适应性、垂直分异适应性分析；②总结高原山地人居环境平面层面及垂直层面上的格局特征，并根据其特点及保护建设需求，进行适应不同要求的区划划分；③基于适应性原则，提出高原山地人居环境及不同区划划分特点下的保护及建设开发策略。

　　在高原山地区域，人居环境的建设必然遵循"便捷性"原则。但随着坝区逐渐被占满，城镇呈现"摊大饼"、单一、集中连片发展态势，优质耕地流失情况严重，人居环境发展与自然生态争地的现状显著。本书中的研究综合高原山地自然、人为因素，引导城镇建设向土地可持续利用、山地开发经济性、避免山地灾害等适应性方向发展，合理、科学地进行建设。基于对自然环境、建成环境、社会生态的适应，在人类聚居环境的人地关系、建筑营造、文化烙印等方面，呈现人居环境建设中的历史、整体、共生、环境、场所、新颖、结构、弹性、绿化等建设策略，为高原山地人居环境可持续发展提供科学依据。

　　本书内容是作者及其团队长期以来的成果总结。其中云南山地城镇区域规划设计研究院对本书的研究给予了大量实践方面的合作支持，设计院的李冰、郑贤珊、方芳、喻少非等丰富的实践经验为本书内容提供了宝贵的材料。本书作者及其研究团队中的李英全、梁彦杰、李冰、周盛君、韩晓飞、高永吉、赵紫辰、汤晨苏、刘尧、方芳、杨启明、王佳旭、张振、唐渝、戚少佰、卢炀炀、李超、刘超、杨敏艳、唐富茜、胡海龙、金艳琴、蒋逵欢、张卫、张振伟、李伟、陈安旺、马少谱、杨聆、许永涛、兰芝敏、崔汉超、王连鹏、黄海云、陈佳慧、陈煜琨、胡红、高玄、叶海涵、杨平、张帅、单欣、王儒黎、魏爱松、邱丰杰、邓浩洋、徐定怡、郑良俊、田涵、马雯钰，均在长期的研究工作中付出了大量的心血，才能使针对高原山地人居环境的研究取得一定的进展。本书中采用的部分案例及理论成果，也是团队长期的智慧结晶。

针对高原山地人居环境的研究复杂而艰巨，具有研究的必要性与紧迫性。同时研究路途艰辛，任重而道远。但为了高原山地人居环境的保护和可持续发展，研究仍将继续。

由于写作时间及作者水平有限，书中难免存在疏漏之处，敬请读者批评指正。

徐　坚　丁宏青

2018 年 10 月

目　　录

1 高原山地及适应性

1.1 山　　地

国内外对于山地的定义主要强调地形地貌特征。Messerli 和 Ives 在 *Mountain of the World: A Global Priorty* 一文中将具有坡度和高度两个组合特征的用地界定为山地。联合国环境规划署世界保护监测中心(UNEP-WCMC)根据海拔和地形起伏度特征，将海拔高于 2500m 的区域，海拔介于 300~2500m，但表现出较陡坡度或在小范围内起伏很大的区域定义为山地。

山地在《辞海》中被定义为：地面起伏显著，群山连绵、岭谷交错，海拔一般在500m 以上，相对高度大于 200m，具有独特气候、水文、土壤和生物群落特征的区域。

山地在地理学科中被定义为：地球陆地系统中具有显著绝对高度和相对高度的多维地貌单元，是地球表面系统中结构较复杂、生态功能齐全、生态过程多样且影响强烈的区域。狭义山地的定义是指海拔 500m 以上，相对高差 200m 以上的高地，且地形起伏大、坡度陡峻、沟谷幽深，多呈脉状分布。广义山地包括地理学划分的山地、丘陵和崎岖不平的高原。山地以较小的峰顶面积区别于高原，又以较大的高度区别于丘陵。

《中国地貌区划》中根据绝对高度，将山地分为极高山(>5000m)、高山(3500~5000m)、中山(1000~3500m)和低山(500~1000m)四类。

李炳元等(2013)在《中国地貌区划新论》一文中将不同海拔的山地划分为几个等级，见表 1-1。

表 1-1　中国基本地貌类型(李炳元等，2013)

形态类型	低海拔 <1000m	中海拔 1000~2000m	亚高海拔 2000~4000m	高海拔 4000~6000m	极高海拔 >6000m
丘陵 (<200m)	低海拔丘陵	中海拔丘陵	高中海拔丘陵	高海拔丘陵	—
小起伏山地 (200~500m)	小起伏山	小起伏中山	小起伏高中山	小起伏高山	—
中起伏山地 (500~1000m)	中起伏低山	中起伏中山	中起伏高中山	中起伏高山	中起伏极高山
大起伏山 (100~2500m)	—	大起伏中山	大起伏高中山	大起伏高山	大起伏极高山
极大起伏山地 (>2500m)	—	—	极大起伏高中山	极大起伏高山	极大起伏极高山

广义的山地包括地理学划分的山地、丘陵和崎岖不平的高原。山地作为自然地理中的实体环境，区别于平原在地理位置、地质条件、地形地貌、气候水文等环境要素方面，具有特殊性(图1-1)。

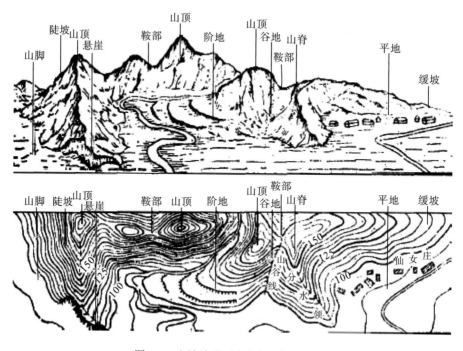

图 1-1　山地地形示意(潘延玲，2000)

1.1.1　山地自然环境

1.1.1.1　山地环境及其特殊性

山地特殊的自然资源和环境条件，具有山地特殊的自然地理特性。山地生物系统的关联性强，与地质、土壤、气候密切相关，是具备自我协调能力的生命生态循环体系；山水之间生物系统及地理地质条件差异度大；山地地理空间具有隔离性，在山地开发和保护过程中，始终是起障碍作用的因素；山地生态系统的自我恢复力低，特别是水土基本要素的自我保护能力极低；山地资源分散，适宜耕种的土地和相对集中的植物资源较少。所以，山地作为物质和运动都极为丰富而复杂的自然地理环境实体，各种层次的运动均可能交叠和相互作用，且其中有大量人类还未知晓的自然过程和自然规律。

作为特殊的生态系统，山地环境中形成物质循环和能量流动的非生物因子和生物因子所起的作用被明显扩大或减小：在非生物环境中，地质、地形、气候和水文等因子的稳定性较差，使地基承载力、土壤分布、日照、空气流动、水体活动的不均匀性加强；在生物环境中，山地植被、动物等因子的生存困难，有机物的生长、发展极不稳定，有机物与环境之间的相互联系和相互作用受到影响。所以，山地生态系统具有地质的不稳定性、地形的复杂性、气候的多变性、水文的动态性和植被的重要性等特点，并具体表现出以下各方面的特性：

1) 垂直梯度性

由高度变化而出现地面温度的垂直梯度变化是山地自然生态条件和生物资源种类垂直分带的主要原因。通常，海拔每升高 100m，温度降低 0.3℃～0.7℃。热量变化的结果使植物种群(群落)变化程度相当于平面上从南到北 100km 距离的变化，同时动物区系和微生物区系也发生相应垂直变化。土壤的垂直梯度与植物垂直梯度变化，在大多数情况下表现出更明显的对应变化趋势。

自然生态条件和天然生物资源的垂直分带性，为农业生物种类、生态生理活性、农业系统类型及其结构的带状布局提供了层次性与丰富度。

2) 平面异质性

平面即水平方向的延展。平面异质性作为一种综合属性，是某些事物或要素的性质和存在状态，通过海拔、山体形状、地面起伏度、地质和土壤条件、风和降水等众多地质地理要素相互作用而表现。山地平面方向的异质性是引起农业活动方式、农业系统结构复杂化、功能多样化的根本原因之一。

3) 生态位不饱和性

"生态位"一词有多种不同的解释，本书采用"为生物提供生理生态综合需要的空间"这一概念，其中"生理生态综合需要"被理解为总体生态位(简称生态位)，其中的每一个生理生态因子或要素就是这个总体生态位的一个"维"，叫作生态维。不同生境所蕴含的生物生长发育必需的生理生态要素的种类、性质、显效范围和能力不尽相同。山地特有的垂直生态性和平面异质性特征，导致总体生态位维数比平原要多得多。而一定的生物种类对生态位的需求在不同区域、不同生境的差异是不大的。所以，与平原相比，山地有一些生态位不被占据，具有生态位不饱和性，能容纳或适宜于更多种类的生物。

另外，农业活动不仅受自然生态条件限制，也受社会经济条件影响。由于受到多种自然和社会经济因素的影响，山地农业系统的农业生物种类和农业活动内容并不比平原丰富，如高山旱作种植业和高原牧场反而显得更单调。这样，山地就留下了许多生态位空位。

生态位不饱和性为山地农业和山地生态系统的发展提供了巨大的潜力。

4) 生态环境脆弱性

山地生态环境脆弱性的基本含义有二：一是指山地生物资源对开发活动的承压力低，对破坏后的再生复原力弱；二是指山地地质、土壤的抗扰动性差。所以，山地生态环境的脆弱性集中表现为山地自然生态系统的脆弱性，其中又特别突出地表现为土壤-植物系统的脆弱性。在大多数情况下，山地土壤即是坡地土壤。坡地土壤在下滑势能与雨滴、径流和地质力等的联合作用下，具有侵蚀、石化、沙化、"幼年化"等退化危险性；而谷地和台地、凹地土壤则易遭受斜坡和上游碎屑物、石砾掩埋，从而使土壤肥力降低、植物立地条件或农业活动条件恶劣。土壤侵蚀和掩埋作用是山地生态环境先天脆弱的集中反映。人类的开发活动如耕作、修路、开渠、砍伐木材等稍有不当或不慎，都将加剧稳定机制本来就很脆弱的山地生态系统进一步退化。

自然生态环境脆弱性导致经济活动支撑系统的脆弱性，而建立在脆弱生态环境背景上的农业生产活动是不稳定的，这是山地农业经济活动系统脆弱性的含义之一。另外，脆弱生态环境导致生产力低下，环境恢复力和生物资源再生力弱，其经济活动系统也是脆弱的。对于大多数贫穷的山区而言，通常采取的解决办法或者主要途径是强化资源开发，导致"贫穷—环境资源退化—贫穷"的恶性循环结果。

5）自然及区位边际性

边际性有两层含义。其一，山地通常是自然地理区域分异的界线，这种界线特征的实质常常表现为自然条件和自然资源的分异起始。事实上，不同区域之间的热量、降水量等，常常沿山脉走向延伸，土壤和动植物资源的类群分化常常以山地为界线。不同的地理生态区受自然环境和资源基础差异的影响，人类社会经济必然形成不同的特色，而同一自然区内的人类活动则总会有相同的特征，由此使山地成为不同类型、不同特征人类活动过渡性、转换性的边际地带。其二，历史上，人类文明的发祥地大都在大江大河沿岸及下游地区。山地作为江河流域的分水岭和源地，常常成为开发较晚、开发程度较低的"边缘"地区。

6）难达性

造成难达性的是山地"碎、险、散、远"的自然属性。碎，指地形破碎、地形起伏大；险，指山地灾害如坍塌、泥石流、滑坡等发生频繁，危险性大；散，指人口稀少、居住分散，经济活动分散；远，指远离行政、文化、经济、贸易等中心，即远离城市和市场。这些因素的结合，增加了发展交通和通信设施的投资，降低了投资效益，从而使山区交通困难，通信不畅，严重阻碍了山区内外的联系，也导致文化意识方面的不易接近性，使外界无法广泛而有效地参与山地的社会经济活动，难以对山地社会经济活动产生有效的影响。

1.1.1.2　山地自然环境主要研究成果

山地占全球陆地面积的五分之一，承载了全球一半人口的生存与生活需求。山地提供全球一半人口的淡水资源，是地球上生物多样性保存最好的区域，是全球自然保护的"核心区"，是自然资源赋存的主要区域。1992 年，联合国环境与发展大会通过的《21世纪议程》中的第 13 章对"管理脆弱的生态系统：可持续的山区发展"做了专门论述，指出："地球上绝大部分山区正面临环境的恶化，因此需要立即采取行动，适当管理山区资源，促进人民的社会经济发展。"

中国陆地国土面积约有三分之二为山地。全国地势西高东低，西部地区地形以山地为主，城镇、村落等人类聚居空间受山地自然环境影响形态各异。中国陆地国土面积中山地约占 33.3%，丘陵约占 9.9%，高原约为 26.0%。

学者们对山地自然地理特性方面的研究起步较早，目前，关于山地自然特性的研究已相当丰富，相关研究主要集中于山地资源开发研究，山地降水空间分异研究，山地土壤、动植物、气候等方面的研究。

1）山地旅游资源开发研究

山地旅游是旅游领域发展迅速的一项新产业，山地旅游的开发引起了国内外诸多专家学者的关注和重视。

国外关于山地旅游的研究，主要从生态学、环境学等角度出发，应用遥感技术、GIS技术，对山地旅游开发进行合理的分析与规划。如 Kuniyal(2002)从环境保护的角度，研究了山地探险旅游对山地生态环境的负面影响；Beedie 等(2003)对山地探险旅游的发展趋势、安全性以及对探险旅游存在的危险因素等进行了研究。Ahmad(1993)对山地旅游带来的山地生态环境的破坏进行了研究。

国内学者对旅游的理论发展研究主要侧重于旅游资源的开发与评价、旅游规划、旅游地生态环境保护、旅游产品设计、旅游市场的开发与旅游市场的发展演变规律。

万绪才等(2002)建立了山岳型旅游资源质量和旅游地环境综合评价体系，并结合黄山、泰山等，进行了山地旅游资源的定量评价与开发研究；姜辽等(2007)在山地旅游开发对环境的影响、山地旅游环境质量及其评价、山地旅游环境保护对策、山地旅游环境容量与承载力、山地旅游环境可持续发展等方面进行了综合分析研究；王昕(2002)在《论山地开发与旅游》中论述了山地旅游资源的特征，并对山地环境的基本特征进行了论述，在此基础上，提出了山地旅游资源开发的策略以及可能达到的综合效益；在冯德显(2006)的《山地旅游资源特征及景区开发研究》一文中，详细分析了山地旅游资源的特征及其分布规律，提出了山地旅游资源开发以及山地景区建设应该遵守的 5 大原则；刘玉发(1997)以广东省为例，对山地旅游资源的特点及其开发利用原则进行了探讨；陆林(1995)以安徽黄山为例，对山岳型旅游地的生命周期进行了理论研究。

郭彩玲(2006)对我国山地旅游资源的整体特征进行了论述研究，并提出了山地旅游可持续发展的开发政策；黄静波在《山地型景区旅游产品设计——以郴州市为例》一文中进行了山地型旅游产品的设计研究；闻扬等(2009)以四川山地旅游资源为研究对象，提出了四川山地旅游必须重视社区居民的能动性，重视社区居民的参与，并提出社区参与山地旅游发展的策略；陈兴中(2004)对西部山区旅游地进行了可持续发展研究；李景宜(2002)在《"黄金周"山地旅游市场竞争态及其转移研究》一文中，对中国重要山地旅游目的地在"黄金周"的旅游业绩进行了分析，将市场占有率和增长率作为指标，构建了定量描述旅游市场竞争格局的动态模型，从发展的角度对山地旅游地的市场演变进行了研究。

2) 山地降水空间分异研究

近年来，国外学者在对山地降水的空间分布研究中将海拔考虑到地理统计中，一些研究利用回归方程，建立了降水与地形变量值如纬度、经度、大陆度、坡度坡向的回归方程。Sevruk 等(1998)在小山前流域降水分布研究中考虑了风和地形的影响。Tsanis 等(2001)利用 ARC/INFO GIS 开发了直观显示降水分布的程序，在程序中使用了 Spline、IDW 和 Kriging 插值方法。Woltling 等(2000)利用主成分分析方法分析了地形特征对降水分布影响的重要性，通过 DEM 建立了降水分布模式。Marquínez 等(2003)考虑用地形变量如坡向、坡度等作为多元回归因子，求得了降水空间的回归方程，得到 30 年的月平均标准误差为 10%，绝对误差为 8.1~26.1mm，是观测值的 13%~19%。但该方法在山区得到的精度是有限的，Marquínez 为提高回归方程的计算精度，将研究区域的降水分为干季和湿季，分别建立了回归方程。

李新等(2003)对空间内插方法研究比较后得出：没有绝对最优的空间内插方法，只有特定条件下的最优方法。因此，必须依据数据的内在特征，依据对数据的空间探索分析，经过反复实验，选择最优空间内插方法，并对内插结果做严格检验。李新等(2003)用反距离平方、趋势面、Kriging 插值法、CoKriging 插值法和综合方法对青藏高原气温进行了比较研究，认为：样本本身的空间分布是影响插值精度的重要因素，合理的采样设计是必要的前提，对于台站稀少的地区，必须把随机插值方法和确定性方法结合起来估计气候变量的空间分布。此方法也同样适用于降水等其他气象要素。林忠辉等(2004)选用距离平方反比法、梯度距离平方反比法和普通克立格法 3 种插值方法进行研究方法选取的探讨，研究认为，对一种气象要素合适的插值方法，对另一种气象要素并不一定合适，选择合适的插值方法应结合数据本身的特点和空间特性来决定。庄立伟等(2003)选择 Kriging 插值法、以经纬度分布方向为权重的距离权重反比法(inverse distance weighting，IDW)及带高度梯度订正的距离权重反比法(gradient plus inverse distance weighting，GIDW)3 种插值法对东北逐日气象要素进行了插值方法研究，对降水来说，IDW 估值精度高于 Kriging 插值法，而且插值结果的平滑程度较小，更适合于日降水量的空间插值，精度较高的原因在于研究中考虑了经向梯度、纬向梯度、海拔梯度存在明显的季节性变化，采用了根据气象要素经纬度方向确定权重，以及根据气象要素高度梯度年内变化进行高度订正的结果。

对气象要素空间插值方法的研究已久，所有的方法都是根据气象要素形成的气候学成因建立其与经度、纬度和海拔及其他地理因子影响的回归方程，进而推算得到空间格点月、季、年值气象要素场。近几年来，Kriging 插值法等地统计学方法在气象单要素等空间插值中得到较多应用，对历史气象要素插值的时间尺度也发展到月、旬。但这些插值方法只考虑观测站点间的空间关系，没有考虑其他景观特征，插值精度有限。对观测台站稀少，测点分布又不合理的地区，空间内插是研究区域空间变量空间分布的基本方法，是建立空间模型的前提之一。数字地面模型是山地降水空间分布研究的基础数据，不同的地形特征对降水的分布格局产生不同的影响。随着 GIS 的发展，对降水等气候要素空间分布的研究有了新的平台。基于 GIS 的空间插值可以进一步减少误差，提高插值的精度。

王兮之等(2001)利用 ARC INFO GIS 建立了研究区的栅格数字高程模型(digital elevation model，DEM)及近 30 年的平均降水量空间数据库，采用 9 种插值算法计算并比较分析研究区多年平均降水量的时空变化，结果表明：综合方法计算精度最高，最大相对误差为 6.395%；其次为普通 Kriging 法，最大误差为 6.756%。李正泉等应用地理信息系统和数据库等计算机技术，采用趋势面分析、逐步回归、宏观地理因子模拟与小地形订正方法，分区构筑了东北 3 省降水和湿度空间分布的数学模型，所得结果与实际较为吻合，可满足多方面的应用。

3) 山地土壤垂直分异研究

杨月圆等(2013)基于云南省空间纬度的土壤信息带谱的研究显示，在纬度方向上土壤带谱滇西北比滇东复杂，且长度随纬向递增；在经度方向上，热带区域的土壤垂直带谱结构相对较简单，亚热带区域的土壤垂直带谱结构、长度趋于一致，温带高原气候区的土壤垂直带谱结构最为丰富和复杂，且再次体现了相同基带上发育的土壤带组成基本相似的规律，但各区内部随经度变化的规律不明显。

汪汇海等(2004)的研究表明，由于元江河谷山地地势高低悬殊，相对高差可达2000m，土壤资源的垂直分异规律非常明显，由低海拔到高海拔依次分布：北热带干热河谷燥红土带(海拔 1000m 以下)、南亚热带丘陵赤红壤带(1000~1300m)、中亚热带低山红壤带(1300~2000m)、北亚热带中山黄棕壤带(2000m 以上)等。

4) 山地植物垂直分异方面的研究

刘洋等(2007)在《纵向岭谷区山地植物物种丰富度垂直分布格局及气候解释》中对不同纬度上的 5 个研究区域进行了分析对比，结果表明研究区山地植物物种丰富度沿海拔梯度由平缓至递减或先增后减——物种丰富度在山地中间海拔最大；随着纬度的增加，山地植物物种丰富度沿海拔梯度最大值出现的位置依次升高；物种密度与物种丰富度垂直分布格局相同。

朱珣之等(2005)在《中国山地植物多样性的垂直变化格局》一文中总结出在各种多样性格局中，沿海拔梯度物种丰富度会出现一个最大值。如单峰格局，峰值出现在中海拔地段；而负相关格局可以认为其峰值出现在最低海拔处。其他少见格局中也都有物种丰富度最大的地区。

刘兴良等(2005)通过对山地植物研究进展的研究，发现山地植被植物群落物种多样性随海拔的变化规律一直是生态学家感兴趣的问题，但研究结果差异较大。主要包括以下五个方面的特征：①植物群落多样性与海拔呈负相关关系；②植物群落物种多样性在中等海拔最大；③植物群落物种多样性在中等海拔较低；④植物群落多样性与海拔呈正相关；⑤植物群落物种多样性与海拔无关。

5) 山地生态系统的研究

党国锋等(2017)根据陇南市山地生态系统基本特征，运用 GIS 技术，从土壤侵蚀、石漠化和地质灾害 3 个方面对陇南市土地生态敏感性展开了单因子评价和综合评价，并对综合评价结果进行了趋势面分析。尤南山等(2017)以黑河中游为研究区，基于基础地理信息数据、自然地理数据和土地覆被数据(1986 年、1995 年、2000 年、2010 年、2011年)，在生态敏感性和生态系统服务重要性分析的基础上，以最小子流域为基本单元，运用二阶聚类法进行生态功能区划，并依据主导生态系统服务对研究区进行分区管理与生态调控。范水生等(2015)结合山地型休闲农业的地域特征，根据生态、生产、生活的功能内涵，从水分调节、养分循环、产品生产、废弃物处理、生物控制与多样性保护、氧气释放、二氧化碳固定、休闲游憩、文化服务等 9 个方面构建了生态服务功能评价指标体系，建立评价模型，对闽清丰达休闲农业大观园案例进行实证分析，表明其具有适宜性。

程鸿(1983)在《我国山地资源的开发》中指出，山地受区位、海拔、地形地貌、坡度坡向等多种因素的综合影响，山地气候、土壤、植被、水文、地表物质存在较大差异，致使山地在不同程度上表现出资源种类和结构的多样性。而中国作为多山国家，开发山地资源具有极其重大的战略意义。彭盛和(1996)提出了山地资源开发过程中面临的问题，对多样化山地资源的开发提供了必要的技术及理论支撑。马溶之(1965)针对山地土壤分布规律，从地带性、垂直性、地域性几方面对土壤结构、类型、组成进行了相关探讨。张红平等(2004)研究了山地降水空间分布特征、分布模式等相关问题。方精云等(2004)在《试论山地的生态特征及山地生态学的研究内容》一书中，分析了山地地形的主要要素对生态因子的影响，对山地的生态效应进行归纳，探讨了山地生态学应包含的主要研究内容。此外，龚伟等(2004)也分别对不同地域环境下山地生态系统特性、生态恢复、山地生态平衡、山地生态系统循环等多个相关课题展开了研究。

1.1.2 山地人居环境

1.1.2.1 山地人居环境特点

人居环境(human settlement)指人类聚居生活的地方，是与人类生存活动密切相关的地表空间，包括自然、人群、社会、居住、支撑五大系统。山地人居环境反映在五大系统上具有以下特点：

1) 自然系统特点

(1) 独特的自然生态特性。山地生态特征的因素是综合性的，它包括山地自然地貌、植被、气候、水文、山地物产资源等多方面的内容。每个因素又包含多样化和复杂化的子因素，如起伏变化、高低、坡度不同的山岗、丘陵、台地、谷地、山间盆地等地貌类型因素。山地地貌决定了山地的日照、通风、采光的独特性。山坡地的阴、阳面的可居条件相差极大，建筑间的日照间距因地形的坡度不同与平原有所区别。地形主导风向、风速，与山地地貌特征密切相关，如山顶风速大，障碍物迎风面及背风面较低处风速降低、垂直山谷走向的风速减缓、顺山谷风速增大等。

(2) 生态环境脆弱，易发生自然灾害。山地特殊的自然地质、地貌特征，会引发如山洪暴发、泥石流、山体滑坡、水土流失、地震灾害等山地灾害。

2) 人群系统特点

(1) 人群结构简单。除集中布局的城镇外，大部分山地环境的人群身份较为单一，主要为农户，从事农业、种植业、林果业等。

(2) 具有民族多样的特点。如中国西南众多的山地、丘陵地区，交通闭塞、经济落后，多因古代少数民族部落为躲避战乱、外族入侵等历史原因定居至此，山地人群组成多民族成分。

(3) 人口结构不平衡，老龄化严重。由于边远地区自然资源贫乏，生活条件恶劣，交通通信不便，青壮年劳动力普遍流向发达地区，给山地人居环境的可持续发展带来不利影响。

3) 社会系统特点

(1) 地域文化与人文景观独特而丰富。在山地聚居的各个民族在漫长的生存与发展实践中，逐渐形成和积累了与自然和谐相处的智慧，形成丰富而又独特的当地文化，构成富有民族和地域特色的人文景观。

(2) 邻里内聚程度高。山地人居环境中，与外来人口的交流少，邻里的交流更加密切，以互相帮助、共同克服恶劣的生存环境。

(3) 历史气氛浓厚，传统观念强。

(4) 集聚以资源型集聚、族缘型集聚为主。资源型集聚多以农业资源为基础、以具有相同或相似生产生活方式的人们在空间上的集聚，社会结构呈现以家庭为单位的松散关系；族缘型集聚为具有共同文化起源、秉持共同生活习俗的人们在空间上的集聚，聚落呈现出以族群标志构筑物或空间为中心、众多基本单元围绕的均质空间。

4) 居住系统特点

(1) 生态适应性明显。传统农业社会中，由于经济落后、科技水平低下，山地民居营建的技术措施以被动式适应的营建技术为主。

(2) 建筑空间形态丰富。建筑群体布局，因山地高低、零碎的地形特征，群体布局常随山就势、化整为零、分散布局。随着宗族聚居的人口繁衍、民居扩建，民居群落随机自由生长。在建宅择址之初，选择地势坡度较为平缓的坡地、台地，避开受洪涝灾害、泥石流、山体滑坡等山地自然灾害作用频繁的危险地段。在地基面积受限制时，采取筑台、错层、落层、悬挑、吊脚等技术措施，材料的运用方面以当地自然物产为主，常常以木材、山石、黏土砖瓦作为民居的梁柱结构、墙体基础、屋面材料。民居的层数、悬挑距离、落层、吊脚等技术均受地形及技术的制约。

(3) 营造思想为传统哲学理念。受儒家思想影响，中国的山地人居环境建立在对自然界规律的认知、人与自然和谐的基础上。在民居建筑群体组合与山地自然生态环境结合上，充分体现道家师法自然、因地制宜的"天人合一"朴素的自然哲学观，使山地民居依山就势、高低错落有致，人工与自然浑然天成。

(4) 聚居形态分散、隔绝。山地区域结构与居住形态，大多建立在对自然地形地貌条件的适应以及自给自足的农业型经济基础上，所以自然环境的相对隔离和山地传统农耕方式的分散性，决定了山地聚落分布和人居环境建设的离散化特点。

(5) 被动式关系。山地居民多与环境形成主观被动式适应关系，为进一步提高生活环境的安全性、便捷性、舒适性等，也采用一些主动式适应方式，对环境进行适当的改造。

5) 支撑系统特点

(1) 可发展空间小。山地人居环境受空间限制，发展只能向河谷地区和峡谷地区拓展。但由于地质地形条件的限制、山地灾害的威胁、开发建设的经济性要求、农业发展和道路基础设施争地等因素的影响，未来人居环境可发展的空间极为有限。

(2) 基础设施薄弱。山地人居环境受地域广大、人口稀少、地形限制、城镇布局分散、基础设施占线长、投资大的影响，城镇基础设施薄弱，市政设施和文化卫生教育设施水平普遍较低，供水、供热、供电和排污等设施建设滞后。

(3) 除城镇外，经济生产活动基本为农业，且具有脆弱性。山地主要经济生产活动为农业生产，但脆弱生态环境中的农业生产力低下，环境恢复力和生物资源再生力弱。

1.1.2.2 山地人居环境主要研究成果

山地人居环境建设是结合山地研究与吴良镛教授带领下的人居环境科学两大研究领域而来。近年来，随着人口急剧增加，城镇化进程不断加快，人类活动对山地开发日益加剧，山地人居环境建设研究逐渐成为热点。山地人居环境思想的本质，是探索城市人工建设与山地自然环境的关系，探索人类聚居发生、发展的客观规律，建设适宜人类生存的山地可持续发展环境，建立人与自然的和谐共生关系。

战国时期，《管子·乘马》篇提出了有关山地条件下城市营建思想的规制，"凡立国都，非于大山之下，必于广川之上；高毋近旱，而水用足，低毋近水，而沟防省；因天材，就地利，故城郭不必中规矩，道路不必中准绳。"重庆大学赵万民教授在《关于山地人居环境研究的理论思考》中指出，早在古代，中国的城市和建筑就已传递出山地人居环境的建设思想，崇尚自然、"天人合一"、人类选择优美山水环境聚居的历史渊源等。

此外，赵万民等（2013）从防灾减灾的角度对山地人居环境建设展开了研究，他们认为，"山地环境的复杂性决定了山地灾害的复杂性。只有把山地灾害的特性研究透彻，从理论高度指导山地城市的建设，避免或减少山地灾害的发生，使人的基本需求——安全得到保障，才能谈得上山地人居环境的建设"。

王纪武（2006）认为，山地城市人居环境的建设具有不同于平原城市的特殊性。城市化的推动力以及城市发展的巨大惯性，对山地城市人居环境的可持续发展提出了许多问题。山地人居环境建设，需要透视更远的时空跨度，以了解历史预见未来；审视更广的地域空间，从广阔的区域背景探求城市发展的可持续之路。

徐坚等（2008）在《山地环境中廊道对人居格局及城镇体系的影响——以滇西北为例》中以人文纽带辐射下的山地人居环境为研究重点，探讨了山地环境中自然廊道和人文廊道对山地人居格局及城镇体系的影响，并探索了山区脱贫和发展的可行途径。徐坚在《山地生态适应性城市设计》一书中重点强调了山地城镇应以高效整体的适应原则建立与自然和谐共处的城镇环境。徐思淑等（2012）在《山地城镇规划设计理论与实践》一书中构建了山地城镇建设的适应性理论体系。

传统的山地人居环境是建立在传统的农业社会经济、文化基础之上的对自然环境的被动式生态适应，现代山地人居环境将以现代生态学为指导，突破山地特殊生态特性对人类的制约，实现人与山地自然和谐共生，满足居民物质和精神双重层次的需求。

1.1.3　山地城镇规划与建设

关于山地城镇的建设，韦小军（2003）从生态性角度提出，对地形地貌的利用与处理，是山地传统聚居考虑的中心问题。对环境尊重的本质，是设计和建造者对生态性原则的深层理解和创作实践。山地建筑布置、道路走向、基础设施布局等都受到自然地理条件的制约。阎利等（2009）认为山地城镇建设应学会巧用自然之力，借助自然之势；注重对当地居民的心理、文化等方面的分析，尊重他们的意见和要求，营造适合于他们的环境；在保持传统的同时适当融入现代风格，体现与时俱进。

山地建筑设计方面，主要有陈治邦等（2006）的《建筑形态学》，徐坚（2008）的《山地城镇生态适应性城市设计》等相关著作，他们从建筑设计、城市设计角度出发，以形态构成为主要线索，结合现代设计手法和山地形态，总结山地建筑设计、城市设计的基本规律与设计方法。

梅坚(2000)在《浅谈山地自然环境与山地建筑》中提出了山地建筑的设计观是"师法自然，顺其自然"，单体建筑设计要与环境协调，达到特质的强化，建筑群体布局时，因山地高低、零碎的地形特征，群体布局常随山就势，化整为零，分散布局，并随着宗族聚落的人口繁衍、民居扩建，民居群落随机自由生长。郭红雨(1998)的《山地建筑的本土性》分析了山地建筑特定的时空范畴，阐述了本土化设计观的四个层面，并通过对工程实例的评析，论述了山地建筑本土性的现实意义。洪艳等(2007)在《山地建筑单体的形态设计探讨》中基于山地建筑的形态特征，通过对建筑单体的接地形式、出入口及内部的布置、建筑的意向等，较全面地探讨了山地建筑形态塑造设计手法，以期对山地区域城镇建设活动提供借鉴。

1.2 高 原 山 地

1.2.1 高原山地诠释及内涵

1.2.1.1 高原山地定义

(1)按照学术上的定义，高原是海拔在 1000m 以上、面积广大、地形开阔、周边有明显陡坡、比较完整的大面积隆起地区(图 1-2)。

气候变化快、气压低、风力强劲、缺氧、寒冷、气温低、阳光辐射强等是高原的共同特点。

(2)山地是具有明显起伏度和坡度，有相应山间谷地、山前堆积地和多样性生境类型的特殊地域，拥有复杂的生态环境体系，呈现出生境类型多样性及相应生态系统结构与功能特征的差异性(图 1-3)。

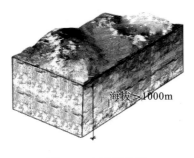

图 1-2 高原示意图

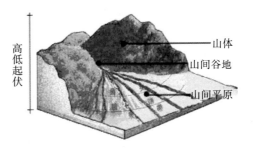

图 1-3 山地示意图

(3)广义的高原山地，指的是高原地貌上重叠山地地形的起伏，兼具山地和高原的特征，即既具有大面积的隆起，其表面形态也奇特多样，所处自然环境更为复杂、恶劣，山地垂直梯度上各影响因素的作用力更为明显。因为是在高原基础海拔上叠加山地地形，所以地形相对变化及自然环境更为复杂(图 1-4)。

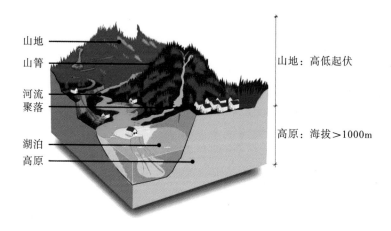

图 1-4　高原山地示意图

　　高原通常平均海拔高，大地形态特征既包含表面宽广平坦、地势起伏不大的类型，也含地势变化大、山峦起伏的类型。目前世界上最高的高原是青藏高原，面积最大的为巴西高原。在高原类型的划分中，第一种是顶面较平坦的高原，如中国的内蒙古高原；第二种是地面起伏较大、顶面仍比较宽广的高原，如青藏高原；第三种是分割高原，如中国的云贵高原，流水切割较深，起伏大，顶面或宽广或高耸，地貌特征更为复杂。

　　本书主要以中国的云南省为研究对象，后文中的高原山地是针对这一地区的广义"高原山地"概念。

1.2.1.2　对云南所处高原山地的诠释

　　云南地处广义的高原山地区域，平均海拔 2000m，兼具高山、低谷、丘陵、平坝、岩溶等各种地貌，其中丘陵地貌占全省总面积的 10%，山地占全省总面积的 84%；高原山地在云南省的占比达到了 94%，高原山地特征异常显著。

　　云南地处的云贵高原是贵州高原和云南高原的总称，包括贵州省，云南省哀牢山以东地区，广西的北部地区和四川、湖南等省的交界地区，海拔为 1000～2000m。云南高原的气候条件优越而又奇特，它的地理纬度偏南，使它具有低纬度亚热带的气候特色，但是它的海拔较高，又使它不完全同于亚热带的气候。高原地形和海拔的影响，大大丰富了云南的自然景观和气候状况，使云南高原的气候别具一格，另有特色。从温度特征来说，云南高原的大部分地区夏无酷暑、冬无严寒、温度适宜、四季如春，一年之中四季变化不明显。

　　在已有的研究成果中，按照地貌形态将云南全省分为坝区、半山区、山区和高寒山区四类地区。

　　坝区是指山间凹进去的平原，即山间小盆地。云南本地人习惯上称之为坝子，是对这一小地貌的统称，结合地域名称简称"××坝"。这些山间小盆地、相对平坦的"坝子"，散布于高原、山地中不同部位的相对平缓及低洼的地段；面积或大到千余平方千米，或小到不足 $1km^2$。

苏国有(2006)主编的《云南坝子经济揭秘》中表明,在云南,"坝子"是山间盆地和低热河谷冲积平原的统称,划分标准为:坡度在 8° 以下、面积在 1km² 以上,并把土地连片在 4km² 以上的盆地称为坝区。

高原山地地形地貌复杂,山坝相间、海拔高、垂直落差大,城乡空间要素分布在各个不同区域,既有平坝、丘陵、山地的区别,又有坝区、半山区、山区的区别。

半山区通常被认为是地面坡度多大于 8°,区内相对高差为 50～200m,耕地所占比重比坝区小、比山区大的山地。高寒山区指在海拔 2500m 以上的区域,属高原中较高部分。

所以,平坝、丘陵、山地是地貌学的概念,是三类地貌类型;坝区、半山区、山区是对自然环境或地貌的"区"及"类"的划分,是指一个区域内以某种地貌类型为主,而不仅仅单指某种地貌类型。

云南省位于中国西南边陲,北回归线从南部横穿而过。地形极为复杂,西北高而东南低,海拔高低悬殊较大。西北部是横断山脉纵谷区,地势险峻,东部为滇东、滇中高原。地形高低起伏较大:西南部海拔为 1500～2000m,西北部为 3000～4000m;西南部边境地区海拔相对较低,为 800～1000m,地势开始下降,呈平缓趋势,甚至有些地区海拔在 500m 以下。云南地势复杂,波状起伏,大部分地区地势海拔高差较大,能称得上平坦的坝区只占到云南总面积的 6%左右。

云南民间常按海拔把一个地区分为"低热河谷"、"坝区"、"半山区"和"高寒区"。云南省发改委国土资源专家杨焕宗认为云南的山区系指坡度在 8° 以上的广大地区,按海拔划分,云南的山区可分为高寒山区、中暖山区、低热山区三种类型区域。云南省南部地区,山区海拔约 1000m;北部地区的山区,海拔为 2500～3000m,相对高度在 500m 上下,最多可达 1500m。高寒山区一般是指海拔 2500m 以上的高海拔地区以及相对高度超过 1500m 的山地。

学者童绍玉等(2007)根据云南省几个不同海拔地带的自然情况,并结合农业生产的条件,把云南坝子按其海拔划分为高坝、中坝、低坝三大类(表 1-2)。

表 1-2 云南坝子按海拔分类表(童绍玉等,2007)

名称	分类指标	名称	分类指标
高坝	东部:海拔>2300m	极高坝	海拔 3500～4200m
	西部:海拔>2500m	高坝	海拔 2300～3500m(或 3800m)
中坝	东部:海拔 1200～2300m	高中坝	海拔 2000～2200m
	西部:海拔 1300～2500m	中坝	海拔 1400～1500m
低坝	海拔多在 1000m 以下	低坝	海拔>800m
	少数为 1200～1300m	低低坝	海拔<800m

典型的高原山地自然特征极大地影响到云南的人居环境,不仅使人居环境在地貌上有立体分布的特点,不同地貌上的人居环境也发展成完全不同的形态,具有风格迥异的地域特征。

1.2.2　高原山地及其特殊性

高原山地具有区别于平原、丘陵的特性，在气候特征、用地条件、环境资源等方面都表现得更加复杂。特别是在地形条件方面，高低起伏更为明显，深沟险壑，生态环境更加脆弱。任何不恰当的开发，不仅不能有效地利用高原山地土地资源，更容易造成高原山地生态环境不可逆转的破坏。

随着研究的深入，高原山地有别于其他山地的特性逐渐受到重视。中国自 21 世纪以来，逐步实施西部大开发战略，而西部地区的地貌以高原山地为主，因此，关于高原山地的研究，对西部高原山地的建设具有重要意义。高原山地的生态和环境更加明显地受到垂直地带性规律的制约，在各种地形、坡度和山脉走向影响下，垂直地带性规律在不同地区表现出巨大差异。

1) 高原山地垂直地带性更为显著

一方面，高原山地地形相对变化更为显著；另一方面，随海拔上升，多种自然因素具有更为明显的垂直地带性，如水作为高原山地的垂直地带性表征，形态从高到低可分为冰雪型、冻融型和流水(含地下水)型等三个垂直带。

2) 高原山地系统具分异性特征

高原山地空间层次具有结构的多样性，并具有分异特征，包括地貌系统的分异性、气候系统的分异性、森林植被系统的分异性、社会经济系统的分异性、侵蚀系统的分异性，等等。

3) 高原山地地理格局与地域文化具隔离性

高原山地相对独立、封闭的地理环境，形成了独特的文化现象，文化的空间分异相对清晰，文化的交融和渗透普遍偏弱，甚至保留或延续有早期文化的特质。

4) 高原山地民族文化具独特性及"原生态"特征

生活在高原山地的民族，由于环境相对封闭，"自给自足"的自然经济长期延续，很少受到外界的干扰和冲击，社会发展缓慢，文化变迁的概率很小，因而本土文化的积淀很深。在这种情况下，文化趋于保守，"文化基因"的作用极为明显。所以高原山地文化具有 "原生态"特征。

高原山地民族"原生态"文化中，最有价值的是类同于"天人合一"的传统观念，它强调人与自然的和谐，重视良好的生态环境。各民族保持古朴的民风，包括群体意识、道德风尚、伦理观念、风俗习惯等。

5) 高原山地生态环境具多样性、脆弱性特征

高原山地生态环境中，高质量与低质量生态环境水平的数量分布不多，但中等偏上水平($E>600$)的空间分布比例较大(76%)。所以高原山地生态环境兼具多样性、脆弱性特征。

6) 高原山地人口分布具不均衡性

高原山地地形地貌特征是形成自然环境复杂性和脆弱性的重要原因，也是导致该地区人口分布不均衡性的主要因素。

1.2.3　高原山地主要研究成果

1) 高原山地垂直分异

关于高原山地垂直分异的研究普遍关注植物在海拔上的垂直分异变化，目前成果多从不同地域(如贡嘎山、哀牢山、独龙江地区、高黎贡山北段、苍山等)和不同植物(蕨藓类、种子植物、兰科植物、草本植物等)进行论述，对植物分布进行归类，形成图谱，结合垂直温度的变化，研究植物的垂直分布格局或特点。

不少文献也对动物的分布进行了研究。如龚正达等(2005)探讨了横断山区蚤类物种丰富度与区系垂直分布格局的基本规律以及影响它们分布的主要生态因子，认为中山地段物种丰富度高峰的形成主要是由于两大动、植物区系过渡区的边缘效应和山地水湿条件的影响；影响该区域蚤类垂直分布格局的综合因素有山体海拔、动植物区系过渡区的边缘效应、山地雨量分配特征、气候环境条件以及人们的生产活动等。

除此之外，吴积善等(2006)就川西北高原山地灾害进行了分析，研究表明从高到低可分为冰雪型、冻融型和流水(含地下水)型等三个山地灾害垂直带，高低两带之间主体界线在川西北高原地区为4900m 和3500m。

2) 高原山地生态及生态系统

针对高原山地生态方面的研究成果较多，主要集中在三个方面：

(1) 通过空间技术对生态系统、生态环境进行评价分析；

(2) 基于特定理论对特定区域生态系统、生态环境的特征或影响进行分析；

(3) 特定区域生态保护、恢复的策略。

高原山地生态环境评估的研究中，学术界常常采用 GIS、ERDAS 等技术软件，基于区域内数字高程模型、遥感数字影像，以及多年平均降雨、气温等多源数据，以地形地貌、地表植被覆盖、水热条件为专题对象，对区域生态环境本底状况进行评估、分级，结果以定位、定量数值方式进行反映。甘淑等(2006)在《云南高原山地生态环境现状初步评价》一文中对云南省的高原山地做了较为详尽的生态环境评估研究。周文龙等(2011)在《石漠化综合治理对喀斯特高原山地土壤生态系统的影响》一文中，以贵州省毕节鸭池示范区石桥小流域为例，研究了石漠化综合治理对喀斯特高原山地土壤生态系统的影响。

3) 高原山地景观格局

目前由于高原山地逐渐受到重视，针对高原山地景观格局的研究开始增多。

如万潮湧(2004)的《秀美神奇的"公园省"——浅谈贵州高原的自然景观》一文从贵州省独特的溶岩地貌、湿润的高原季风气候和丰富的自然资源三个角度，介绍了贵州高原山地的景观格局与景观系统。

又如刘世梁等(2006)的《高速公路建设对山地景观格局的影响——以云南省澜沧江流域为例》一文，文中研究表明道路修建直接导致景观格局改变，斑块数目、斑块密度、边缘密度和分维数增加，景观异质性增加；进一步研究表明，道路建设对缓冲区200m 内的景观格局直接影响最大，200m 外的影响趋于缓和；多样性指数和均匀度指数在不同缓冲区变化不是很大；分析结果表明，澜沧江中下游土地利用的空间分异和地貌差异导致道路建设对景观格局的影响不同。

4) 高原山地区划研究

针对高原山地区划的研究主要集中在对生态经济区划的研究上，根据生态和经济条件的相似性、差异性，宜采用自然区域-气候带-生态经济区的三级区划系统；或以生态环境数据和社会经济数据为基础，选取降水、气温、森林覆盖率、土地利用类型、人口、GDP、地质灾害等反映生态经济状况的主要指标建立指标体系，采用定性与定量相结合的方法、GIS 技术对生态经济分异特征进行分析。

部分学者对旅游区划进行了研究。如白海霞等(2009)将西南喀斯特旅游景观划分为由滇东的东南高原山地喀斯特景观区、黔南的桂西北斜坡山地喀斯特景观区、黔中北高原山地喀斯特景观区、桂中盆地喀斯特景观区、渝东中山峡谷喀斯特景观区等 5 个喀斯特景观区，以及次一级多个景观亚区、景观群、景观点共同构成的景观体系，并对各景观区组合特征进行了具体阐述。

马仁锋等(2011)在《云南省地域主体功能区划分实践及反思》一文中以云南省主体功能区划为研究方向，探讨了边疆高原山地省份主体功能区划实践的难题与解决方法，以期为主体功能区划提供理论指导与管理决策参考。

5) 高原山地社会文化

该研究集中在高原山地地域文化和人口分布上，刘峰贵等(2007)在《青海高原山脉地理格局与地域文化的空间分异》一文中通过对青海山脉地理分布格局与文化空间分异的初步探讨，旨在揭示青海多民族环境中形成的文化体系，为青海的经济发展和文化建设提供必要的背景信息。

马国君等(2010)的《论原生态文化资源利用的扭曲及其生态后果——以云贵高原三大环境灾变酿成为例》一文通过云贵高原各族居民对喀斯特山地生态系统资源利用的文化适应剖析，揭示了人与自然和谐兼容的文化成因，探明了各民族原生态资源利用艺术的历史演进过程，归纳了生态灾变的社会成因。

史继忠等(2005)在《论云贵高原山地民族文化的保护与发展》一文中，研究了生活在云贵高原的民族，他们依靠自己的聪明才智，创造出各具特点的山地文化，其独特价值是开发与建设这片土地所不可或缺的智慧源泉。

李旭东等(2006)的《贵州喀斯特高原人口分布与自然环境定量研究》揭示了贵州高原人口分布具有特殊性；喀斯特地质地貌成为制约人口分布实现空间转移的主要因素；在非喀斯特地区，人口分布受侵蚀区面积的影响程度较大，呈现出低地指向性特点。

6) 高原山地人居环境建设

高原山地地区山高坡陡，发展受到很多因素的限制，人居环境有其特殊性。

徐坚等(2013)在《高原山地聚落保护与发展的适应性研究——以拖潭村村庄建设规划为例》一文中，从高原山地聚落保护角度出发，通过拖潭村村庄建设，探求如何将适应性的理论运用到人居环境建设的实践活动中。

钟祥浩等(2007)在《西藏小城镇体系发展思路及其空间布局和功能分类》一文中对西藏小城镇发展现状与问题进行了分析，提出了西藏小城镇发展思路及发展战略，将西藏小城镇发展空间布局划分为五大区域：藏南宽谷山原城镇发展区、藏东南山地城镇发展区、藏东"三江"流域城镇发展区、藏北高原城镇发展区、藏西高原城镇发展区。

何远江(2012)的《高原山地型旅游城镇建设的保护与开发》一文在云南省提出"城镇上山、农民进城"的思路背景下，研究分析了时下山地旅游城镇的特征和建设要求，针对山地旅游城镇规划进行分析和总结，总结出了适合昆明高原湖滨特色旅游城镇发展的保护开发模式和思路。

另外，由于地形、生态环境的复杂性有别于一般山地，高原山地城镇建设将考虑更多的问题，如建设用地海拔高、地势起伏大、工程处理复杂、城镇空间布局等。国内一些学者从不同视角探讨了高原山地的城镇建设。

孔海浪(2012)在《云南山地低碳小城镇规划研究》一文中引入了低碳理念，针对云南各山地小城镇的发展现状和基础，因地制宜地构筑了城乡一体化的能源利用模型，以旅游、民族特色和有机农业等产业为支撑，同时兼顾生态环境系统的合理保护，实现山地小城镇的低碳、可持续发展；何远江(2012)在《高原山地型旅游城镇建设的保护与开发》一文中，基于山地旅游发展，提出高原山地城镇建设应采用"有机分散、分片集中、分区平衡、多中心、组团式"的空间结构布局，如斑点状、聚集型、串联式等不同形态；赵璨(2012)在《基于景观生态学视角下山地城市的建设——以泸西总体规划为例》一文中，指出云南省城镇空间布局具有典型的高原山地聚落特征，城市建设要突破简单的"几通一平"的旧观念，倡导保护环境尊重自然，依山就势结合自然的规划建设思想，杜绝移山、填水、毁林等不符合科学发展观的行为，形成山、水、园、林有机交融的云南特色山地城市。

7) 高原山地资源利用

杨竞锐等(2014)在《高原山地风电场风资源利用研究》一文中，介绍了高原山地风电场在空气密度、风能分布等方面的特点，结合风电项目的实际科研和设计情况，对高原地区山地风电场风资源的特性进行了研究，提出了对风资源有效利用的思路和方法。

8) 高原山地森林资源与经济发展

在森林资源与经济发展层面，研究主要集中在编制森林经营方案，建立森林资源动态管理系统、科技兴林，建立自然保护区管理机构，加强林政执法管理工作。徐吉洪等(2010)在《云南凤庆县森林资源现状及其发展思路探讨》一文中，针对云南凤庆县资源现状和特点，提出了科学编制森林经营方案、建立森林资源动态管理系统、开展低产低效林改造和宜林地造林绿化工作等方面的林业发展思路。

1.2.4 云南省基本概况

云南地处中国西南边陲，处在东南季风和西南季风控制下，又受西藏高原区影响，形成了复杂多样的自然地理环境。作为典型高原山地省份，整个云南地势从西北向东南倾斜，大致分三大阶梯递降，依据云南地貌特征，以元江谷地和云岭山脉南段谷地为界划分两大地形区。东部称为云南高原，高原面上的地形起伏表现相对和缓，发育着各种类型的岩溶地貌。西部是以横断山脉为主的纵向岭谷区，其中该区北段为高山峡谷区，南段地貌逐渐趋于缓和，特别在西南及南部边境地区，河谷开阔，地势相对平缓。

云南地形地貌复杂，海拔高低悬殊，除了南北方向上水平气候带的差异外，从低到高又有不同垂直气候带的差异。随着海拔的变化，气温和降水等要素变化也很大。从山麓到山顶，会出现上下不同的若干山地垂直气候带，并通过植被、作物垂直分布的差异反映出来。往往是山脚酷暑盛夏，山腰秋意正浓，山顶却天寒地冻，真是"一山分四季，十里不同天""山高一丈，大不一样"的典型立体气候。

云南省的地貌，以元江谷地与云岭山脉南段的宽谷为界，将其大致分为东西两个大地形区。西部为横断山脉纵谷区，其中以西北部的三江并流地区最为壮观，分布的主要山脉有高黎贡山、怒山、碧罗雪山、清水朗山、雪盘山、点苍山、雪山、玉龙山、绵绵山、百草岭等山脉；云岭向西南部延伸的地区分布的山脉有哀牢山、无量山、老别山、帮马山等。东部则为滇中、滇东高原，以喀斯特地貌最为常见，地势以波状起伏的低山和浑圆丘陵为主，分布有五莲峰、三台山、拱王山、梁王山、乌蒙山、六诏山等。

通过对云南省土地资源、水资源、环境容量、生态脆弱性、生态重要性、自然灾害、人口聚集度、经济发展水平、交通优势度 9 项指标的综合评价，云南省国土空间具有以下特点：

(1) 土地资源总体丰富，但可利用土地较少。云南土地总面积占全国陆地总面积的 4.1%，居全国第 8 位，人均土地面积约 0.87hm^2，比全国平均多 0.13hm^2。最适宜工业化、城镇化开发的坝子土地仅占总面积的 6%，耕地总面积 622.49 万 hm^2，陡坡耕地和劣质耕地比例较大，优质耕地比例较小，主要分布在坝区，未来坝区建设用地增加的潜力极为有限。云南省坡度为 8~25 度的土地面积虽然有近 20 万平方千米，占总面积的 50%，但工业化、城镇化开发成本较高、难度较大(表 1-3)。

表 1-3 云南省可利用土地资源评价表

类型	比重/%		分布	海拔/m	特点	利用
坝子	6	高坝	滇西北	>2300	比重很小，地势高，气温低	耕地为主，旱粮比重大，有部分耐寒稻谷
		中坝	滇中、滇南	1500~2300	比重大，约占坝子的60%以上	多为河湖沉积型，土壤肥沃，以水稻土为主，还有冲积型红土，开发利用早	主要为耕地，稻田比重大，是云南粮、烟、油的主要产区
高原	10	丘原	滇中、滇东	1500~2300	比重较大	比较平坦，有低丘分布，主要土壤为山原红土和紫色土，气候为亚热带	开垦利用较早，林地留存较少，岩溶地区缺水、土薄，有石山灌丛，旱地比重较大，以种植玉米为主，适宜桑、果、畜牧业
		山原	滇东北、滇西北	1500~2500	比重较小	破碎高原，起伏较大，为温带及亚热带气候，土壤主要为红壤	水土流失较严重，森林保留少，旱地为主，主产玉米，疏林、灌丛及荒坡草地比重较大，宜经济林、林业、畜牧业
山地	84	高山	滇西北、滇东北	>3500	约占山地的10%	山高谷深，温带与寒带气候，土壤为棕壤系列和亚高山灌丛草甸土，坡陡土薄	流石滩、草地、灌丛、林地、名贵药材及四季牧场
		中山	滇中、滇西南	1000~3500	约占山地的70%	坡度较大，为亚热带和温带气候，土壤以红壤为主，其次为紫色土、石灰岩土、黄棕壤、棕壤	林地保留较多，耕地分布零星，玉米等旱粮为主，疏幼林、灌丛、荒地比重较多
		低山	滇东南、滇西南	<1000	约占山地的20%	坡度较缓，谷地浅阔，为热带及南亚热带气候，水热条件好，土壤为砖红壤和赤红壤	原始植被覆盖较好，为橡胶及热作、茶叶基地，自然保护区面积较大

资料来源：云南省计划委员会，《云南国土资源》。

(2)水资源非常丰富，但时空分布不均。云南全省水资源总量超过 2200 亿 m³，仅次于西藏、四川两省区，居全国第 3 位，人均水资源占有量约 4800m³，超过全国平均水平的 2 倍。但时空分布不均，雨季(5~10 月)降雨量占全年的 85%，旱季(11 月至次年 4 月)仅占 15%；地域分布上表现为西多东少、南多北少，水资源分布与土地资源分布、经济布局严重错位，水资源开发利用难度大，平均开发利用水平仅为 7%，水资源供需矛盾十分突出，工程性、资源性、水质性缺水状况并存。特别是占云南省经济总量 70%左右的滇中地区仅拥有全省水资源的 15%，部分县(市、区)人均水资源量低于国际用水警戒线(表1-4，图1-5)。

表 1-4　云南省水系分布表

大水系	子项水系	主要河流(湖泊)	注入海域
太平洋水系	长江水系	金沙江、龙川江、螳螂江(普渡河)、小江、以礼河、牛栏河、横江、程海、泸沽湖、滇池	注入东海
	珠江水系	南盘江、曲江、可渡河、黄泥河、驭娘江、抚仙湖、星云湖、杞麓湖、阳宗海、异龙湖	注入南海
太平洋水系	元江(红河)水系	礼社江、绿汁江、把边江、阿墨江、李仙江、南溪河、盘龙江	注入北部湾
	澜沧江(湄公河)水系	漾濞江、威远江、曼老江、南腊河、南览河、流沙河、洱海	注入南海
印度洋水系	怒江(萨尔温江)水系	老窝河、枯柯河、南汀河、南滚河	
	独龙江(伊洛瓦底江)水系	槟榔江、大盈江、瑞丽江	注入安达曼海

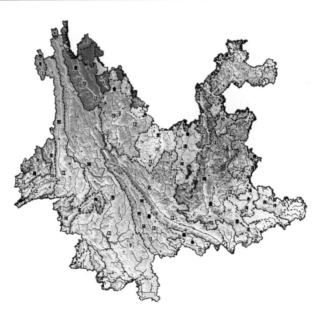

图 1-5　云南省水系分析图

(3)环境质量总体较好，但局部地区污染严重。2012 年，云南省 95 条主要河流(河段)的 179 个监测断面中，水质优良率达 70.4%；云南省开展水质监测的 64 个湖泊、水库中，水质优良率达 64%。全省 18 个主要城市空气质量优良率均在 93%以上。但南盘

江、盘龙江、南汀河等河流污染严重，滇池、星云湖、杞麓湖、异龙湖等湖泊水质为劣
V 类，恢复治理难度大。

(4)生态类型多样，重要但脆弱。2012 年云南省森林覆盖率为 54.64%，森林面积
1817.73 万 hm²，约占全国的 1/10，居全国第 3 位；活立木蓄积 15.54 亿 m³，约占全国的
1/8，居全国第 2 位。全省生物多样性特征显著，有高等植物 13000 多种，占全国总数的
46%以上；陆生野生脊椎动物 1416 种，占全国总数的 52.8%。但由于大部分地形较为破
碎，云南省生态系统脆弱性非常突出：土壤侵蚀敏感区域超过云南省国土面积的 50%，
其中高度敏感区占云南省国土面积的 10%；石漠化敏感区占云南省国土面积的 35%，其
中高度敏感区占云南省国土面积的 5%。

在云南的 100 多个区县中，只有昆明五华区和盘龙区的山区比重低于 70%，其他地
区的山地所占比重都高于 70%，甚至有多达 18 个区县的山区比重达到了 99%以上。例
如绿春等县更是直接将县城建在山脊上，成为名副其实的山城。

(5)自然灾害频发，灾害威胁较大。云南省是中国地震、地质、气象等自然灾害最频
发、危害最严重的地区之一，常见的类型有地震、滑坡、泥石流、干旱、洪涝等。根据
国家颁布的强制性标准《中国地震动参数区划图》(GB18306—2011)，云南省 7 度区以
上面积占国土面积的 84%，是全国平均水平的 2 倍。20 世纪中国大陆 23.6%的 7 级以上
大震，18.8%的 6 级以上强震发生在云南省。云南省记录在案的滑坡点 6000 多个、泥石
流沟 3000 多条，部分对城乡居民点威胁较大。干旱、洪涝、低温冷害、大风冰雹、雷电
等气象灾害发生频率高，季节性、突发性、并发性和区域性特征显著(图 1-6)。

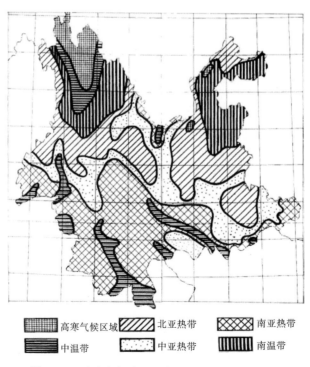

| 高寒气候区域 | 北亚热带 | 南亚热带 |
| 中温带 | 中亚热带 | 南温带 |

图 1-6　云南省气候分区示意图(杨大禹等，2009)

（6）经济聚集程度高，但人口居住分散。2012 年，云南省地区生产总值 10310 亿元，占全国的 2%；人均地区生产总值 13539 元，是全国平均水平的 57.7%。滇中 4 州市以全省 1/4 的国土面积和 1/3 的人口创造了云南省约 2/3 的地区生产总值，昆明市更是以全省 1/20 的国土面积和 1/7 的人口创造了全省 1/3 的地区生产总值，其中仅昆明 4 个市辖区的地区生产总值就为全省的 20%。目前云南省城镇化水平仅为 44.33%，有超过一半的人口分散居住在广大的山区、半山区，形成 3 户 1 村、5 户 1 寨的景观，人口的过度分散导致零星开垦、粗放耕作等现象普遍，加重了水土流失、石漠化等生态问题，更增加了基础设施建设成本和公共服务建设难度。

（7）交通建设加快，但瓶颈制约仍然突出。目前云南省公路通车里程近 22 万 km，其中，高速公路里程超过 2900km，居西部前列，全省铁路营运里程超过 2600km，内河航道里程 2764km，民用航空航线里程 15.2 万 km。但云南省公路运输比重大，占全省运输总量的 90%以上，物流成本达 24%以上，高于全国平均水平 6 个百分点；农村公路等级低，晴通雨阻严重，通达能力差，还有近 2000 个行政村不通公路(图 1-7)。

图 1-7　云南省城镇分布示意图

1.3　高原山地适应性建设

1.3.1　生态适应性内涵

"生态学"(Oikologie)一词 1865 年由勒特(Reiter)合并希腊字 Logs(研究)和 Oikos(房屋、住所)构成，1866 年德国动物学家赫克尔(Ernst Heinrich Haeckel)初次把生态学定义为"研究动物与其有机及无机环境之间相互关系的科学",从此,揭开了生态学发展的序幕。在 1935 年英国的 Tansley 提出了生态系统的概念之后,美国的年轻学者 Lindeman 在对 Mondota 湖生态系统详细考察之后提出生态金字塔能量转换的"十分之一定律"。由此,生态学成为一门有自己研究对象、任务和方法的,比较完整和独立的学科。近年来,学术界已经创立了生态学独立研究的理论主体,即从生物个体与环境直接影响的小环境到生态系统不同层级的有机体与环境关系的理论。其研究方法经过描述、实验、物质定量三个过程,系统论、控制论、信息论的概念和方法的引入,促进了生态学理论的发展。如今,由于其与人类生存与发展的紧密相关性而产生了多个生态学的研究热点,如生物多样性的研究、全球气候变化的研究、受损生态系统的恢复与重建研究、可持续发展研究等。

随着全球兴起的环境、环保运动和对"生态学"的再次认识与关注,中国的环境意识与生态意识也与时俱进地随之增强。诸如"生态设计""生态规划""生态园林""绿色设计""节能设计""生态景观""整合设计"等,成为常见研究热点中频繁出现的词语。

在生态学的基础上,为了更好地适应自然社会环境的发展,又产生了一个新的名词——生态适应性。关于生态适应性,有如下几个概念:

(1)生态学是 1869 年由 E.海克尔提出的一门研究有机体与环境之间相互关系的科学,是生物学的主要分支。生态学要求正确处理人与自然的关系——自然并不是人们为所欲为的物体;人不仅是主体,更是自然的一部分。

(2)生态的概念有两层含义:首先,强调自然是人类生存的本源,人类是自然的一部分;其次,强调各种生命、非生命要素的普遍联系,人作为自然有机体的一部分,必须适应生态的内在规律,生态是人类一切生存发展、技术活动的根本。

(3)生态系统是生命系统和环境系统在特定空间的组合。其特征是系统内部,系统与系统外部之间能量的流动和由此推动的物质循环。生态系统具有等级结构,即较小的生态系统组成较大的生态系统。

当前关于生态适应性的研究已在全球、国家、区域、地方或是部门尺度上取得了大量的成果,但在城乡尺度上尤其是综合的适应研究尚不足。城市作为应对全球变化的关键平台,城乡尺度上的生态适应性研究将成为全球变化适应研究的一个重要方向。

1.3.2　主要研究方向及成果

1)在地理学方面的研究

生态适应性的手段和方法概述,其中最早的方法体系是美国水土保持局的土地承载力分级,用以确定土地对农业活动的适应能力。1933 年在富兰克林·罗斯福政府的主持下建立了防治土壤侵蚀署。该部门在 1935 年被正式命名为水土保持局(Soil Conservation Service),随后又在 1994 年更名为自然资源保护局(Natural Resource Conservation Service,NRCS)。其工作主要是与地方选举的保护区委员会一起,负责制订美国各县的土壤和水资源保护政策。各保护区接受来自自然资源保护局的专家们提供的技术协助。

承载力分类是自然资源保护局在标准土壤调查中制订的若干组分类方式之一，基于绘制完成的土壤类型图进行评定，其成果由自然资源保护局进行解释。

1969 年，宾夕法尼亚大学的知名教授麦克哈格，对适应性分析做出了具有开创性的阐释。同时，他的许多同事和学生也为适应性分析方法的建立贡献了各自的力量，因此这种方法也被称为"宾夕法尼亚大学方法"。适应性分析步骤如下：

(1)确定土地利用方式和每一利用方式的需求；

(2)找到每一土地利用需求相对应的自然要素；

(3)把生物物理环境与土地利用需求相联系，确定与需求相对应的具体自然因子；

(4)把所需求的自然因子叠加绘制成图，确定合并规则以能表达适应性的梯度变化，这一步中应完成一系列土地利用机遇分析图；

(5)确定潜在土地利用与生物物理过程的相互制约；

(6)将制约和机遇的地图相叠加，在特定的结合规则下制成能描述土地对多种利用方式的内在适宜度的地图；

(7)绘制综合地图，展示对各种土地利用方式具高度适应性的区域的分布。

2)在城乡规划及建筑方面的发展

西方发达国家很早就开始了与生态建筑相关的研究。早在 20 世纪 60 年代，建筑师保罗·索勒里(Paolo Soleri)创建了城市生态学理论，把生态学(Ecology)和建筑学(Architecture)合并为一体，即 Arcology，意为生态建筑学，并在《生态建筑学：人类理想中的城市》(Arcology: the City in the Image of Man)中提出了生态建筑学的理论。1969年美国著名景观建筑师麦克哈格所著的《结合自然的设计》的出版标志着生态建筑学的诞生。

此后，在生态建筑思想的引导下，建筑师们开始了一系列的设计实践。欧洲的一批建筑师如诺曼·福斯特、伦佐·皮阿诺、理查德·罗杰斯、尼古拉斯·格雷姆肖、托马斯·赫尔佐格伦等创作出了许多具有代表性的生态建筑。如诺曼福斯特设计的法兰克福商业银行总部大楼被誉为第一座真正意义上的生态摩天楼，德国国会大厦改造工程也非常成功。伦佐·皮阿诺设计的 Tjibaou 文化中心以其独特的外观、构思精巧的被动式通风设计为代表。

马来西亚建筑师杨经文进行的生物气候学建筑设计实践也非常具有代表性。他提出要在建造中对自然环境施加最小的影响，并使我们的建成环境与生态圈的生态系统融为一体。以生态设计原则为前提，以人的生存与舒适需求为目标，最大限度地提高能源和材料的利用率，尽可能减少建筑在建造和使用过程中对环境的污染，在对建筑选址、资源利用、建筑形式、材料选择等方面与生态环境之间相互关系的充分研究和审慎推敲之后，寻求最佳设计方案。还有一些建筑师试图从传统建筑中寻找有用的经验、技术和灵感，并加以发展和改进，以形成特色鲜明的生态设计方法，其中最著名的是埃及建筑师哈桑·法斯和印度建筑师柯里亚。哈桑·法斯致力于发掘和改良传统的阿拉伯建筑技术，坚持创造应保护地方文化的真实性，并引进多学科的现代研究成果科学地评价传统技术和方法，然后再选择和改造这些设计策略。

国外较早对乡土建筑与环境关系进行全面研究的代表，如法国的 J.白吕纳，他在

《人地学原理》一书中认为建筑是一个小型的地理现象，与人关系非常密切。他以埃及村落的形式为例，分析了房屋和聚落的地理位置，包括阳光、水文、地形等，认为房屋位置、村落和都市的位置同样受自然环境的影响。

20 世纪 70 年代的石油危机之后，在全球范围内掀起了保护生态环境的热潮，建筑领域中的"可持续发展运动"蓬勃兴起。国外建筑学界在乡土建筑生态学和建筑地域性等研究领域的成果纷纷涌现。从研究和建筑实践上基本有两种类型和方向：①乡土地方主义手法，即从所在地域出发，利用本地材料；②重视地域特征，适当引入新技术的折中式研究方法。印度建筑师柯里亚和德国的托马斯·赫尔佐格分别为这两方面的代表人物。

日本崎玉大学的 Yutaka Tonooka 对乡村民居的能源消耗模式开展研究。他认为乡村民居的能源结构受以下几个方面的影响：气候设计策略的适应性、空气污染的控制(特别是室内空气质量)、有限的资源、能源保护、农民的经济收入水平、社会习惯和地域生活方式的制约。

建筑朝着生态化发展是当今建筑设计的重要方向。针对中国人口众多、环境负荷压力巨大、经济发展总体水平不高的国情，通过适应性设计体现生态效应是合理的选择。可以推动生态建筑发展、改善人居环境、发扬地域建筑特征。

不同地区在自然地理条件、社会经济状况和文化习俗方面都存在很大的差异。"归根到底，建筑是地区的建筑"。建筑的起源、形成、发展都是在一定地域空间里发生的，建筑的结构、施工建造、技术、材料、功能布局、形式，都带有明显的地域性。乡土建筑由于受经济技术水平的限制，各地区的差异尤其明显，各地民居在生态方面的措施不尽相同，各具特色。

注重气候与环境是保持建筑生态性的重要方面，印度建筑师柯里亚注重建筑与当地热带气候相适应，并提出"设计追随气候"的口号，从民间建筑和建造技术中吸取精华，不断创新。

传统山地建筑是人们在长期实践下的一类建筑形式。这类建筑巧妙地利用山地地形，依照坡度差异进行建筑布局，形成错落有致的形态特征，使建筑与山地自然景观相协调，达到自然生态性的效果。

山地环境和人们生产生活适应下的材料与构造，是生态特征形成的重要因素。

3) 生态适应性在景观规划设计方面的发展

参照西蒙·范·迪·瑞恩(Simvander Ryn)和斯图亚特·考恩(Stuaurt Cown)(1996)的定义：任何与生态过程相协调，尽量使其对环境的破坏影响达到最小的设计形式都称为生态设计。即设计尊重生物多样性，减少对资源的剥夺，保持营养和水循环，维持植物生境和动物栖息地的质量，以帮助改善人居环境及生态系统的健康。

遵循 3R 原则，即减量化(reduce)、再利用(reuse)、再循环(recycle)，生态设计的深层含义是生物多样性的设计，建立生物自维持体系，促进系统间的协调发展。

4) 生态适应性在生态设计方面的发展

从 20 世纪下叶开始，生态学越来越受到人们的关注，尤其在城市规划、景观设计、室内设计等一些和设计有关的领域。

东南大学的周曦与李湛东两位学者提出了"生态适应性设计"和"生态补偿性设计"这两个概念。"生态适应性设计"是指人类在进行设计活动时应当尊重自然界的原则，不仅是被动地适应自然界，更重要的是积极发挥主观能动性；"生态补偿性设计"则指人类在进行相关的设计活动时难免对自然生态造成负干扰，对此人类有必要进行补偿或者进行补救行动，尤其是在进行城市人工改造的过程中。

和常规设计不同，"生态补偿设计"是指在进行设计时，充分考虑到其设计过程与最终结果对地球生态是否会造成负干扰并尽量减少负干扰的设计手法或者原则。

"生态适应性设计"是指在不否定传统设计价值的前提下，向它学习并运用到设计实践中。这其中包括了诸如黄土窑、海草房、竹屋之类的建筑理念，这些理念富有地方特色，且适应当地的生态环境，因此称之为生态适应性设计。

1.3.3 在人居环境方面的适应性研究

针对城市发展过程中出现的诸多环境问题，学者们开始借用生态学的观点研究人居环境的建设、发展问题。人居环境建设强调在生态适应观的基础上研究人-人居环境-自然生态环境间的相互关系，表现为在内容上日趋综合，理论上更体现各学科的交融性，尺度范围愈加丰富且细化，呈现多元、开放、综合、"以人为本"、追求人与生存环境高效和谐共存的特点。因为"人类活动对地球系统的影响机制，要求重点研究大规模人类活动的生态影响、适应性和生态安全模式"（徐坚，2008）。

对山地人居环境适应性建设的研究，目前已有一部分针对山地局域环境建设的研究成果。如：山地城镇布局和建筑形态应反映气候特征；松散的建筑布局有利于湿热气候的通风降温，但不利于遮阳与热压风；而适当紧密的布局形式既利于冬季防风，又可以利用建筑遮挡夏季烈日，产生热压通风，等等。除此之外，徐坚（2008）从山地城镇的城市设计层面，提出在与自然高度协调、密集效应、完整统一性三个方面，山地城镇应建构具有自己环境烙印的适应性人居环境（图1-8）。

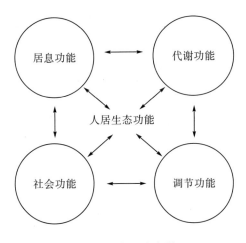

图1-8 人居生态学

1) 人居环境学科方面的研究

从生态适应的角度探讨人居环境与自然环境间的相互关系，可以"创造地分析研究特殊的环境条件，追求符合自身实际情况的结果"，避免城镇出现盲目"生长"的趋势。

适应性人居环境建设的理论基础是生态学和人类生态学中的"适应"概念。在"可持续发展观"的引导下，环境学科提出"可持续性"(sustainability)的概念得到众多相关领域的响应，与生态学、环境科学、生物学关系密切。这种观念既包含整体性的设计，也渗透于许多具体环节，但都具体表现在合理的土地利用、资源的有效利用与环境整治的结合、生态保护与物种多样化、"绿色交通"等方面。目前，在技术运用层面上，主要体现在生态城市和生态(绿色)建筑的建设环节，在强调节能、环保的同时，还特别强调柔性设计(flexible design)——设计应具备灵活的适应性，即可经过改造适应环境变化的属性(包括外部环境和内部环境)。

在本能状态下相互间的生态适应关系是最真实和最生态的，所以人居环境在生态适应状况下形成的高度自然性、密集效应、整体性特点，与自然界"节俭、高效、和谐"的特性相呼应，形成适应性人居环境建设的目标。

以生态适应为切入点，在人居环境学科中，对于城镇的研究主要包括以下几个方向：

(1) 城市生态系统。邹尚辉(1992)认为城市环境是人类智慧圈、技术圈与自然界耦合的结果，包括生态环境和文化环境，二者间相互联系、相互影响。城市生态系统的建设，目的在于使得系统中人与环境的协调发展。在城市生态系统中，人类与环境若协调发展，则在促进经济与社会发展的同时，城市环境也得以优化；反之，则阻碍生产发展和社会进步，"城市病"及"社会震荡"等问题也接踵而至。

很多学者指出，在城市建设过程中，先建设后环保、先污染后治理，过分强调"物化""美化""亮化"，突出直接的感官效果，突出实际利益和短期实用效应的惯性一直存在。城市生态与城市建设分裂的"二元"倾向仍然普遍存在。而构建城市建设——生态平衡体系，需要城市生态建设与市民的文化素质共同促进，城市生态环境与城市建设同时实施，城市生态产业与政府管理相互适应。

王如松(2008)进一步提出了城市共轭生态规划方法，即协调城市中人与自然、资源与环境、生产与生活及城市与乡村、外拓与内生之间共轭关系的复合生态系统规划。这是平衡城市中人与环境开拓竞生、整合共生、循环再生、适应自生关系的规划，其核心理念是城市生态服务和生态建设。

俞孔坚等(2005)结合中国传统风水理论和西方现代景观学理论，提出了"反规划"一说，并将该理论运用到实践中。在他做的台州、马岗村等规划方案中都强调"反规划"安全格局的建立。在有关黄泛平原区适应性"水城"景观及其保护和建设途径中，俞孔坚教授也强调中国古老的"山水"格局更多地对应着科学的一面及"天人合一"、人地和谐的原理。

(2) 景观生态调控。谢晨岚等(2005)基于景观生态学和生态控制的原理，提出了以景观格局、景观生态过程以及人类活动与景观的相互作用为核心的"景观生态调控"概念。其基本原理可归纳为：竞争和共生、正负反馈、增殖和自我补偿、废物循环利用、最小风险、生态适应性、景观结构和功能、景观多样性和稳定性、生态整体性与空间异质性等。景观生态调控的方法框架包括：景观生态规划(整体共生方法)、景观生态工程设计与建设(循环再生方法)、景观生态管理(竞争自生方法)。

(3)景观规划设计。景观学由于自身的综合性、多元性特征，尤其是在区域景观体系保护与持续利用研究、整体人类生态系统景观规划设计研究中的优势，使该学科在城市建设中越来越受到重视。景观规划设计将风景园林学、地理学、生态学等运用于土地规划与设计、自然保护、资源环境管理、旅游发展等环节，把景观作为整体进行研究，协调人与环境、社会经济发展与环境资源、生物与非生物环境、生物与非生物及生态系统间的关系，使景观空间格局和生态特性及其内部的社会文化活动在时空上协调，达到景观优化利用的目的。

(4)聚落及建筑适应性。房志勇(2000)在传统民居聚落自然生态适应研究中提出了建筑生态地理区划的概念，并结合这一概念，综合建筑学、地理学、气象学的研究，对中国传统民居聚落的基本形态特征及其形成规律做了分析，提出与地理区划相吻合的聚落形态基本特征。

研究比较多的个案是重庆吊脚楼在山地环境中的适应性研究，客家土楼的研究以及徽州古村落选址和布局的生态适应性研究。

(5)民族文化适应性研究。这方面的研究多以人文性质为主，主要有以下几个方向：

①少数民族或大规模居民集体迁移过程中原本的生活习俗、文化等与迁入环境的适应；

②第三产业(旅游业)高速发展环境下当地民族文化适应性变化的研究；

③民间信仰中蕴藏的生态适应性理论。

(6)特定区域的研究。这一研究主要集中在中国西南部，主要针对其山地较多、地形复杂的情况，对当地人居环境的适应性进行研究。

重庆大学建筑城规学院赵万民教授对重庆以及中国西南部山地城市规划理论进行了详细的研究。云南大学建筑与规划学院徐坚教授对云南省西北地区，尤其是纵谷地区少数民族人居环境的生态适应性有较为深入全面的研究，并对山地城镇适应性城市设计提出了独到的见解。

2)人居环境方面的新方法

在人居环境的研究中，出现了许多的新技术、新方法。如封志明等(2007)应用 GIS 技术，采用窗口分析等方法，提取基于栅格尺度的中国地形起伏度，并从比例结构、空间分布和高度特征等方面系统分析了基于中国地形起伏度的分布规律与人口空间分布的相关性，采用基于人居环境适宜性评价背景下的地形起伏度定义及计算公式，同时采用基于栅格数据的窗口分析方法和 ArcGIS 软件强大的空间分析功能模块对重庆市南川区的地形起伏度进行了提取；从整体上分析了南川区地形起伏的空间分布规律，并利用 SPSS 软件对南川区各乡镇平均人口密度与平均地形起伏度进行了回归分析，最后对南川区人居环境地形适宜性做出了评价和分级。

2 高原山地人居环境类型及特点

2.1 高原山地类型划分及特点

2.1.1 按山水特点划分

高原山地特有的自然环境和人文气息的融合产生了各个区域不同的山水景观，人居环境依托山水系统构建并适应自然生态环境。高原山地人居环境的发展与自然山水格局紧密相关，通过对山水格局的划分能够从区域的角度解析不同山水特色背景下人居环境的建设与发展，探讨不同区划范围内的山水生态服务价值和生态修复功能，在人居环境的适应性过程中形成阻碍或推动作用。结合高原山地特征与人居环境的山水特点，可以分为：山、水立体融合型景观；山、水独立型景观；山、水、城市型景观；山、水、田园型景观；湿地景观。

1) 山、水立体融合型景观

山体和水域相连形成的景观。山体的高凸和水体的平静，构建山水融合入景的立体视觉。在高原山地上，山、水立体融合区一般是在高原湖泊与山体衔接区域，比如云南石屏异龙湖东岸，山、水景观融合的立体视觉明显；或者是山体被大江大河切割和侵蚀形成的河谷地区，如云南怒江河谷和元江河谷地区。山、水立体融合区最大的特点是景观独立中有融合，以山、水自然景观为主，没有受到人居环境发展的影响或者说受到的影响很小，不会大尺度地改变山、水结合的原有自然景观，生态功能相对完善和统一。

2) 山、水独立型景观

山体和水体相对独立，山地与山地之间只有低谷或者丘陵相接，水域的流域范围内没有高山或者大起伏的路面，或者是山、水有部分区域连接但是主体景观以山体或者水域独立为主。比如云南石林景观区是典型的以山体景观为主，通过山体和岩石的承接凸显山体景观特色；滇池水域景观也是比较有代表性的水域独立景观。

3) 山、水、城市型景观

山、水、城市相融合的区域。吴良镛认为山水城市是人工环境与自然环境协调发展、相互融合的人类聚居环境承载体。在云南高原山地区域内，包含滇池流域南部昆明城市区、环洱海流域的大理市城市群等山、水、城市相融合的山水城市型景观。山、水、城市型景观的主要特征是城市建设区域依托山水地貌，改变生态原始景观，融合人居环境要素重新构建的人与自然协调的景观类型。

4）山、水、田园型景观

区域内有大量农田，农业占主导、农田区域和路网密度大，山体起伏度小，河网与农田相互辉映，一般为依托水系或者是湖泊河流扩大的流域区域。

5）湿地景观

该区域是高原湖泊和高原河流在与山体或者城市建成区过渡的湿地区域，比较典型的是云南曲靖沾益西河国家湿地公园、云南滇池流域湿地区域、云南大理洱海湿地公园等，湿地景观区最大的特点是自然环境依托水域功能为主导，受人居环境扩张的影响较大，处于人居环境区域与自然景观区域的交界地带。

2.1.2　按自然地理特点划分

高原山地区域综合并突出了高原和山地的特性，表现为海拔高、地表有起伏。由于特殊自然环境的特点，在对高原山地进行划分的过程中，划分主要依据地形地貌的类别划出相同或者相似地理条件的区域。高原山地根据区域自然地理特征以及各个地貌类型面积大小可以分为坝区、山区、低丘缓坡、河谷区。

（1）坝区。它是高原上局部平原的区域，主要分布于山间盆地、河谷沿岸和山麓地带。坝区地势平坦、气候温和、土壤肥沃、灌溉便利，是高原山地上相对而言农业兴盛、人口稠密的经济中心。云南省有1100多个坝区，坝区的耕地占全省耕地面积的三分之一以上。

（2）山区。高原山地中的山区具有山高坡陡、生态环境脆弱、用地破碎等特殊的自然环境特征，人地矛盾突出，可利用的耕地资源少，人居环境发展对自然生态服务功能改变较大。

（3）低丘缓坡区。地面起伏不大、坡度较缓、地面崎岖不平，是由连绵不断的低矮山丘组成的地形。一般没有明显的山脉走向，顶部浑圆，是山地久经侵蚀的产物。云南省的低丘缓坡土地资源主要体现在不同海拔分布极不均匀，不同海拔上日照时数、气温、降水量等气候资源差异显著等特点。从水平空间差异看，体现出土地利用率和土地开发成本差异明显、自然地理和社会经济条件差别显著等特点。

（4）河谷区。它是在流水侵蚀作用下形成与发展的。水流携带泥沙侵蚀使河谷下切；水流的侵蚀使谷坡剥蚀后退，包括谷坡上的片蚀、沟蚀、块体崩落；溯源侵蚀使河谷向上延伸，加长河谷。在高原山地上最显著的类型是干热河谷，其所处的特殊地理环境形成降水少、气温高的干热河谷地区。例如云南元江干热河谷地区、金沙江干热河谷地区、云南大理宾川河谷地区等。

2.1.3　按垂直梯度划分

按照垂直梯度的划分界定高原山地是比较直观的办法。高原山地海拔的变化必然会导致景观变化和人居环境变化，通过对垂直梯度上不同区域每100m的海拔汇总人口分布、经济收入分布、经济收入、村庄数量百分比等规律将高原山地的海拔等级进行划分，形成垂直上的梯度差异。

（1）海拔在 1000～1300m 的区域。以高原山地为主要特征的云南省为例，受高原山地地形、河流的切割作用影响，地形破碎度高，人口数量较少，城镇分布数量较少，区域经济收入偏低。

（2）海拔在 1300～1900m 的地区，是高原山地用地条件相对完整的区域，出现人口、城镇、经济收入的小高峰，是适合人居环境发展的区域，在有限的资源环境承载力下，能够利用较好优势，进一步促进城镇化发展。

（3）海拔在 1900～2900m 的地区，是人口、村庄分布最密集以及经济收入最高的区域，人居环境发展最迅速，人类城市化进程最快，也是对高原山地改造最大的区域。

（4）海拔大于 2900m 的区域，几乎很少有人居住，人居环境开发力度比较小，生态环境受到干扰少，海拔的影响使生态环境具脆弱性。

2.2　高原山地人居环境

2.2.1　与自然环境相适应

高原山地自然环境复杂多变，山脉连绵、沟壑纵横，江河蜿蜒曲折。云南省土地面积的 94%为山地，复杂的地形地貌和土地条件产生了丰富、多样的自然资源、动植物种群资源和自然景观资源。

高原山地自然环境的多样性和复杂性，使高原山地人居环境显现多样性特点。这里既有处于不同生态位的山地城镇、丘陵地城镇，也有平坝地城镇和河谷地城镇；既有依托于大城市的服务型城镇、交通及边境沿线商贸型城镇，也有传统农业型城镇、工矿型城镇、乡镇企业聚集型城镇和旅游型城镇；既有汉族聚集的城镇，也有多民族聚集的城镇；既有各个历史时期文化积淀深厚的历史文化型城镇，也有颇具现代文化色彩的现代文化型城镇；既有尚处于严重贫困地区的城镇，也有经济飞速发展的明星级城镇(徐坚，2008)。

　1)对坝区气候和地形的适应性

高原山地中的坝区自身条件相对优越，更适宜人类居住和生活，自古至今，都是云南各民族的主要聚居区。坝区膏腴之田遍布，村落棋布，人畜繁衍。但是云南坝区土地面积较少，仅占全省面积的 6%，可开垦的土地有限，人口密集，定居农业发展较快，程度较高。在云南主要的坝区分布区，南诏时期已是"从曲靖已南，滇池已西，土俗唯业水田。种麻、豆黍、稷，不过町疃"。

云南坝区由于土地有限，人口稠密，故很早就实行了一年两熟的耕作，这是一种土地利用率较高的集约型农业生产模式。"水田每年一熟，从八月获稻，至十一月、十二月之交，便于稻田种大麦，三四月即熟。收大麦后，还种粳稻。小麦即于冈陵种之，十二月下旬已抽节如三月，小麦与大麦同时收刈"。这是在中国农业史上最早实行复种制的地区。

云南坝区由于运用先进的耕作制度和耕作方法，种植业发展很快。与粮食作物种植农业一起发展的是植桑养蚕纺织业。到唐宋时期，云南的养蚕业就已经比较发达了。据

《南诏德化碑》记载，当时南诏已"家饶五亩①之桑"。樊绰的《云南志》卷七《云南管内物产》也记载："蛮地无桑，悉养柘，蚕绕树。村邑人家，柘林多者数顷，耸干数丈，三月初，蚕已生，三月中，茧出。"《新唐书·南诏传》记云："自曲靖州至滇池，人水耕，食蚕以柘，蚕生阅二旬出茧，织锦缣精致。"按《说文》释桑："桑，蚕所食叶木。"《说文》释柘："柘，桑也，从木石声"。以此看来南诏时期云南就有了比较发达的植桑养蚕和纺织业。特别是南诏后期，又从四川成都掠回了大量的织工，南诏的纺织业水平几追中原。樊绰的《云南志》卷七记载："（南诏）俗不解织绫罗。自大和三年蛮寇西川，掳掠巧儿及女工非少，如今悉解织绫罗也。"《新唐书·南诏传》也称："南诏自是工文织，与中国埒。"到元明清时期，大量的汉族移民定居云南，云南许多适宜种桑养蚕的坝子，如陆良坝、曲靖坝、滇池坝、保山坝等，广植桑树，村庄里家家机声相闻，一幅坝区男耕女织的图景。这种耕田邑聚、植稻割麦、栽桑养蚕、男耕女织的生产、生活方式的坝区农业至今仍在继续。

2) 对山地气候和地形的适应性

山地区域地形地貌十分复杂，适应地形的聚落有河岸平台、支流入江口和山区坡地多种类型。其中，河岸平台又分为面积较大的（≥3km²）和较小的（<3km²）两种；山区坡地分为半山缓坡和高山陡坡两种。在海拔 1500m 以上的云南怒江沿岸，出现坡度相对缓和（15°～25°）的半山缓坡地带，是流域内最主要的农村聚落分布区。

山地区域房屋的建筑风格独特，有从原始木楞房到现代砖瓦及其中间过渡的各式建筑类型，各类建筑材料的选择体现了"充分选择和利用自然资源，适应自然，与自然合作，利用当时、当地最经济的材料"的原则。如茅草房是山地中高海拔地区最古老的房屋建筑，数量已非常稀少，呈现出即将消失的态势；木片房是高海拔地区取代茅草房的主要建筑类型，数量最多、分布最广；石片房具有持久耐用的特点，但仅分布于有石片采集条件的地区，如云南怒江州贡山县双拉二组及其相邻地区的狭小区域内。

3) 对河谷区气候和地形的适应性

高原山地的河谷地带海拔大多在 1740m 左右，地貌崎岖、山高涧深。年日照时数1987h，日照率 45%，无霜期 260d，年平均气温 16.9℃。最低气温-9.6℃，最高气温30.9℃，有效积温 2895℃，年降水量 741.3mm，每年的 3～4 月是春雨季，6～10 月是降水高峰。依托河谷地带优越的水热条件，充分运行垂直农业生计体系，为村民提供基本的粮食、肉类和瓜果蔬菜。其中农业种植依然是村民的主要衣食和收入来源，逐渐形成以水稻、小麦套种为主的一年两熟制的河谷生产模式。由于河谷种植基本位于河流两岸，离村庄稍远，几乎每户村民都在自家的田边修建临时性房屋作为"歇脚地"（又名庄房、农具房、临时粮仓），栽种和收获时节均居住于此。

4) 对低丘缓坡区气候和地形的适应性

低丘缓坡属于丘陵地形的一种形式。低丘缓坡一般具有海拔 1000m 以上、2000m 以下、相对高差一般不超过 200m 的特点，起伏不大，坡度较缓，地面崎岖不平，由连绵不断的低矮山丘组成。低丘缓坡地区降水量较充沛，适合各种经济树木和果树的栽培生长。

① 1 亩≈666.7 平方米。

2.2.2   人文环境适应性表现

高原山地景观的人文特征与当地民族、人口、聚落、家庭规模、年龄、性别、教育水平、旅游、农业类型、农业结构、农业规模、耕作制度、社会组织、社会参与、社区服务、政治背景、劳动力、土地所有权、资金、市场、食物安全、水资源供应、能源、医疗服务、收入水平等人文要素有密切关系。多方面综合效益影响下构成了高原山地人文环境的以下特征：

1)高原山地区域文化的广泛性

高原山地自然环境构成地域的基本框架，其文化环境建立在相互依存的山地形态基础上。即既具有山水相依的中华民族文化特征，又具有不同时空的地域文化特点，内涵包括了从生产生活到社会意识形态的各个文化层面。广泛的高原山地区域范围，注定形成广泛的文化区，使区域文化环境具有广泛性。

2)高原山地文化地域独特性与多样性

由于自然地理的分隔作用、交通不便、行政地域的相对独立和社会历史发展的不平衡，使高原山地的文化形态具有各自不同的风格，各区域民族文化呈现多样性，体现了高原山地地域文化的独特性和多样性特征。

3)高原山地区域文化的稳定性、完整性与传承性

高原山地区域文化是在特定的时空里长期形成的历史遗存、生产生活方式、社会习俗等文化基因，积淀于本地域深层的文化个性，具有较强的稳定性、完整性和传承性，并持久地发挥作用，影响和规范该地域人们的价值观念、性格特征、风俗习惯等。

2.2.3   高原山地人居环境特征

高原山地城镇建设面临巨大的困难，不能够单纯依靠传统的规划设计理念，更多地需要考虑在高原山地特殊环境背景下，在保护高原山地自然生态环境的前提下，权衡多方博弈，实行综合开发。

2.2.3.1   高原山地城镇建设的环境特征

高原山地一般呈现出环境优美、生境多样性的景象。高原山地地貌位于中国西南地区，整体开发力度偏小，这使得高原山地的自然环境得到了较好的保护。由此，在高原山地的很多区域内，可以看到茂密的树林、柔软的草甸、芳香的百花交织成的美丽风景，自然景观保留了最初的样子，创造了丰富的生态价值，展现出多样性的生境系统。受地形地貌特征的影响，使许多高原山地区域内自然景观呈现明显的垂直梯度变化。随着山体海拔的升高，高原山地由山脚至山头，植被景观由热带植被景观向副热带植被景观过渡，然后再由副热带植被景观向温带植被景观过渡，最后过渡到寒带植被景观(图 2-1)。特殊的地貌条件随着海拔变化造就了立体农林现象，图 2-2 所展现的是从山底湖泊过渡到农田然后随着海拔上升耕作转化成人工草地种植，之后再转向人工经济林。最顶端的

植物景观主要由阔叶林和针阔林混合交林构成，整个山体的垂直地带性明显。

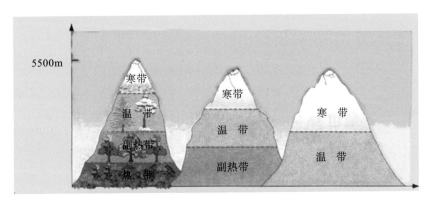

图 2-1　高原山地植被垂直分异带

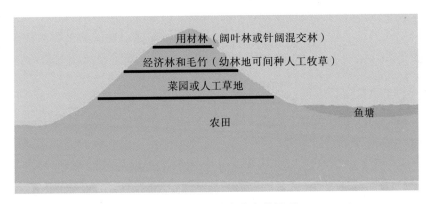

图 2-2　高原山地立体农林景观

高原山地地形复杂多变，深沟险壑众多，高原呈现波涛状，相对平坦的区域所占比例少之又少，尤其在滇西北地区，高山峡谷地区的面积高达 94%。同时，高原山地错综复杂，尺寸大小不一，既有大尺度的高原尺寸，也有小尺度的山地尺寸，地势通常随地形地貌呈阶梯递降，每一梯层内的地形地貌都十分复杂。丘状高原面、分割高原、山间盆地、巨大山体和深切河谷等的交错，使地带性分布规律更加错综复杂。其次，高原山地内有很多山川湖泊纵横，山体多、河流湖泊众多，构成山岭纵横、水系交织、河谷渊深、湖泊棋布的特色区域环境。此外，高原山地众多、断陷盆地星罗棋布，盆地及高原台地形成"坝子"，虽然所占比例不大，但所起的推动、辐射、中心作用明显，能带动周边山地城镇的发展。

2.2.3.2　高原山地城镇体系特征

中国西南高原山地的城镇正处于快速城镇化和高速经济发展时期，城镇人口的迅速增加导致大中小城市的空间扩展以及各类城市的功能结构重组，逐渐推动城镇空间结构演变。高原山地城市所处的地理区位、海拔、地形坡度、气候、降雨和日照等自然条件的差异，使山地城镇布局结构的类型多种多样，城市建设上形态丰富，城市道路交通结构和城市地域文化呈现明显的异质性和多样性。高原山地城镇建设与城镇人口增长、土地资源有限、地域文化差异大、城镇发展生态安全有密切的联系，形成了具有高原山地特色的城镇体系特征。

1) 高原山地城镇空间体系结构与形态

(1) 重点城镇沿主要廊道线性分布。高原山地城镇空间体系受地理环境的限制比较大，受到坡度大、海拔高、坝子面积少的限制，同时在全球化、城镇化加速发展冲击下，在西部大开发山地城镇空间结构优化建构和发展战略的实施下，高原山地重点城镇多沿主要廊道线性分布。其中高原山地城镇沿河分布是常见的现象，水是人类生存的根本、植物生长的基本条件，因此人类沿河而居的习性自古就有。而在高原山地环境中，水更为人类生存提供了良好的生存环境。如以洱海为中心的云南大理市市域内各城镇环绕分布形成环洱海城市群，以昆明市为主要城市的滇池流域城市群就是典型沿河、沿湖分布，形成了沿水系廊道分布的城镇空间布局。

高原山地城镇的空间分布除了沿河流、湖泊分布以外，更多的城镇空间分布是依托道路廊道线状发展的，道路是城市对外联系的媒介，是城市发展的重要载体，如云南省茶马古道城市群(图 2-3)、滇越铁路城市群(图 2-4)、沿高速公路分布的城市群等。

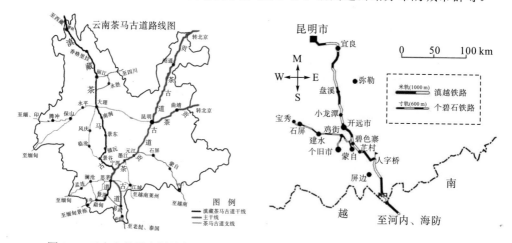

图 2-3　云南省茶马古道城市群　　　　　图 2-4　滇越铁路城市群

在已经发生的城市化进程中，高原山地中的平坝地区已经被塞得满满的，新发展空间只能向河谷地区和峡谷地区拓展。同时由于地形的限制，城镇建设用地与交通基础设施、耕地争地的情况将更加突出。而交通廊道服务半径有限，制约了经济社会的联系水平。有廊道串联的大城市，具有发展的经济区位优势，是未来承载城市人口、推动城市经济集聚发展的中心；廊道服务半径以外的小城镇，主要受自然、区位、土地资源、经济环境的制约，城市竞争力及发展受限。

(2) 城市群空间特征。由于云南省城镇的高原山地特征，其城市群的构成也非常特殊。可以归纳为以下几个方面：

第一，城市群中心城市自身规模较小。以滇中城市群为例，滇中地区重点城市有昆明、玉溪、楚雄、曲靖四个城市，其中规模最大的昆明市预计 2020 年人口约为 627 万，滇中城市群总人口约 1500 万，但预计人口规模超过 20 万的城市不足 10 个。

第二，城市群受山地的生态区隔明显。从滇中城市群看，四个城市之间受到山地阻碍，中间有许多山地区域生态脆弱，需要重点保护。尤其是昆明与玉溪、楚雄之间的山体植被覆盖率很高，不能够随意用以盲目扩张城市或者新建城市。

第三，城市群内的乡镇分布零散，高山、峡谷、险滩等恶劣的自然环境和历史原因使本区域的城镇规模小、分布不均、独立存在、相互间缺少联系，难以形成具有竞争力的城镇或城镇网络体系。规模小导致"城镇经济难以带动区域经济的发展，城乡之间的区域协作能力不强"；同时，城镇人口的扩张单一地集中于某些城镇的边缘地带，也使城镇建设与占用耕地和基本农田的矛盾极为突出。

第四，城市群交通网络受山地制约，发育缓慢。云南省的交通受山地影响制约，以昆明为核心，呈星形辐射整个省域，形成 "交通廊道"，主要交通流都集中在该廊道上，但交通网密度明显偏低。

第五，整体格局呈现大分散、小聚合特征。高原山地区域受地形高差等地形条件的影响，造成居民点在同一区域大规模集中的可能性降低。城镇分布尽可能利用地形，在不同地区形成聚合模式。但整体上看，又是分布散落在平坝河谷与山间平地之中。从城市分布图上可以看出，与东南沿海城市集群中部聚合点轴城市群不同的是，西南地区城市呈现大分散、小聚合的特征。根据 2010 年人口数据显示，西南除成都、重庆、昆明人口密度较高之外，人口均分散分布，体现出大分散、小聚合的人口分布特征。

第六，中心城镇辐射作用明显。"大分散，小聚合"的城镇体系分布特征造就了高原山地区域中心城镇对周边乃至整个区域的影响和聚集效应明显，而大部分的中心城镇都处于坝区，因此，坝区的中心辐射作用明显。

2) 高原山地城镇规模等级结构

高原山地城镇的等级规模结构主要受地形和人口分布的影响。云南省在山地和坝子交错分布的背景下，人口集聚呈现由农村流向城镇、由中小城市流向大中城市、由山区流向坝子的特征，形成经济为主要动因的迁移与流动空间分布格局特征。根据云南省空间、区位等方面的特征，目前的城镇体系规划形成了以"一区、一带、五群、七廊"（"1157"）为主体构架的、点线面结合的总体空间结构。"一区"即滇中城市群，"一带"即沿边开放城镇带，"五群"即滇西城镇群、滇东南城镇群，滇东北城镇群、滇西南城镇群、滇西北城镇群，"七廊"即沿四条对外经济走廊(昆明—皎漂、昆明—曼谷、昆明—河内、昆明—密支那)和沿三条对内经济走廊(昆明—昭通—成渝—长三角、昆明—文山—广西北部湾—珠三角、昆明—丽江—香格里拉—西藏昌都)构建的城镇带。形成了云南省"六大城市群、经济走廊、沿边城镇带"的城市规模等级(图 2-5)。

云南省六大城市群的形成与所处的典型高原山地环境有密切关系。六大城市群的核心是"一区"，即滇中城市群。依托交通走廊纽带，以滇中城市群为核心，六大城市群相互连接。由于受到高原山地的影响，虽然其他五个城市群都与滇中城市群连接，但地理隔离性使五个城镇群之间仍缺乏实质联系，且城市群的结构相较于非高原山地省份的结构更松散，除滇中城市群外，5 个城市群的中心城市规模都比较小。

图 2-5 云南省六大城市群分布图

沿边城市群的城镇结构是云南省城镇体系特殊的且必不可少的组成部分。沿边开放城镇带包含 8 个州(市)25 个县(市),是云南省与缅甸、老挝、越南三国毗邻、以沿边口岸和沿边城镇为重要支点、以小城镇为主体的边境城镇带。沿边开放城镇带是与东南亚、南亚物资交换、文化交流的重要通道,是带动沿边地区发展的政策扶持经济带(图 2-6、表 2-1)。

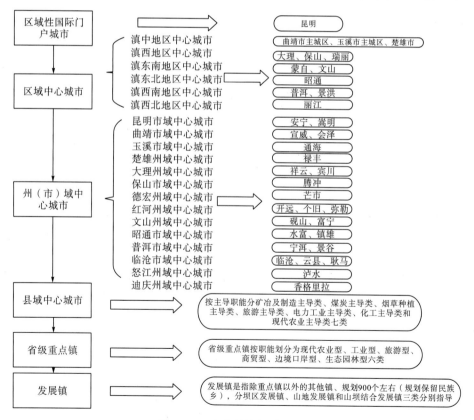

图 2-6 云南省城镇体系结构图

表 2-1 云南省城镇体系结构表

等级	人口数	城镇	城镇个数/个
特大城市	200 万人以上	昆明市(主城五区)	1
大城市	50 万~100 万人	曲靖、昭通、玉溪、大理、保山	5
中等城市	20 万~50 万人	楚雄、宣威、蒙自、普洱、陆良、文山、景洪、个旧、镇雄、安宁、祥云、沾益、临沧、丽江、腾冲、会泽、砚山、芒市、罗平、弥勒、富源、耿马、瑞丽	23
小城市	10 万~20 万人	寻甸、建水、开远、广南、宾川、宜良、鲁甸、禄丰、丘北、富宁、师宗、勐海、澜沧、晋宁、石林、泸西、盈江、马关、勐腊、弥渡、马龙、景东、香格里拉、景谷、墨江、嵩明	26
小城镇	5 万~10 万人	宁洱、石屏、麻栗坡、云县、孟连、永仁、通海、昌宁、水富、南华、江川、富民、大姚、牟定、龙陵、禄劝、永善、凤庆、鹤庆、巧家、武定、陇川、永胜、泸水、西畴、沧源、金平、彝良、姚安、元谋、双江、河口、施甸、峨山、元阳、绥江、玉龙、易门、江城、洱源、永德、东川	42
特小城镇	小于 5 万人	华宁、威信、镇沅、大关、巍山、澄江、镇康、兰坪、新平、华坪、宁蒗、屏边、梁河、剑川、元江、漾濞、南涧、云龙、盐津、永平、双柏、维西、红河、西盟、绿春、福贡、德钦、贡山,省级重点镇	238

3)高原山地城市城镇职能结构

城镇职能的结构差异主要体现在两个方面。第一,坝区中心辐射与"廊道作用"造就不同职能结构的城镇功能。云南省在城镇体系规划中,有专门的章节解决资源保护和利用问题、城镇山地坝区建设用地问题。城镇建设面临的与环境协调、用地受限的问题是普遍存在的。同时,云南省产业受山体的巨大隔离作用,导致经济集聚效应降低、经济发展动力受影响。生态廊道的畅通、基底的连续,对人文生态的保持有有利的一面。第二,"资源支撑"与"职能向内"的限定。云南省的主导产业偏向资源型,包括烟草业、生物资源业、矿产业、水电、旅游业等。农业占比巨大,基于城镇的二、三产业相对发展缓慢,属于典型的资源投入型产业结构。

2.2.4 海拔特征

云南省自然条件复杂,是低纬度、高原山区省份,山地、高原占全省总面积的 96% 左右,平均海拔 2000m 左右,最高点海拔 6740m(卡瓦格博峰),最低点海拔 76.4m(河口县),相对高差达到 6663.6m(图 2-7)。

对于云南省人居环境中海拔适宜性的划分标准,根据徐坚教授主持的国家自然科学基金项目"高原山地垂直梯度人居环境变化及适宜性研究"(51268057)中提到的有关高原山地区域划分中的垂直梯度划分方法,其划分情况如表 2-2、表 2-3 所示。

通过以上海拔适宜性划分标准,得到五个适宜性等级区域,同时核实各区域的面积、分布的县级城市数量及人口总数,得到的结果如图 2-8、图 2-9、表 2-4 所示。

图 2-7　云南省 DEM 数字高程图

表 2-2　云南省地貌类型、特点及利用方式

类型	比重/%	分类	分布	海拔/m	占比	特点	利用
坝子	6	高坝	滇西北	>2300	比重很小	地势高，气温低，冬长夏短，一年一熟	以耕地为主，种植旱粮比重大，有部分种植耐寒稻谷
		中坝	滇中、滇南	1500~2300	比重大，约占坝子的60%以上	多为河湖沉积型，土壤肥沃，以水稻土为主，还有冲积型红土，开发利用早	主要为耕地，稻田比重大，是云南粮、烟、油的主要产区
高原	10	丘原	滇中、滇东	1500~2300	比重较大	比较平坦，有低丘分布，主要土壤为山原红土和紫色土，气候为亚热带	开垦利用较早，林地留存量较少，岩溶地区缺水、土薄，有石山灌丛，旱地比重较大，以种植玉米为主，适宜桑、果、畜牧业
		山原	滇东北、滇西北	1500~2500	比重较小	破碎高原，起伏较大，为温带及亚热带气候，土壤主要为红壤	水土流失较严重，森林保留量少，旱地为主，主产玉米，疏林、灌丛及荒坡草地比重较大，宜经济林、林业、畜牧业
山地	84	高山	滇西北、滇东北	>3500	约占山地的10%	山高谷深，温带与寒带气候，土壤为棕壤系列和亚高山灌丛草甸土，坡陡土薄	流石滩、草地、灌丛、林地、名贵药材及夏季牧场
		中山	滇中、滇西南	1000~3500	约占山地的70%	坡度较大，为亚热带和温带气候，土壤以红壤为主，共次为紫色土、石灰岩土、黄棕壤、棕壤	林地保留较多，耕地分布零星，玉米等旱粮为主，疏幼林、灌丛、荒地比较多
		低山	西双版纳、滇东南、滇西南	<1000	约占山地的20%	坡度较缓，谷地浅阔，为热带及南亚热带气候，水热条件好，土壤为砖红壤和赤红壤	原始植被覆盖较好，为橡胶及热作、茶叶基地，自然保护区面积较大

表 2-3 云南省人居环境中海拔适宜性等级划分表

海拔	特征	适宜性	分值
<1000m	多在南部河谷地区，地形破碎度高，处于河谷最低区域，城镇分布数量少，区域经济产出低	较不适宜	2
1000~1300m	地形破碎度高，人口数量较少，城镇分布数量少，区域经济产出偏低	适宜	3
1300~1800m	是高原山用地条件相对完整的区域，出现人口、城镇、经济产出的小高峰，是适合人居环境发展的区域，在有限的资源环境承载力下，能够利用好优势，进一步促进城市化发展	较适宜	4
1800~2800m	人居环境发展最迅速，人类城市化进程最快，对高原山地改造最大的区域	最适宜	5
>2800m	几乎很少有人居住，人居环境开发力度比较小，生态环境受到干扰少，但海拔的影响使生态环境具脆弱性	不适宜	1

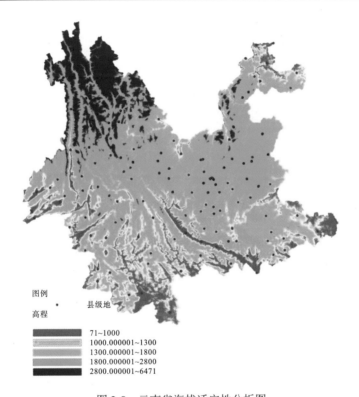

图例

高程   县级地

	71~1000
	1000.000001~1300
	1300.000001~1800
	1800.000001~2800
	2800.000001~6471

图 2-8 云南省海拔适宜性分析图

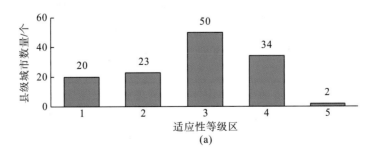

(a)

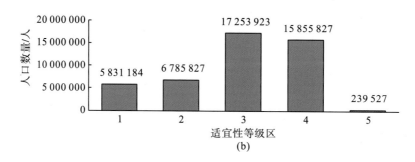

(b)

图 2-9 云南省各海拔适宜性等级中县级城市及人口数量分布情况

表 2-4 云南省海拔适宜性等级划分情况表

海拔	适宜性	面积/km²	面积占比/%	县级城市数量/个	县级城市人口总数/人	县级城市名称
<1000m	较不适宜	33 009.60	8.60	20	5 831 184	昭通市：永善县、水富市、绥江县、彝良县、盐津县、巧家县 红河州：元阳县、河口县 文山州：富宁县 玉溪：元江县 普洱市：景谷县、孟连县 西双版纳州：勐腊县、景洪市 德宏州：盈江县、陇川县、瑞丽市、芒市 临沧市：镇康县 怒江州：泸水市
1000～1300m	较适宜	46 647.49	12.15	23	6 785 827	昆明市：东川区 楚雄州：元谋县 红河州：开远市、金平县、红河县 文山州：麻栗坡县、广南县、文山市 普洱市：镇沅县、澜沧县、西盟县、江城县、景东县 西双版纳州：勐海县 临沧市：沧源县、耿马县、双江县、云县 丽江市：华坪县 德宏州：梁河县 怒江州：福贡县 昭通市：大关县、威信县
1300～1800m	较适宜	109 665.73	28.57	50	17 253 923	昭通市：镇雄县 曲靖市：罗平县 红河州：泸西县、弥勒市、石屏县、建水县、屏边县、个旧市、绿春县、蒙自市 昆明市：富民县、禄劝县、石林县、宜良县 楚雄州：楚雄市、武定县、禄丰县、永仁县、牟定县 玉溪市：红塔区、澄江县、江川区、峨山县、新平县、易门县、华宁县 文山州：马关县、西畴县、丘北县、砚山县 普洱市：宁洱县、思茅区、墨江县 临沧市：永德县、凤庆县、临翔区 大理州：南涧县、巍山县、弥渡县、宾川县、云龙县、漾濞县、永平县 怒江州：贡山县 保山市：隆阳区、腾冲市、龙陵县、施甸县、昌宁县

续表

海拔	适宜性	面积/km²	面积占比/%	县级城市数量/个	县级城市人口总数/人	县级城市名称
1800～2800m	较适宜	153 937.05	40.10	34	15 855 827	昆明市：嵩明县、寻甸县、安宁市、晋宁区、五华区、呈贡区、官渡区、西山区、盘龙区 曲靖市：麒麟区、富源县、宣威市、会泽县、陆良县、马龙区、师宗县、沾益区 昭通市：昭阳区、鲁甸县 玉溪市：通海县 大理州：大理市、祥云县、鹤庆县、洱源县、剑川县 楚雄州：姚安县、大姚县、双柏县、南华县 丽江市：古城市、永胜县、宁蒗县 迪庆州：维西县 怒江州：兰坪县
>2800m	不适宜	40 632.11	10.58	2	239 587	迪庆州：德钦县、香格里拉县

2.2.5 坡度特征

云南省为高原山地省份，全省山地约占84%，高原约占10%，坝子(盆地)约占6%。

各研究对坡度都有定义。本书中采用《城市用地竖向规划规范》(CJJ 83-99)对城市主要建设用地适宜规划坡度做的相应规定(表2-5)；《土壤侵蚀分类分级标准》(SL 190-96)中将土地流失情况按照坡度进行分级，分为 5°以下、5°～8°、8°～15°、15°～25°、25°～35°、35°以上；《云南省山地城镇系列设计导则(建筑工程部分)》的规定中将山地建筑定义为"建设在自然地形坡度大于8%的场地上的建筑"(表2-6、图2-10)。

表2-5 云南省人居环境坡度适宜性等级划分表

适宜性	分类条件	得分
适宜	<8°	4
较适宜	8°～15°	3
不适宜	15°～25°	2
很不适宜	>25°	1

表2-6 云南省坡度适宜性等级划分情况表

坡度	适宜性	面积/km²	面积占比/%	县级城市数量/个	县级城市名称
<8°	适宜	64 917.70	8.60	124	其余县市
8°～15°	较适宜	46 647.49	12.15	4	昭通市：绥江县、盐津县、大关县 红河州：金平县
15°～25°	不适宜	133 942.00	28.57	1	怒江州：贡山县
>25°	很不适宜	100 388.23	40.10	0	无

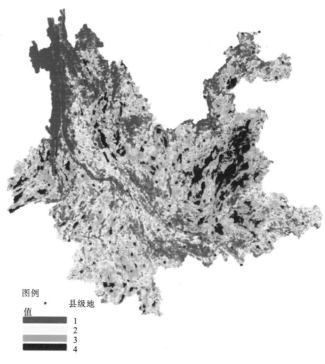

图 2-10   云南省坡度适宜性分析图

2.2.6   地表覆盖及土地利用特征

据土地详查 1996 年变更的调查结果，云南省土地总面积 3784.07 万 hm²，其中农用地 2962.06 万 hm²，占 77.30%；建设用地 79.60 万 hm²，占 2.10%；未利用地 736.77 万 hm²，占 19.47%（表 2-7、图 2-11）。

表 2-7   云南省土地利用现状统计表

大类	用地类型	面积/万 hm²	比例/%
农用地	耕地	642.16	16.97
	园地	61.45	1.62
	林地	2179.27	57.59
	牧草地	79.18	2.09
建设用地	工矿用地	54.44	1.44
	交通用地	25.16	0.66
	水利设施	5.64	0.15
未利用地		736.77	19.47

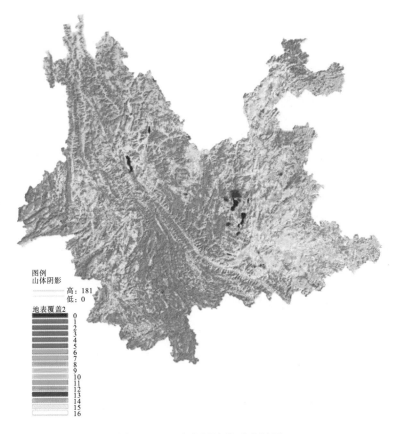

图 2-11　云南省用地类型分析图

　　云南省土地资源丰富，但可利用土地较少。云南总面积占全国陆地总面积的 41%，居全国第 8 位，目前人均土地面积约 0.87hm²，比全国平均多 0.13hm²。最适宜工业化、城镇化开发的坝子(盆地、河谷)土地仅占土地面积的 6%，耕地总面积 622.49 万 hm²，陡坡耕地和劣质耕地比例较大，优质耕地比例较小，主要分布在坝区，未来坝区建设用地增加的潜力极为有限。云南省坡度为 8°～25°的土地面积虽然有近 20 万 km²，占总面积的 50%，但工业化、城镇化开发成本较高、难度较大。

2.2.7　山脉走向特征

　　云南省的地貌，以元江谷地与云岭山脉南段的宽谷为界，大致可分为东西两个大地形区。西部为横断山脉纵谷区，分布的主要山脉有高黎贡山、怒山、碧罗雪山、清水朗山、雪盘山、点苍山、雪山、玉龙山、绵绵山、百草岭等山脉；云岭向西南部延伸分布的山脉有哀牢山、无量山、老别山、帮马山等。东部则为滇中、滇东高原，以喀斯特地貌最为常见，地势主要以波状起伏的低山和浑圆丘陵为主，分布的山脉有五莲峰、三台山、拱王山、梁王山、乌蒙山、六诏山等(图 2-12)。

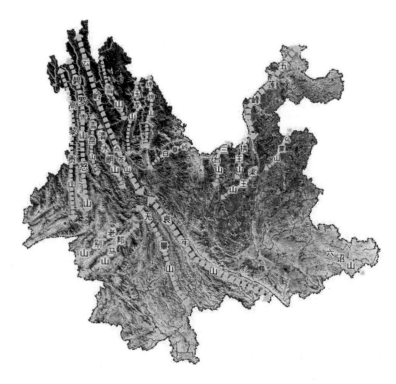

图 2-12 云南省山脉走向分析图

2.2.8 水文特征

云南有众多的河流水系和高原湖泊，水文资源非常丰富。

云南江河纵横，水系十分丰富。全省大小河流共 600 多条，其中较大的河流有 180 多条，多为入海河流的上游。

云南高原湖泊众多，是我国湖泊最多的省份之一。滇东的主要湖泊有滇池、抚仙湖、阳宗海等；滇西主要有洱海、泸沽湖等；滇南主要有异龙湖、大屯海等。云南湖泊多位于崇山峻岭之中，或高山之巅，似颗颗高原明珠，像块块山间碧玉。它们山环水绕，景色秀美，风光如画，是云南壮丽自然景观的重要组成部分。

2.2.9 经济结构特征

高原山地中的坝区，经济呈现明显的中心效应。经济结构表现出坝区城镇首位度高的现象。高原山地中的坝区，经济呈现明显的中心效应。经济结构表现出坝区城镇首位度高的特征。但同时，高中心性效应对应的是城镇化水平有待进一步提高，城镇化质量亟待大幅提升。

3 高原湖泊及环高原湖泊人居环境

高原湖泊属于高原山地自然环境中重要的组成部分。

位于典型高原山地环境中的高原湖泊与环高原湖泊人居环境呈现相互依存的关系。一方面，高原湖泊为人类提供水资源、生态资源、景观资源等，其中水资源是湖泊资源的核心，是生态系统与人居环境维持和发展的物质基础；另一方面，高原湖泊周边人居环境的开发建设，越来越显著地影响着高原湖泊的生态环境，阻断人类可持续发展进程。目前几乎所有的高原湖泊都面临可持续发展的严峻现状，面临严重的资源开发和环境保护等现实问题。如云南连续 4 年的严重干旱、高原湖泊蓄水量的日益减少、资源的被污染等，就是所产生的严重生态后果。

受地理条件影响，高原湖泊水资源相对高原山地其他区域更丰富、集中，周围分布一些地形相对平坦的"坝区"，所以在其周边区域人居环境集中，形成区域内中心辐射、带动作用强的人类聚居节点。但密集的人工建设活动导致高原湖泊水自然生态循环过程被阻断，造成高原湖泊水资源缺失，形成突出的水体富营养化现象，致使生态环境恶化，严重制约人居环境可持续发展。同时，高原湖滨人居环境地处高原山地的大环境，自身地理条件及建设情况复杂艰巨。高原湖滨人居环境对外围人工建设区的中心辐射作用明显，但对高原湖泊的破坏也最明显，导致高原湖泊及其周边人居环境关系相互影响、相互制约，生态环境日益脆弱。

3.1 高原湖泊、高原湖泊流域及环高原湖泊人居环境

3.1.1 高原湖泊

学术上，高原湖泊是对海拔相对较高的湖泊的模糊定义，内流区的高原湖泊一般是该区河流的终点，即内流湖。

高原湖泊具有以下主要特性：

(1) 在水资源、特别是可调节水资源匮乏的高原山地，高原湖泊具有联系纽带的作用。使不同地区间的社会、经济相互制约，相互影响，把范围广泛、因素众多的流域连接成整体。同时湖泊流域呈现整体性、动态性、非线性以及多维度等特性。

(2) 高原湖泊具有生态脆弱性。纬度地带性和垂直地带性规律的共同作用，加剧了高原湖泊及其流域自然环境的地域分异，高原湖泊呈现生态脆弱性特征。如地处高原山地的云南抚仙湖水资源匮乏，流域面积小，多年平均入湖径流量有限，森林覆盖率低，水

土流失严重，属于生态最为敏感脆弱的区域。

（3）高原湖泊生态恢复能力差。高原湖泊的独特性导致换水周期长，流动性差，抗污染能力差，具有高度的生态脆弱性；加上湖泊海拔较高，一旦湖泊水体受到污染，很难借助外流河道的水体输入和输出来缓解矛盾。同时降水量小，蒸发量大，使湖泊流域内水资源贫乏、生态脆弱性特征明显，生态恢复能力差。

（4）人类及活动对高原湖泊生态环境的干扰、影响显著。高原山地中，人类依水而居，人对水资源的高度依赖，导致高原湖泊在长期发展过程中，受到生态系统和社会经济系统的双重干扰。而且社会越发达，湖泊流域的人工特性就越明显，造成高原湖泊的季节性缺水、水安全问题、水质性缺水等现象，导致湖泊流域系统的高度复杂性和脆弱性。

针对以上特点，高原湖泊目前存在的主要问题如下：

（1）水体污染严重。其中环高原湖泊人居环境的密集分布，造成湖区水体污染严重，破坏湖泊生态环境。

（2）生态保护明显不够。主要表现为湖区土地利用不够合理，生态保护措施不够等。

（3）周边环境开发强度过大。包括人居环境的开发及周边山林、湿地、植被的破坏等。

（4）生态自我恢复能力差。人类活动切断水资源自然生态循环过程，产生水体污染，降低湖泊生态自我修复能力，导致湖泊的生态防洪等功能无法有效发挥。

（5）生态缓冲区域小。部分湖区与城镇建设用地毗邻，导致生态缓冲区不能满足自然生态要求，破坏水生态系统的完整性。

（6）生态过程受到严重干扰，建设项目对生态环境破坏大，严重干扰湖区的生态过程。

所以，高原湖泊没有生态的可持续发展，就不可能有经济和社会的可持续发展。而高原湖泊由于其自身特有的构造结构和地理位置，具有内在不稳定性，在外界胁迫因素干扰下极易遭受损害并难以复原。

3.1.2 高原湖泊流域

高原湖泊流域以丰富的水资源哺育着人类、灌溉着农田、净化着环境，是人类的重要生产生活载体，是一个有着频繁的物质、能量交换的自然地理区域。流域的开发和保护日益受到人们的重视，流域的可持续发展是人类社会发展的重要基础。

高原湖泊流域是中国尤其是云南省重要的生态系统，比普通流域有着更复杂、更脆弱的结构和更特殊的功能。

高原湖泊流域相比高原湖泊而言，具有更复杂的组成系统。

本书中的高原湖泊与高原湖泊流域均强调高原山地中的水资源核心力，以及依水而居的人居环境特点，并不是单纯从自然地理的角度对其进行研究。所以本书中的高原湖泊与高原湖泊流域具有相同的意义。

云南属于典型的高原山地区域，高原湖泊在云南脆弱的生态环境中起着重要的作用。云南高原湖泊众多，且湖泊多位于崇山峻岭中，或高山之巅。它们是云南省壮丽自然旅游景观的重要组成部分，是发挥重要生态作用的因子，且规模较大的湖泊周边也是云南重要的城镇分布地区。云南省有许多湖泊驰名中外，其中著名的、对人居环境分布及建设影响明显、面积较大的九大高原湖泊，分别为滇池、洱海、抚仙湖、程海、泸沽湖、杞麓湖、星云湖、阳宗海、异龙湖。

3.1.3　环高原湖泊人居环境

环高原湖泊人居环境指高原湖泊及流域周边分布的人居环境，水系周边一定范围内人类聚居生活的空间场所。环高原湖泊人居环境地处高原山地的大环境。

环高原湖泊人居环境，依托高原湖泊建设与发展，是居民生产和生活的主要场所，也是社会发展的繁荣之地，城市的发展大多因湖而兴。如云南洱海流域的大理市、滇池流域的昆明市、抚仙湖流域的江川坝子和澄江坝子等。高原湖泊及其周边环境作为社会经济发展的重要资源支撑，是都市建设、发展旅游休闲、饮用水源、调节气候、水利灌溉、生态、渔业、特色资源开发、文化遗址保护等方面的重要载体。

高原湖泊对人居环境的影响是一个复杂的过程。受高原湖泊明显制约的环高原湖泊人居环境，具有以下主要特点：

(1)人居环境保护与开发建设对高原湖泊的生存起着决定性的作用。主要因为水资源的持续利用是高原湖泊生态系统良性运转、湖区可持续发展的基础。而生态安全问题的恶化，直接破坏高原湖泊的生态作用，制约高原湖泊的可持续发展。

(2)人居环境对高原湖泊依赖性强。主要依赖因子是高原湖泊的水资源条件及生态环境，其次是环高原湖泊区域、较其他高原山地区域相对平缓的用地条件。

(3)地理条件决定了开发的艰巨性。环高原湖泊区域相对其他高原山地区域有相对平缓的用地条件，但同时，因为整个区域仍处于高原山地区域，自身就具有开发的艰巨性，要求开发建设的科学性指导。且高原湖泊多属于断陷封闭或半封闭湖泊，相对平原湖泊而言，周边用地破碎性程度高，人居环境保护与开发建设具有艰巨性。

(4)环高原湖泊人居环境中心辐射作用过强，使整个高原山地人居环境结构不合理。由于水资源和平坝的共同作用，加上高原湖泊外围山地区域的地理破碎性，环高原湖泊人居环境规模、密度较大，中心辐射带动作用过强，使整个高原山地人居环境系统结构不尽合理，一旦受高原湖泊制约的环高原山地人居环境出现"建设性的破坏"或"破坏性的建设"，整个高原山地人居环境体系将受到严重影响。

(5)环高原湖泊人居环境与生态保护、耕地争地情况明显。环高原湖泊人居环境可建设用地少，高原湖泊需要与之匹配的生态用地；在高原山地特殊的地理条件下，大量耕地需布置在靠近水源、用地条件较好的区域，三者之间争地情况明显。

所以，环高原湖泊人居环境是城镇发展建设的重要空间资源与生态景观要素。

3.2　高原湖泊研究概况

近十年来，随着生态环境日益恶化，治理保护湖泊的研究是目前科研方面的一个重点方向。研究主要围绕以下几方面进行。

(1)针对湖泊水体富营养化和有机污染问题，从环境治理角度提出应以生态系统修复为根本，以控制陆源污染物为前提的对策(屠清瑛，2003)；

(2)从环境管理的角度运用系统动力学理论对高原湖区的可持续发展问题进行分析(李林红，2002)；

(3)结合现有管理体制的缺陷，提出应建立流域管理和区域管理相结合的管理体制(张林祥，2003)；

(4)探讨湖泊-流域水资源可持续发展评价方法(周丰等，2007)。

3.2.1　高原湖泊流域 LUCC 研究

土地利用/土地覆盖变化(land-use and land-cover change，LUCC)是全球环境变化的重要原因，LUCC 模型研究始终是土地变化科学研究的重点。针对高原湖泊流域，与LUCC 相关的研究主要集中在以下几个方面。

(1)高原湖泊流域的土地利用变化及驱动因子分析。这部分研究主要基于遥感和地理信息系统等手段，分析不同时间段高原湖泊流域土地利用类型的变化动态。如张珂等(2013)在 RS 与 GIS 技术的支持下，监测了滇池流域 1974～2008 年的土地利用数据分类，分析流域整体景观与分地类的分形维动态；张洪等(2012)以滇池流域 1974 年、1988年、1998 年、2008 年四个年份的遥感影像为数据基础，应用马尔科夫模型对研究区土地利用动态变化及变化趋势进行分析，结果表明滇池流域近 30 年来土地利用状况发生了明显的变化并对区域水环境产生了重要影响；曹晓峰等(2012)借助 GIS 技术分析了滇池流域土地利用景观空间格局对水质的影响；刘涛等(2014)模拟了洱海流域土地利用/土地覆盖(LUCC)的时空演变过程，建立了基于蚁群算法和多智能体系统(multi-agent system，MAS)的土地利用覆盖变化模型(MAS/LUCC 模型)，以加强洱海流域的环境保护与开发，优化土地资源配置，协调流域经济发展，具有重大的研究意义和参考价值，为实现洱海流域社会经济的可持续发展提供了决策支持。

(2)LUCC 与高原湖泊水质变化的研究。目前对土地利用类型与高原湖泊流域水质的研究、土地利用强度与流域水质的研究和以环境库兹涅茨曲线(environmental Kuznets curve，EKC)进行的研究较多。宋涛等(2006)对中国各省的湖泊数据进行环境分析后得到部分环境污染指标符合库兹涅茨曲线，部分仍然呈线性关系，仍处于环境污染的冲突区间。张洪等(2011)以云南省九大高原湖泊为例，通过面板数据方式分析了高原湖泊流域土地利用类型变化，通过库兹涅茨曲线相关内容对利用强度的分析以及与水质的动态变化情况分析指出：滇池、泸沽湖处于流域协调区间，阳宗海、抚仙湖、星云湖、程海处于流域冲突区间，洱海、异龙湖处于冲突区间向协调区间转型的过程中。

(3)LUCC 下高原湖泊流域内土壤质量状况的研究。高明等(2006)在滇池流域斗南村选取 5 种典型的土地利用方式，分析了蔬菜花卉地、蔬菜花卉旁沟、荒地、林地及小麦地中土壤养分的分布及其对环境的影响。陈春瑜等(2012)均对滇池全流域不同土地利用方式下土壤的 N、P 分布特点和空间变异方式进行了较为细致的研究。

3.2.2 高原湖泊流域土壤侵蚀研究

人类不合理的土地利用方式是发生水土流失的主要原因之一。研究高原湖泊流域的土壤侵蚀现状，对于控制流域内生态环境恶化，建立良好的生态环境具有十分重要的意义。董磊等(2012)采用 USLE(universal soil loss equation)模型并结合 RS、GIS 技术对滇池流域土壤侵蚀进行了估算，分析了不同坡度和不同植被类型对侵蚀的影响，高效、客观地反映了土壤的侵蚀情况，对减少流域内新增土壤侵蚀风险、控制非点源污染有着重要的参考价值。李建国等(2004)通过将 3S 技术与 4D 技术结合，进行了流域自然状况及水土流失面积调查，观测分析、测算了全流域的水土流失量、污染物流失量及治理措施的水土保持效益。王卫林等(2015)提取了洱海流域降雨侵蚀力、土壤可蚀性、坡度坡长、地表覆盖、水土保持措施 5 个主要水土流失因子，采用修正的通用土壤流失模型(revised universal soil loss equation，RUSLE)估算了洱海流域土壤侵蚀量。段文秀(2011)以云南洱海流域为研究对象，应用 USLE 模型计算了洱海流域 1989～2006 年土壤侵蚀变化并对其土壤侵蚀特征进行了分析。

马骊驰等(2016)以云南省第一次全国地理国情普查成果为基础，基于通用水土流失方程(USLE)模型，估算了抚仙湖流域 1974～2014 年的水土流失量，并探讨了流域土壤侵蚀强度的时空分布及变化规律。赵明月等(2012)以青海湖流域为研究区，根据《生态功能区划技术暂行规程》，选择降雨侵蚀力、地形起伏度、土壤质地、植被类型作为土壤侵蚀敏感性的评价指标，在 ArcGIS 支持下生成单因子敏感性评价图，在此基础上基于 ArcGIS 的空间叠加分析功能，对土壤侵蚀敏感性进行了综合评价。

3.2.3 高原湖泊流域环境污染研究

高原湖泊作为高原山地环境中的敏感区域，其水资源变化直接影响人类的生产生活活动。学者大多从环境学角度针对高原湖泊的水质现状、评价、变化特征，水体污染物的种类、分布，水体的污染治理等方面进行了研究并提出保护与开发措施。

程浩亮等(2011)以滇池为例分析了人类活动对滇池水质的影响；李卫平(2012)探讨了高原湖泊沉积物中污染物的分布特征、来源、现状污染程度及其对水体富营养化、有机污染问题的影响，并提出了控制污染物措施；王海雷等(2010)分析了高原湖泊水化学成分、湖水盐度的关系及其伴随湖水变化产生的规律。

王伟等(2008)分析得出人工湿地的工艺、湿地植物对高原湖泊的面源污染控制良好，有较好的应用前景。李泽红(2006)通过对近十年洱海水质状况及入湖污染物指标的分析，结合大理滇西中心城市建设发展目标，进行了高、中、低三种社会发展模式下，流域污染物排放预测及洱海水质预测分析，并提出了相应的保护治理措施建议及方案。邢可霞等(2005)以云南滇池流域为案例，给出了非点源污染模型流域水文水质的模拟过程，使用校正后的模型计算了滇池流域河流入湖流量、各子流域污染总负荷量与非点源污染负荷量。

3.2.4　高原湖泊流域可持续发展研究

高原湖泊具有高生态价值和高度生态脆弱性，水资源量级与水生态安全成为制约发展的主要因素。所以目前高原湖泊流域的可持续发展研究，多针对水资源的可持续利用、流域资源环境的可持续发展等。

胡元林等(2011)揭示了高原湖泊流域可持续发展的本质内涵，提出高原湖泊流域的发展，应以水资源可持续利用为前提，突出协调发展，强调公平性。在此基础上，分析了高原湖泊流域可持续发展中的主要影响因素，并从系统角度对高原湖泊流域的可持续发展提出了政策建议。赵光洲等(2007)在研究过程中从湖泊流域角度探讨了湖区保护与可持续发展的关系，提出湖区应实施高位开发的整体可持续发展模式，促进湖区社会、经济、环境共同可持续发展。王剑芳(2005)从云南省高原湖泊湖区经济社会与湖泊保护与开发利用的角度，落实了可持续发展战略，在保护中开发，在开发中保护，正确处理资源保护与经济社会发展的关系，在湖区建立良性互动模式。

陈冬梅等(2005)在《高原湖泊旅游资源的生态可持续利用评价研究》中以旅游资源的生态可持续利用为目标，结合高原湖泊旅游资源的特性，提出了湖泊旅游资源可持续利用评价指标体系，建立综合评价的多目标、线性加权函数模型，并利用此模型，对抚仙湖进行了实证研究。

胡元林等(2008)在《高原湖泊湖区可持续发展判定条件与对策研究》中指出，应通过建立总量控制和排污权交易制度，完善协调发展机制和管理制度，运用以经济为主的多种手段，促进外部效应内部化，调整湖区利益相关者的决策，积极引导湖区经济社会的可持续发展。

3.2.5　高原湖泊流域景观生态与生态安全研究

高原湖泊作为高原山地环境中重要的水资源，承载着重要的生态功能，在生态环境、人类与环境的可持续发展关系中占据着重要的地位。近年来国内学者从生态学角度主要围绕高原湖泊与气候的相互影响关系、高原湖泊流域的生态安全(评价方法、体系、模式、指标体系等)、高原湖泊与自然的可持续发展模式等方面进行了研究。

高原湖泊作为水环境的一部分，是城市景观与自然景观的重要组成部分，在高原山地的景观环境中有较强的识别性。因此，高原湖泊的变化将对区域内的景观格局、生态格局产生较大的影响。李志英等(2012)运用层次分析法对高原湖泊城市景观进行了评价；杨雪梅(2010)在《云南高原湖泊湿地景观保护与开发研究》中对云南高原湖泊湿地的类型、景观特色、存在问题及原因进行了分析，针对云南高原湖泊湿地景观保护和开发提出了措施，对云南高原湖泊湿地景观保护和开发进行了系统的研究。郦建锋等(2008)利用 1990 年和 2006 年的遥感影像数据，以及景观指数对洱海流域土地利用格局进行了时空变化分析；李锦胜(2011)基于 GIS 和 Erdas 平台，利用 2007 年的 TM 影像，对洱海流域不同高程、不同方位的用地方式、布局状态及景观格局进行了研究，建议将高干扰用地景观部分向洱海东部片区转移，并优化和重组洱海流域景观结构。

刘佳(2012)以草海高原湖泊湿地为研究对象，构建了高原湖泊湿地生态安全评价指标体系，探索了高原湖泊湿地生态恢复对策及可持续发展理论的内涵、结构体系、可持续发展评价方法；徐海涛(2011)从高原湖区可持续发展的环境管理等方面论述了高原湖泊的生态安全问题。董云仙等(2015)系统梳理了云南九大高原湖泊的演变历程，依据湖泊演化阶段、湖泊生态系统发育阶段、流域社会经济特征、湖泊富营养化阶段、水质类别、生态安全水平、主导功能核心导向划分 9 个湖泊的管理类型，并提出了预防型、控制型、治理型湖泊流域生态安全调控途径。高喆等(2015)从滇池流域水生态系统存在的问题，确定了流域一、二级水生态功能区的主导功能；以水文完整性为基础，分别针对一、二级分区划分子流域单元；构建滇池流域一、二级水生态功能区的指标体系；对多指标进行空间叠加聚类。

3.2.6 高原湖泊流域综合管理研究

董云仙等(2014)在分析云南省九大高原湖泊保护与治理中存在的问题的基础上，提出了新时期湖泊保护与治理的实践路径，以期为破解"九湖"流域区经济社会发展与资源环境约束日益尖锐的矛盾、提高发展的质量和水平提供参考。

施晔等(2016)针对近年来云南高原湖泊水环境不断恶化的问题，按照综合生态系统管理理论，从水生态文明角度探讨了高原湖泊管理对策，提出了高原湖泊流域良性发展总体思路。

胡元林等(2012)从经济学角度分析了由"替代"到"耦合"的可能性，重点研究了云南高原湖泊流域经济和生态良性耦合模式及其实现形式，并提出相应的政策建议，要求全面落实科学发展观，强化制度创新，通过综合运用各种手段积极调整产业结构，加强流域管理，创新湖泊流域管理模式，健全国家对高原湖泊流域的财政和金融政策。

范弢(2010)认为构建完整的流域水生态补偿机制需要从确定补偿的依据、主体、标准和政策路径等核心问题着手。建立流域水生态补偿基金模式的横向生态转移支付制度；拓宽生态补偿资金的筹资渠道，完善环境保护税收政策；开展绿色 GDP 体系认证，完善行政考核制度。

3.2.7 高原湖泊流域沉积物研究

湖泊沉积物可提供连续的环境变化记录，包括气候演变、人类活动及湖泊动力的变化，高原湖泊流域沉积物因具有分辨率高、连续性好、信息量大等特点而受到广泛关注，由此，高原湖泊流域沉积具有记录人与自然相互作用过程、反映湖泊与流域环境相互关系的潜力。评估每个湖泊流域环境条件和每个湖泊的水环境特性是必要的。通过识别流域内沉积物中 ^{137}Cs 峰值的位置，研究湖泊、水库、湿地和洪积平原的沉积速率，并由过去单一研究沉积速率发展到结合沉积物中多个环境代用指标全方位分析流域环境变化的综合信息。

郝立波等(2009)分析了松花湖流域沉积物 ^{137}Cs 的分布及沉积速率变化，发现 1964~1975 年出现较高的沉积速率可能与该期间湖区和入湖河流沿岸植被的破坏较为严重有关。王文博等(2008)改进了仅依靠 ^{137}Cs 峰值定年的方法，结合粒度和 ^{137}Cs 对滇池周边小流域沉积物不同层位的年代进行了划分，并结合质量深度推算了 1960~2004 年间该流域的沉积速率，分析认为降水等条件造成的土壤侵蚀程度差异可能是造成流域 ^{137}Cs 进入水体沉积物环境差异的最主要原因。陈思思等(2016)选择异龙湖为研究对象，利用 ^{210}Pb 方法建立年代标尺，通过对异龙湖短钻岩芯沉积物粒度、碳酸盐(如 $CaCO_3$)、有机质(TOC)、有机质碳氮同位素(δ^{13}C，δ^{15}N)、碳氮比(C/N)等环境代用指标的研究，结合文献资料和当地气象数据，讨论了异龙湖流域 1880 年以来的环境变化和人类活动对湖泊沉积环境的影响。张振克等(2000)根据湖泊沉积记录的环境指标变化，对云南洱海地区人类活动的湖泊沉积响应进行了系统的讨论。洱海湖泊沉积物记录显示，湖泊沉积物磁化率参数对洱海流域土地利用方式变化特别是耕作农业的出现有显著响应。湖泊沉积物磁化率、元素、色素指标的变化是指示湖泊流域人类活动的有效指标。

3.2.8 高原湖泊流域人居环境研究

由于高原湖泊所处的高原山地自然环境更为复杂、恶劣，垂直梯度上各影响因素的作用力更为明显，环高原湖泊人居环境十分复杂，自身建设情况艰巨。同时在整个高原山地人居环境体系中，环高原湖泊中心辐射作用明显，从自然生态角度看对高原湖泊依赖性大，人类对高原湖泊的破坏也最明显，导致高原湖泊与周边人居环境关系日益脆弱。

环高原湖泊人居环境是高原山地人居环境的一部分，是具有特殊地理环境的人类聚居生活的空间场所。赵万民等(2012)通过分析西南流域滨河城市空间结构、河流水系与城市的重要关系，西南流域河流水系的分布与属性特征，对滨河城市空间结构的功能分区、布局以及结构类型进行了专业分析，然后归纳出现状问题所在，以指导人居环境优化建设。毛志睿等(2013)以洱源西湖国家湿地公园为例，阐明了人居环境与湿地利用的关系，分析了人居环境的发展策略，实践了水体治理与生态恢复的技术，提出高原湖泊型湿地保护与发展对策，以促进人居环境的可持续发展。左晓舰(2008)通过对西南地区流域资源环境系统的研究，探索了在当前快速城镇化的过程中，西南地区流域资源环境评价和承载力的研究框架、理论依据、系统分析、模型建构、现状问题、指标体系、评价结论和对策建议，丰富了流域人居环境建设理论体系。霍震等(2010)从地学角度出发，分别选取滇池流域湿地地域自然性和脆弱性两方面的评价指标，运用 GIS 技术，从区域尺度，研究了中国湿地人居环境适宜性的评价方法，尝试建立一套基于 GIS 的湿地人居环境适宜性评价模型。

3.3 云南省九大高原湖泊及人居环境

云南九大高原湖泊包括滇池、洱海、抚仙湖、程海、泸沽湖、杞麓湖、星云湖、阳宗海、异龙湖。九大高原湖泊从整体上看，具有四大功能：一是支持城镇发展；二是支持农业发展，特别是现代农业的发展；三是支持旅游业的发展；四是支持特色产品的开发。高原湖泊的四大功能及其湖区经济在云南省经济发展中占有举足轻重的战略地位和作用。

九大高原湖泊具有一定的共性：

(1)湖泊水深岸陡，入湖支流水系较多，而出流水系普遍较少，湖泊换水周期长，水体容量大，流动性差，抗污染能力差，具有高度敏感的生态脆弱性；

(2)年内干湿季节转换明显，湖泊水位随降水量的季节变化而变化，湖水清澈，冬季亦无冰情出现，湖区景色秀丽，均为较为闻名的旅游景区，并具有较高的生态价值；

(3)湖区人口相对集中，经济发展相对落后，现有经济发展模式对湖泊资源有较强的依赖性；

(4)湖区存在季节性缺水和水安全问题，水质性缺水问题突出，存在对湖泊的高依赖性与低维护、低补偿能力之间的矛盾，直接影响流域经济社会的可持续发展，生态安全问题与经济发展的矛盾日益尖锐。

3.3.1 九大高原湖泊概况

3.3.1.1 海拔状况

云南省九大高原湖泊海拔在 1414～2690m，按水面海拔从低到高排序，依次为异龙湖、程海、星云湖、抚仙湖、阳宗海、杞麓湖、滇池、洱海、泸沽湖。

3.3.1.2 湖泊气候

九湖同处高海拔、低纬度、亚热带地区，大多数湖泊流域内雨量相对充足，湖区大多气候温和、日照时间长、早晚温差大。按流域平均气温从低到高排序，依次为泸沽湖、滇池、洱海、抚仙湖、杞麓湖、星云湖、阳宗海、异龙湖、程海。

3.3.1.3 湖泊形状

云南九大高原湖泊大多具有东西向窄、南北向长的共有特征(异龙湖除外)。九大高原湖泊均为构造断陷型湖泊，以南北向伸展。其中以洱海最为狭长，南北向湖长是东西向平均湖宽的 6.7 倍，滇池、阳宗海的南北向长与东西向宽的比例均在 5 以上，其余几个湖泊的长宽比在 2～4。

3.3.1.4 湖水水深

九大高原湖泊中抚仙湖最深，最大水深达 158.9m，平均水深 95.2m；第二深水湖是泸沽湖，最大水深 105.3m，平均水深 38.4m；第三深水湖是程海，最大水深 35.0m，平均水深 26.5m。按湖水深度进行湖泊分类，九湖中，泸沽湖、抚仙湖属于深水湖泊，阳宗海、程海、洱海属较深水湖泊，杞麓湖、异龙湖、滇池、星云湖属浅水湖泊。

3.3.1.5 资源缺失概况

九大高原湖泊面积均在 30km^2 以上，占全省湖泊面积的 89.7%。九湖的总水量为 303 亿 m^3，大约占全省水资源总量的 16%。按蓄水量从小到大排序，依次为异龙湖、杞麓湖、星云湖、阳宗海、滇池、程海湖、泸沽湖、洱海、抚仙湖。蓄水量最大的抚仙湖水量是蓄水量最小的异龙湖的 179 倍。云南省水文水资源部门的研究表明，滇池流域水资源缺乏，如果以滇池为标准衡量其他湖泊，则多数湖泊的水资源就更为缺乏。除洱海流域水资源较丰富外，其他八湖流域的水资源普遍缺乏。导致水资源缺乏的原因主要有以下几方面：一是流域面积小。除滇池、洱海流域面积超过 2500km^2 外，其他七个湖泊的流域面积均为几百平方千米，流域面积小使降雨形成的径流量十分有限。二是湖泊四周群山环抱，呈封闭或半封闭状，流域内无过境水，九湖中的滇池、洱海、抚仙湖、星云湖、泸沽湖、阳宗海、杞麓湖、异龙湖属半封闭型湖泊，程海属封闭型湖泊。三是九个湖泊的湖面蒸发量远远高于湖面降雨量(表3-1)。

表 3-1 云南省九大湖泊概况

湖泊	湖面海拔/m	流域面积/km^2	所属水系	所属行政区
滇池	1887.4	2920	金沙江水系	昆明市(五华区、盘龙区、官渡区、呈贡区、晋宁区以及西山区的部分区域)
抚仙湖	1722	674.7	珠江水系	澄江市、江川区(路居镇中坝、下坝社区和上坝、红石岩、小凹村，江城镇孤山、海门、三百亩、明星和牛摩村，华宁县青龙镇海关和海镜社区)
星云湖	1722	373	珠江水系	江川区(江城镇、大街街道、前卫镇、路居镇、雄关乡)
杞麓湖	1796	254.2	珠江水系	通海县(秀山街道、河西镇、四街镇、九龙街道、杨广镇、纳古镇及兴蒙乡)
洱海	1974	2565	澜沧江水系	大理市(大理镇、凤仪镇、上关镇、银桥镇、下关镇、喜洲镇、湾桥镇、挖色镇、海东镇、双廊镇)，洱源县(茈碧湖镇、邓川镇、右所镇、三营镇、牛街乡、凤羽镇)
泸沽湖	2690	247.6	金沙江水系	云南省宁蒗县(永宁乡落水村)四川省盐源县(泸沽湖镇)
程海	1501	318.3	金沙江水系	永胜县(程海镇)
阳宗海	1770	192	珠江水系	宜良县、呈贡区、嵩明县、澄江县
异龙湖	1414	360.4	珠江水系	石屏县(宝秀镇、异龙镇、坝心镇)

3.3.1.6 水质情况

九大高原湖泊中，2012 年浅水湖泊杞麓湖、异龙湖、滇池、星云湖水质较差，为劣 V 类，较深水湖泊洱海为 II 类水质、程海为 III 类水质，阳宗海由于砷污染，为 V 类水质，深水湖泊泸沽湖、抚仙湖水质均为 I 类。浅水、较深水、深水三类湖泊中氮、磷为主要污染指标。水质情况如表 3-2 所示。

表 3-2 云南省九大湖泊水质情况

湖泊	水质	透明度/m	平均营养状态指数	超标指标	污染程度
滇池	>V	0.57	77.9	BOD₅、氨氮、磷、氮	重度污染
阳宗海	IV	3.22	43.7	砷、总磷	轻度污染
洱海	II	1.63	41.0	一（无）	良
抚仙湖	I	6.13	17.1	一（无）	优
星云湖	>V	1.08	70.2	总磷、高锰酸盐指数、化学需氧量、生化需氧量	重度污染
杞麓湖	V	1.18	63.9	化学需氧量，高锰酸盐指数，总磷生化需氧量，氟化物	中度污染
程海	IV	3.0	41.0	化学需氧量	轻度污染
泸沽湖	I	11	17.1	一（无）	优
异龙湖	>V	1.08	77.8	化学需氧量、高锰酸盐指数、生化需氧量、总磷、石油类	重度污染

资料来源：云南省环境监测中心站提供的"2012 年云南省环境状况公报"。

3.3.2 九大高原湖泊及人居环境概况

云南省九大高原湖泊流域流经昆明、玉溪、丽江、大理、红河五个市州的 17 个县（市、区）。湖泊的汇水面积约 1042.8km²。九大高原湖泊流域面积 7905.2km²，占全省面积的 1.57%。

3.3.2.1 滇池

滇池流域是昆明市乃至云南省人口最集中、经济最发达、城市化水平最高的区域。（图 3-1、图 3-2）。

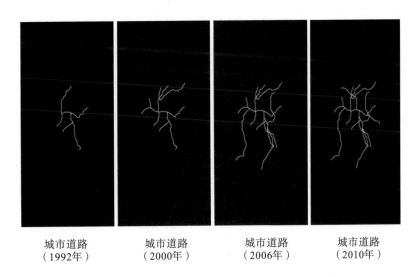

城市道路	城市道路	城市道路	城市道路
（1992年）	（2000年）	（2006年）	（2010年）

图 3-1 滇池流域不同时期的道路交通结构示意

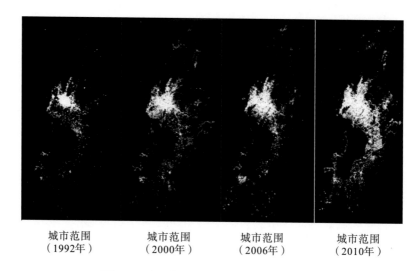

城市范围   城市范围   城市范围   城市范围
（1992年）   （2000年）   （2006年）   （2010年）

图 3-2　滇池流域不同时期的城市范围示意

滇池流域位于东经102°29′～103°01′，北纬24°28′～25°28′。流域面积2920km²。地处长江、珠江和红河三大水系分水岭地带。在普渡河上游，属长江干流上游金沙江的一级支流。东北方靠梁王山，西临大青山和西山，南接晋宁照碧山。整个流域呈沿北偏东方向延伸的弯月形。南北长约 109km，东西宽 47km。滇池流域涉及嵩明、官渡、盘龙、五华、西山、呈贡、晋宁、安宁、富民、禄劝共 10 个县(市、区)。

滇池具有以下基本特点：①属北亚热带高原季风气候，低纬度、高海拔，气候类型多样，常年平均气温 15.1℃。冬无严寒，夏无酷暑，空气清新、天高云淡、四季如春。②滇池流域人居环境适宜程度整体呈现出南北两端较差，中部地区较好的分布趋势。③滇池流域的经济发展和城市化水平高，人口密度大，城镇工矿建设用地占流域土地面积的比例高，扩张快，湖泊污染严重。

3.3.2.2　洱海

洱海流域是大理白族自治州的政治、经济、文化中心，经过几十年的努力，流域的产业结构已经扭转了以农业为主体、工业十分落后的局面，基本形成了以加工工业、旅游业、商业为主的产业结构。

洱海地处低纬高原，四季温差不大，干湿季分明，以低纬高原季风气候为主。

洱海流域自然村数量较多，分布较广，自然村的平均规模较小，且普遍具有以下特点：

(1) 特殊地理环境下，山地聚落垂直分布特征明显。在该地区，聚落主要集中在1500～2500m 的海拔范围，在这个区域之内坝区、半山区、山区聚落均有分布。但是，随着海拔的不断升高，聚落的类型逐渐走向单一化，坝区和半山区聚落逐渐减少，而山区聚落成为主导。

(2) 聚落海拔与人口规模呈一定程度的负相关。1000～4000 人的中小型聚落，主要分布在海拔 1500～2500m。人口规模较小的聚落以山区类型为主。

　　(3) 人均收入与聚落所在地的地貌之间存在一定的关联性。在人均收入小于 2000 元的贫困聚落中，六成以上位于山区；人均收入大于 2000 元的聚落中，五成以上的聚落位于坝区，说明山区的地势和交通条件是阻碍经济发展的主要原因之一。随着地势由南向北逐渐升高，山地特征越来越明显，农业生产条件逐渐变差，经济发展水平也相应降低。此外，除地貌对经济活动产生影响外，资源差别也是一个重要因素。

　　(4) 人均收入与聚落的人口规模呈一定的正相关。在人均收入少于 2000 元的贫困聚落中，五成以上是人口规模较小的小型村落；人均收入大于 2000 元的聚落则以人口超过 3000 人的规模为主，说明贫困聚落大多人口规模小，经济发展与聚落人口呈一定的正相关。

　　(5) 聚落风貌与地貌、经济发展水平相关。风貌较传统的聚落大多位于山区，经济发展缓慢，人均收入相对较低。较现代的聚落主要位于坝区，有明显的资源优势，自然经济发展比较快，人均收入相对较高。所以整体的经济建设对聚落发展进程有影响，越是地理位置优越且资源丰富的聚落，其现代化进程就越高；位置偏远的山区聚落更多地保留了传统的文化风貌和地域风貌。

　　如大理山区、分布数量最多的白族民居由大量石料建成，墙基、门头、窗头、横梁皆用石头砌成，屋顶以板瓦为沟、筒瓦为顶。民居内部庭院多有讲究，往往因住家的富裕程度而有所不同，大体上有四种形式：一为"两房一耳"，即两幢楼房互相垂直，交叉处有一耳房；二为"三坊一照壁"，即三幢楼房，住房对面为照壁；三为"四合五天井"，即有四幢楼房，每一处交叉点都有一耳房；四为"六合同春"，即有两个大院，每院三幢楼房，各方的楼廊彼此相连，通行无阻，称为"走马转角楼"。

3.3.2.3　泸沽湖

　　泸沽湖位于云南省宁蒗县永宁乡与四川省盐源县泸沽湖镇的交界处，属金沙江水系，是由断层陷落而形成的高原湖泊，海拔 2685m。属温带山地季风气候，四季不明显，夏温不高、冬温不低。泸沽湖流域人口密度不高，以农业人口为主，仍处于城镇化初期阶段。

　　泸沽湖流域云南部分的宁蒗县永宁乡只有 6 个村，几乎都是农村人口。近年来旅游业兴盛，已初步呈现脱离农业经济向以服务业为主的经济结构转变的趋势。在流域的一些地区，农业收入已不再对居民生活质量有决定性的影响，第三产业的比重正在加大。流域经济发展依托以泸沽湖为主的自然旅游资源和以摩梭民俗为主的人文旅游资源进行，泸沽湖为丽江玉龙雪山国家 5A 级风景名胜区的重要组成部分，旅游资源极具特色和优势。区内既有优美的自然环境，又有丰富的人文景观，奇特的生活方式和民族风情，具有极高的欣赏价值和研究价值。

　　泸沽湖周边人居环境分布，具有高山草原地区以游牧为主、半高山与"V"形河谷地区以半农业半游牧为主、冲积平原地区以农业为主的垂直梯度性特点。

3.3.2.4　异龙湖

　　异龙湖流域是石屏县的政治、经济和文化中心，流域经济以养殖业、服务业、旅游业、豆制品加工业、种植业经济等为主。近几年工农业总产值一直呈上升趋势，工业总产值和农林牧渔业总产值变化不大。流域内工业主要集中分布在异龙镇。

异龙湖地形地貌复杂，多为山地，平地和缓坡区域较少，土地资源紧缺；气候条件优越，冬暖夏凉，适合植被生长与人类聚居；生态环境破坏严重，湖泊退化、地被破碎，缺乏有效的保护与管理。由于经济发展不均衡，居住条件差异较大，异龙镇、宝秀镇、坝心镇居住条件较好，周边村落居住条件明显有待改善。

3.3.2.5 抚仙湖

抚仙湖流域以农业为基础经济，工业发展相对滞后，目前形成以农业生产为主、磷化工为支柱、旅游业相配套的产业格局。农业以种植业为主，在流域内，主要种植品种为玉米、水稻、烤烟、小麦、油菜等；畜牧业主要养殖马、牛、羊、猪等；工业以食品加工、建材、磷化工、水产品为主，其中磷化工是该地区的支柱产业。流域内其他工业主要集中在北岸澄江县城。

抚仙湖属深水湖泊，具有很大的储热能力，一年四季对湖区温度起到明显调节作用。流域气候温和，雨量充沛，日照充足，四季如春；自然条件优越，对农作物的生长十分有利，加之资源丰富，耕作管理水平较高，使流域周边成为玉溪市粮食、经济作物的主要产区，主要种植水稻、小麦、豆类、玉米、油菜、烤烟、水果、花卉、荷藕等作物。

3.3.2.6 星云湖

星云湖流域经济以工业为主，养殖业、种植业为辅。工业以食品加工、磷化工、水泥、水产品加工、复烤烟叶、造纸等为主(表3-3)。种植业主要种植品种为玉米、稻谷、烤烟、油菜、小麦、蚕豆等。养殖业以生猪养殖规模最大。

表 3-3　星云湖(玉溪市江川区前卫镇)基本概况

村(社区)	地貌类型	海拔/m	村(居)民主要收入来源	人均收入/元
前卫社区	坝区	1 730	烤烟	102 010
石河村	山区	1 824	种植养殖	7 815
业家山村	山区、坝区	1 730	种植养殖	10 036
小街村	坝区	1 727	种植养殖	10 020
后卫村	坝区	1 735	种植养殖	10 156

星云湖周边目前保存有古民居、寨门、寺庙、宗祠、古井、寨墙、碉堡等。建筑由传统的汉族青砖四合院、彝族土掌房和汉彝结合的瓦檐土掌房三类组成，体现了多民族聚居的建筑特色，涵盖了云南传统民居中"四合五天井""三坊一照壁""走马转角楼"的传统形式。

3.3.2.7 杞麓湖

杞麓湖流域是通海县的政治、经济和文化中心，流域经济是通海县的经济主体。农业是流域的基础产业，蔬菜播种面积最大，其次是油料、粮食和烤烟，基本形成了以蔬菜为主导，以烟为支柱，以粮食、生猪及乡镇企业为优势品种的格局。湖区工业已经成为通海县社会经济发展的主体，以印刷业、食品加工、器材制造和化工业为主(表3-4)。

杞麓湖流域内共有红旗河、中核、者湾河、大新河等14条入湖河流，流域内人均占有水资源量323m³，属严重缺水地区。

表3-4 杞麓湖(玉溪市通海县纳古镇、杨广镇)基本概况

村(社区)	地貌类型	海拔/m	村(居)民主要收入来源	人均收入/元
古城村	坝区	1805	建材五金	8619
三家村	坝区	1805	种植业	8619
纳家营村	坝区	1805	种植、烤烟、畜牧	8619
云龙村	半山区	1902	种植养殖	5601
古城村	半山区	1800	种植养殖	4761
大新村	半山区、坝区	1820	烤烟、蔬菜	5252
杨广社区	半山区	1780	面条、面粉、种植	6400
镇海村	坝区	1780	烤烟、蔬菜	6189
义广哨村	坝区	1805	种植业	4433
兴义村	半山区	1750	种植业	3562
马家湾村	半山区	1804	种植养殖	5608
五垴山村	山区	2355	种植蔬菜	5479
落凤村	山区	2100	种植业	4762

杞麓湖以农田面源污染为主，废弃物产生量大，目前流域内村落面源、农田面源等污染尚未得到治理，村落生活污水任意排放，农村生活垃圾及各种废弃物等被随意丢弃，农田化肥、农药大量流失等对杞麓湖水质产生很大影响，大大增加了杞麓湖的污染负荷。

3.3.2.8 阳宗海

阳宗海湖区属亚热带高原季风气候，年均气温14.5℃，年均降水量963.5mm。湖水依赖地表径流和湖面降水补给，集水区面积192km²。主要入湖河流为阳宗河。

阳宗海流域的社会经济特点如下：一是流域内无城市分布，90%以上的人口是农业人口；二是流域经济由工业、农业、旅游业三部分构成，受流域面积及区位的限制，难以形成相对独立的流域经济，工业及旅游业对提高当地农民的生活水平有一定作用；三是旅游业正在逐渐走热。流域内有大小企业30多家(表3-5)。

表 3-5 阳宗海(昆明市宜良县汤池街道)基本概况

社区	地貌类型	海拔/m	居民主要收入来源	人均收入/元
三营社区	坝区	1793	第二、三产业	4068
前所社区	半山区	1960	种植养殖	3301
凤鸣社区	坝区	1816	种植养殖	4351
木希社区	半山区	1820	种植养殖	4302
阿色社区	半山区	1850	种植业	3883
阿乃社区	山区	2100	种植业	2950
鸡街社区	山区	2182	种植业	2738
宰格社区	山区	2120	种植业	1160
五邑社区	半山区	1860	第二、三产业	4220
曲者社区	半山区	1915	种植业	3738
可保社区	半山区	1760	农业	4374
禾登社区	半山区	1750	种植、务工	4221

3.3.2.9 程海

程海为云南省丽江市永胜县程海镇境内封闭型高原深水湖泊。湖面海拔 1501m。程海流域的产业以种植业为主,林业、牧业、渔业为辅,工业基础十分薄弱。近年来形成了银鱼养殖业、螺旋藻养殖加工业、蔬菜产业、经济林果业、畜牧业等产业。流域经济乡镇企业数量多,但难以形成规模效益。程海有丰富的水生资源及干热河谷地带农灌水源功能,支持着以种植业为主、渔牧业为辅的流域经济的健康发展。龙眼、甘蔗、烤烟、生姜等优势作物成规模化发展,螺旋藻、银鱼等特种水产的产业化步伐加速,湖区经济呈现出特色化、多元化的勃勃生机(表 3-6)。

程海湖畔的毛家湾是韶山毛氏始祖毛太华生活过的地方,至今程海湖畔还生活着三千多与韶山毛氏同源共祖的毛氏后人。住房以土木结构为主。

表 3-6 程海(丽江市永胜县程海镇)基本概况

村	地貌类型	海拔/m	村民主要收入来源	人均收入/元
东湖村	坝区	1553	种植业	2639
星湖村	坝区	1560	种植业	2739
季官村	坝区	1480	种植业	2639
马军村	坝区	1553	种植业	2639
凤羽村	半山区	1700	种植业	2639
河口村	半山区	1560	种植业	2778

4 高原山地人居环境空间格局及形态特点

4.1 高原山地人居环境空间格局

高原山地人居环境受自然环境的影响与限制，总体呈现"大分散、小聚合"的空间格局特点。

4.1.1 依托坝区中心效应突出

高原山地受自然条件限制，坝少山多，人居环境呈现以坝区为中心、发散分布的特点，且中心效应明显。从人口密度的地域分布看，地区之间的人口密度差异较大。坝区人口密度较高，生产条件较好，是产业和人口聚集的重点地区。如宾川中位于坝区的金牛镇的人口密度是地处山区钟英乡的 13 倍，体现出城区的集聚效应(表 4-1、图 4-1～图 4-5)。

表 4-1　2015 年宾川各乡镇人口密度统计

乡镇	人口/人	面积/km²	人口密度/(人/km²)
合计	362 479	2 562.67	141
乔甸	23 904	197.55	121
宾居	39 558	130.99	302
州城	50 178	200.71	250
金牛	101 058	249.53	405
鸡足山	30 610	315.57	97
大营	28 219	297.04	95
力角	33 528	192.69	174
平川	35 862	459.77	78
钟英	9 033	291.39	31
拉乌	10 531	228.93	46

资料来源：2015 年《宾川年鉴》。

图 4-1　大理州宾川县域高程分析图

资料来源：云南山地城镇区域规划设计研究院。

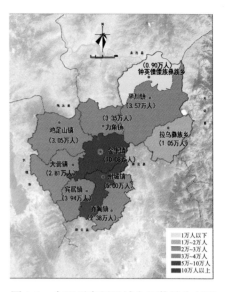

图 4-2　大理州宾川县域人口数量分布图

资料来源：云南山地城镇区域规划设计研究院。

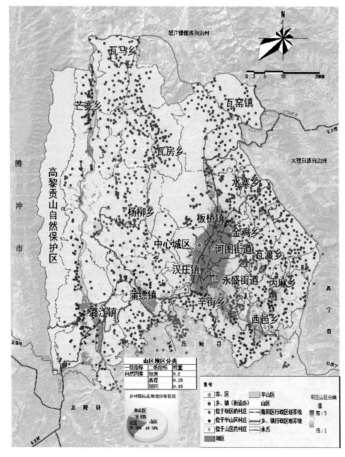

图 4-3　保山市隆阳区基于自然地形的居民点分布

资料来源：云南山地城镇区域规划设计研究院。

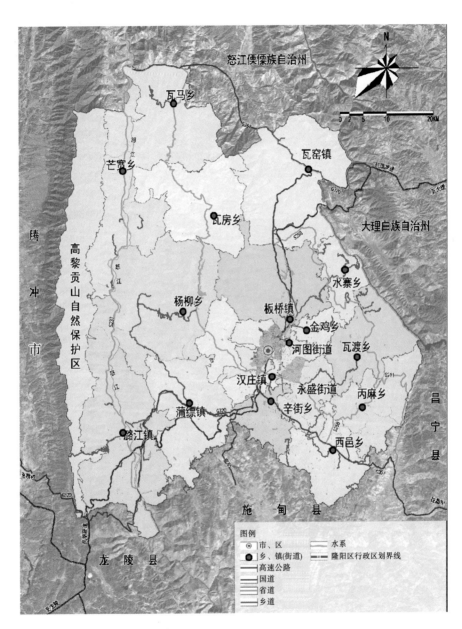

图4-4 保山市隆阳区基于自然地形的交通网络

资料来源：云南山地城镇区域规划设计研究院。

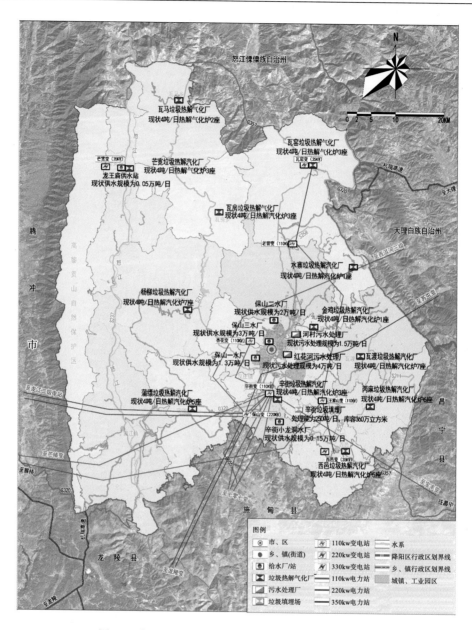

图 4-5 保山市隆阳区基于自然地形的市政设施布局

资料来源：云南山地城镇区域规划设计研究院。

4.1.2 城镇规模难以形成集聚效应

与坝区中心效应相对应，高原山地受自然条件影响下城镇规模普遍偏小，难以形成集聚效应。如截至 2015 年，宾川县 10 个镇(乡)中城镇人口大于 3 万的为金牛镇——县城、坝区所在地，县城所在地城镇人口占县域城镇人口总数的 60.05%。城镇人口为 3000～20 000 人的乡镇有 2 个，为宾居镇和州城镇，占宾川县县域城镇人口的 26.3%，有 7 个乡镇城镇人口在 3000 以下，约占总城镇人口总数的 13.65%。过小的城镇规模难以形成规模效应，成为第二、三产业发展的门槛和障碍，难以形成城镇吸引力（表 4-2）。

表 4-2　2015 年宾川各乡镇农业及非农业人口统计

乡镇	农业人口/人	非农业人口/人	年末总人口/人	城镇化率/%
乔甸	22 994	860	23 854	3.61
宾居	28 927	10 484	39 411	26.60
州城	43 878	6 191	50 069	12.36
金牛	62 802	38 078	100 880	37.75
鸡足山	28 988	1 514	30 502	4.96
大营	25 986	2 161	28 147	7.68
力角	32 276	1 267	33 543	3.78
平川	33 726	1 987	35 713	5.56
钟英	8 628	408	9 036	4.52
拉乌	10 089	457	10 546	4.33
合计	298 294	63 407	361 701	—

资料来源：2015 年宾川县国民经济社会发展统计年鉴。

4.1.3　人居空间差异巨大

　　受自然条件限制，高原山地人居空间差异巨大，城镇分布不均衡，城乡关系不尽合理。坝区城镇空间格局一般沿主要交通干线呈点-轴分布，而山区则受限于地形呈散点状发展形态。与此同时，各人居空间地理条件、经济社会发展水平分化明显，城乡关系也有向多种模式发展的趋势。坝区内部，城乡关系活跃，城乡争夺资源、发展矛盾加剧：坝区内乡镇以及发展相对较好的地区城乡关系活跃，城镇与乡村各自的发展需求对资源的争夺愈演愈烈。坝区外围的山区，城乡关系薄弱，城镇吸纳资源，乡村发展滞后。山区乡镇地区的集镇与村庄联系薄弱，乡村地区发展严重落后。小城镇层级发育不完全，未起到城乡纽带作用：相当一部分建制镇的设置只是行政建制意义上的升级，并非上一级中心城镇的功能扩散而发展起来的，非农产业基础薄弱，城镇规模极小，功能较弱。

4.1.4　公共服务设施及基础设施建设极其薄弱

　　受高原山地自然条件限制，外围道路交通设施联系不便。道路等级较低，通行不便，发展滞后。公共服务设施配置不均，交通不便地区的乡镇，公共服务系统不到位，尤其是科技、教育、卫生事业发展极度薄弱。乡村市政基础设施薄弱，部分海拔较高、地形破碎区域的建设更具差异性（图 4-6、图 4-7）。

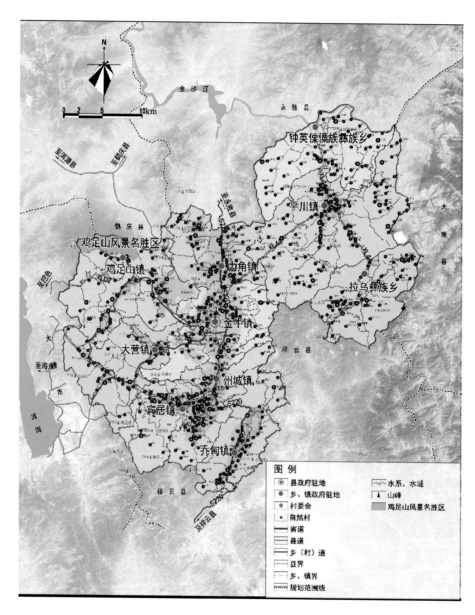

图 4-6　大理州宾川县居民点综合现状

资料来源：云南山地城镇区域规划设计研究院。

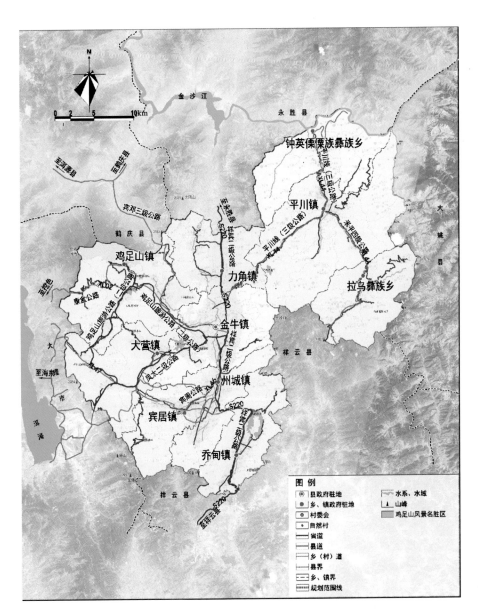

图 4-7 大理州宾川县交通现状
资料来源：云南山地城镇区域规划设计研究院。

4.2　典型高原山地区域人居环境景观格局特征

景观格局即景观要素在景观空间上的配置和组合形式。基本类型有：规则与均匀分布格局、聚集性分布格局、线状分布格局、平行格局、特定的组合或空间连接格局等。景观格局及指数分析指用于研究不同景观间结构组成特征和空间配置关系的分析方法，其目的主要是确定产生、控制和影响景观空间格局的因子及其作用机理，比较不同景观类型的特征及其变化，探讨景观空间格局的尺度、性质，确定景观格局和功能过程的关系，为景观的管理提供理论依据和基础资料(图4-8)。

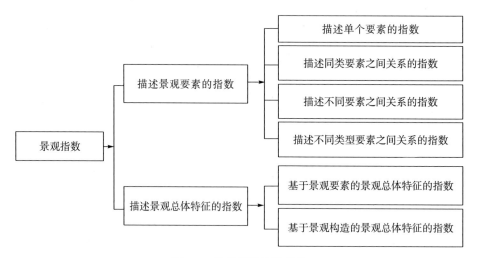

图4-8　景观指数分类系统

高原山地由于所处自然环境的复杂性，人居环境景观格局有较大差异。

4.2.1　大理景观格局概况及分析

本书以处于典型高原山地区域，也是环高原湖泊的大理市为研究个案，分析并总结环洱海人居环境景观格局特征。

大理市是大理白族自治州州府所在地，位于云南省西北部，横断山脉南端，地处东经99°58′～100°27′，北纬25°25′～25°58′。大理是国家级历史文化名城、国家级风景名胜区和自然保护区，首批中国优秀旅游城市。大理市是以白族为主体的少数民族聚居区，全市人口49万，其中白族占65%。大理拥有良好的旅游资源，多年来定位为滇西中心城市。其城市建设始终围绕着"山水园林、风花雪月"八个字进行，打造"大理好风光，世界共分享"和最适宜"天下人居住"的环境(图4-9、图4-10)。

大理市位于云南省滇西中部，总面积1815km²，其中山地面积1278.8km²，占总面积的70.5%；坝区面积286.2km²，占总面积的15.8%；高原湖泊洱海水域面积250km²，占总面积的 13.7%。地势西、北高，东、南低，海拔最高点 4097m（苍山玉局峰），最低点 1340m（太邑乡坦底摩村），属于典型的高原山地区域。

大理市为国家生态城市示范城市，独特的苍洱风光具有优越的生态条件，其城镇体系也是顺应大地格局形成的。大理市景观类型丰富，城镇体系较完善，属于城镇发展较快的区域。

分析源自中国地理空间数据库下载的 1995 年、2003 年、2013 年 3 个不同时间的 LANDSAT 5/LANDSAT 7/LANDSAT 8 卫星遥感图像（图 4-11、图 4-12、表 4-3），*.dwg 格式的地形图，2008 年大理市行政区划图，1995～2013 年大理市统计年鉴以及其他技术资料。

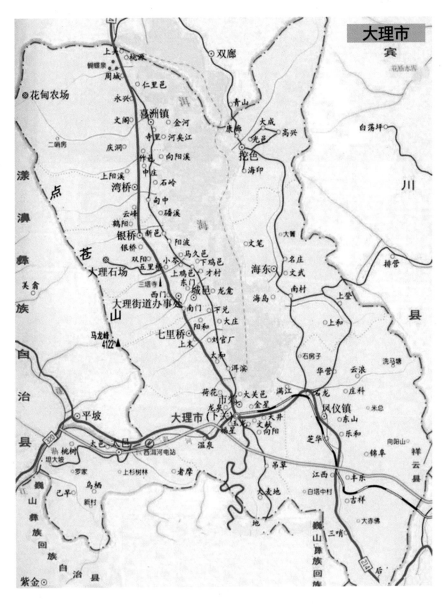

图 4-9　大理市行政图

图 4-10　大理市人居空间分布示意图

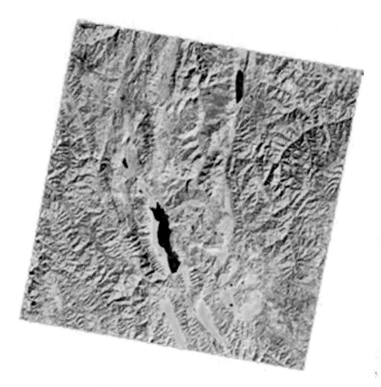

图 4-11　1995 年遥感波段合成图像

资料来源：中国地理空间数据库。

图 4-12 研究区 1995 年遥感图像

表 4-3 卫星遥感图像的基本信息汇总表

年份日期	卫星名称	数据类型	传感器	分辨率/m	经纬度范围/(°)	坐标系	波段数
1995.12	LANDSAT5	L45TM	TM	30	E99.3~E101.56 N25.06~N26.91	WGS-84	7
2003.1	LANDSAT7	L45TM	TM	30	E99.2~E101.45 N25.07~N26.92	WGS-84	7
2013.12	LANDSAT8	OLI_TIRS	OLI_TIRS	30	E99.2~E101.52 N25.04~N26.93	WGS-84	9

　　大理市域可用土地有限,随着经济发展、人口数量增长迅速,该区域面临土地开发与保护的矛盾。根据对研究区域内地形地貌、地表景观要素种类的现场调研,以及对卫星遥感图像的解析,将地表地物地貌共分为 6 个景观类型(表 4-4)。

表 4-4 景观格局分类表

序号	景观类型	备注
1	人工建设区景观	建筑物、构筑物、广场
2	高原湖泊景观	洱海
3	农田景观	耕地、水田、菜地
4	植被景观	乔木、灌木林

续表

序号	景观类型	备注
5	池塘景观	池塘
6	裸土景观	荒地、裸土

表格来源：国家自然科学基金项目"高原山地垂直梯度人居环境变化及生态适应性研究"(51268057)。

三个年份研究区域的景观分类图如图 4-13～图 4-15 所示。

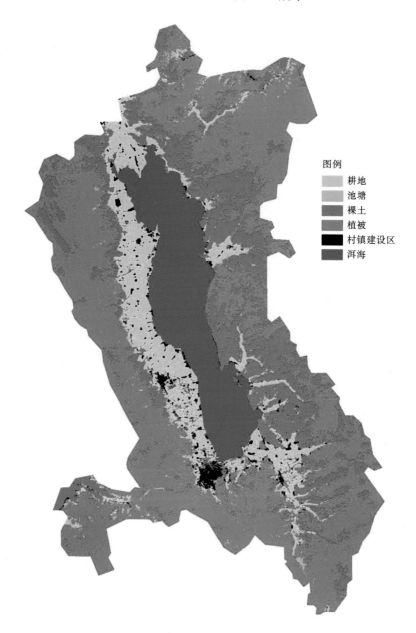

图例

耕地
池塘
裸土
植被
村镇建设区
洱海

图 4-13   1995 年大理市人居环境景观格局

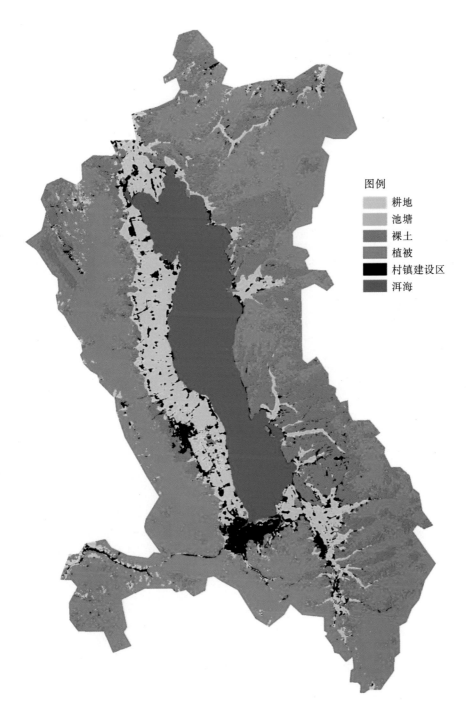

图例

耕地
池塘
裸土
植被
村镇建设区
洱海

图 4-14　2003 年大理市人居环境景观格局

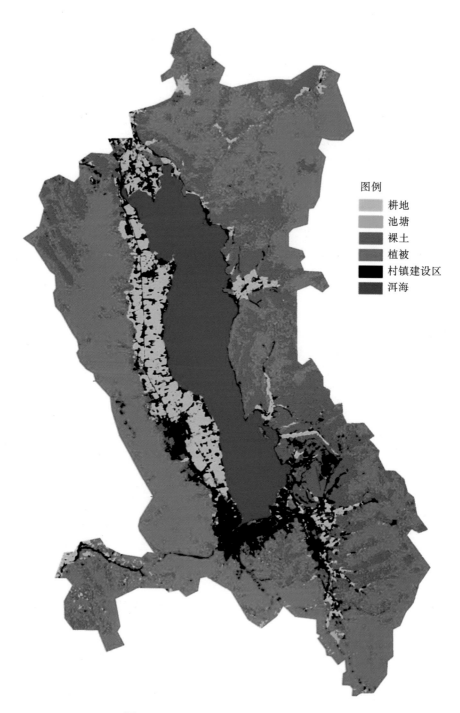

图例

耕地
池塘
裸土
植被
村镇建设区
洱海

图 4-15　2013 年大理市人居环境景观格局

主要选用以下指标进行研究:

(1)景观要素斑块指数。该指数是斑块数量、大小和形状的描述,在景观格局的分析中有至关重要的作用。由于不同的研究需要,选择的景观指数不尽相同。

①斑块密度(patch density,PD)。计算公式:

$$PD = \frac{N}{A}(10000)(100)$$

式中,N 为景观类型斑块总数;A 为景观总面积,m^2。

斑块密度(镶嵌度)是描述景观破碎度的重要指数,单位为斑块数/$100hm^2$。斑块密度值越大,破碎化程度越高;反之,破碎化程度越低。

②平均斑块形状指数(mean shape index,MSI)。计算公式:

$$MSI = \frac{\sum_{j=1}^{n}\left(\frac{0.25P_{ij}}{\sqrt{a_{ij}}}\right)}{n_i}$$

式中,a_{ij} 表示 i 类第 j 个斑块的面积;P_{ij} 表示 i 类第 j 个斑块的周长;n_i 表示 i 类斑块的数量。

平均斑块形状指数取值范围:大于等于 1,无上限。当斑块都为正方形时,其值等于 1;当斑块的形状偏离正方形时,其值变大。

③平均斑块分维度(mean patch fractal dimension,MPFD)。计算公式:

$$MPFD = \frac{\sum_{i=1}^{m}\sum_{j=1}^{n}\left(\frac{2\ln(0.25P_{ij})}{\ln(a_{ij})}\right)}{N}$$

式中,MPFD 为平均斑块分维度;a_{ij} 为景观斑块面积,m^2;P_{ij} 为斑块周长,m;N 为斑块总数。

MPFD 是景观组分中单个斑块的分维数以面积为基准的加权平均值,用以度量斑块边界的复杂程度,值越大,表明斑块边界形状越复杂。

④散布与并列指数(interspersion juxtaposition index,IJI)。计算公式:

$$IJI = \frac{-\sum_{i=1}^{m}\sum_{k=i+1}^{m}\left[\left(\frac{e_{ik}}{E}\right)\cdot\ln\left(\frac{e_{ik}}{E}\right)\right]}{\ln\left[(0.5\times m(m-1)\right]}\times100$$

式中,e_{ik} 为 i 类斑块和 k 类斑块之间的边缘总长度;m 为景观中斑块的类型数,如果景观边界存在,则包括景观边界。IJI 范围:$0 < IJI \leq 100\%$。

在景观级别上计算各个斑块类型间的总体散布与并列状况。IJI 取值小时表明斑块类型 i 仅与少数几种其他类型相邻接;IJI=100%表明各斑块间比邻的边长是均等的,即各斑块间的比邻概率是均等的。

(2)景观格局特征指数。

①香农多样性指数(Shannon's diversity index,SHDI)。计算公式:

$$SHDI = -\sum_{i=1}^{m}\left[P_i\ln(P_i)\right]$$

式中，P_i 为斑块类型占景观总面积的比例。

SHDI 反映景观要素的多少和各景观要素所占比例的变化。当景观由一类景观要素组成时，景观是均质的，SHDI=0；由两个以上要素构成的景观，当各景观类型所占比例相等时，其多样性为最高；各景观类型所占比例差异增大，则多样性降低。

②香农均匀度指数（Shannon's evenness index，SHEI）。计算公式：

$$SHEI = \frac{-\sum_{i=1}^{m}\left[P_i \ln(P_i)\right]}{\ln m}$$

式中，P_i 为斑块类型占景观总面积的比例；m 为斑块类型总数。

SHEI 等于 SHDI 除以给定景观丰度下的最大可能多样性。其值为 0 时表明景观由一种景观类型组成，无多样性；其值为 1 则表明各景观斑块类型均匀分布，多样性最大。SHEI 也是比较不同景观类型或同一景观类型不同时多样性变化的一个重要指标。SHEI 值越小表示优势度越高，说明景观受一种（少数几种）优势景观类型支配；SHEI 值越接近 1 表示优势度就越低，说明景观中没有明显的优势类型且各景观类型分布均匀。

③蔓延度指数（contagion index，CI）。计算公式：

$$CI = \left[1+\frac{\sum_{i=1}^{m}\sum_{k=1}^{m}\left[P_i\left(\frac{g_{ik}}{\sum_{k=1}^{m}g_{ik}}\right)\right]\left[\ln P_i\left(\frac{g_{ik}}{\sum_{k=1}^{m}g_{ik}}\right)\right]}{2\ln m}\right](100)$$

式中，P_i 为斑块类型占景观类型的比例；g_{ik} 为斑块之间相邻的格网单元数；m 为斑块类型总数。

CI 指标描述的是景观里不同斑块类型的团聚程度或延展趋势。理论上其值越小表明景观中存在越多小斑块，越接近 100 表明景观中有连接度极高的优势景观类型存在。

④景观破碎度（fragmentation index，FI）。计算公式：

$$FI = (N_p - 1)/N_c$$

式中，N_c 表示研究区域总面积与最小斑块面积之比；N_p 表示景观中各类斑块的总数。

FI 指景观被分割的破碎程度，反映景观空间结构的复杂性，在一定程度上反映了人类对景观的干扰程度。破碎化指数的取值为 0～1，0 表示无破碎化存在，1 表示已完全破碎。

⑤景观优势度（dominance index，DI）。计算公式：

$$DI = \ln m + (P_i \ln P_i)$$

式中，DI 表示景观优势度；m 表示景观类型数；P_i 表示景观类型 i 所占总面积的比例。

DI 描述景观由少数主要景观类型控制的程度。其值越大，则表明多样性偏离程度越大，即组成景观的各类型所占比例差异越大，或者说少数景观类型占优势；其值越小，则表明各种景观类型所占比例差异越小；其值为 0 时，则表示各种景观类型所占比例相等，景观完全均质。

将 1995 年、2003 年、2013 年三个年份的景观格局分类结果（图 4-15～图 4-17），根据研究需要选取上述不同景观特征指数和景观格局指数进行计算，研究结果如下：

(1) 1995 年大理市人居环境景观格局指数(表 4-5)。

表 4-5 1995 年大理市人居环境景观格局指数分析

指标		裸土景观	植被景观	农业景观	人工建设区景观	池塘景观	高原湖泊景观	合计
斑块类型面积	CA/hm²	42 284.43	90 600.66	19 721.16	3 170.7	310.5	24 746.94	180 834.39
斑块所占比例	PLAND/%	23.38	50.10	10.91	1.75	0.17	13.68	100
斑块平均面积	AREA_MN/hm²	9.612 3	52.797 6	11.880 2	2.622 6	1.283 1	4 949.388	19.589 9
斑块数量	NP/个	4 399	1 716	1 660	1 209	242	5	9231
斑块密度	PD/(个/km²)	2.432 6	0.948 9	0.918	0.668 6	0.133 8	0.002 8	5.104 7
最大斑块面积	AREA_RA/hm²	7 820.73	59 359.5	12 287.97	556.02	58.32	24 725.25	
面积加权平均斑块分维指数	AWMPFD	1.223 8	1.294 9	1.273 4	1.124 0	1.069 6	1.113 3	
面积加权平均斑块形状指数	AWMSI	7.632 3	19.776 4	14.642 7	2.668 9	1.502 1	2.985 7	
散布与并列指数	IJI				52.348 5			
香农多样性指数	SHDI				1.281 7			
香农均匀度指数	SHEI				0.715 3			
蔓延度指数	CI				57.248 8			
景观优势度指数	DI				0.510 239			
景观破碎度	FI				0.004 594			

(2) 2003 年大理市人居环境景观格局指数(表 4-6)。

表 4-6 2003 年大理市人居环境景观格局指数分析

指标		裸土景观	植被景观	农业景观	人工建设区景观	池塘景观	高原湖泊景观	合计
斑块类型面积	CA/hm²	34 725.87	91 886.67	21 077.82	8 309.25	455.31	24 459.48	180 914.4
斑块所占比例	PLAND/%	19.195	50.790	11.651	4.593	0.252	13.520	100
斑块平均面积	AREA_MN/hm²	12.809 2	71.898 8	10.444 9	3.722 8	1.247 4	6 114.87	21.017
斑块数量	NP/个	2 711	1 278	2 018	2 232	365	4	8 608
斑块密度	PD/(个/km²)	1.499	0.706	1.115	1.234	0.202	0.002	4.758
最大斑块面积	AREA_RA/hm²	7 517.16	59 594.22	10 581.21	1 792.08	57.69	24 457.59	
面积加权平均斑块分维指数	AWMPFD	1.208 6	1.283 6	1.242 1	1.154 8	1.086 3	1.107 5	
面积加权平均斑块形状指数	AWMSI	6.761 5	17.775 1	10.014	3.645	1.711	2.823 5	
散布与并列指数	IJI				64.265			
香农多样性指数	SHDI				1.338 5			
香农均匀度指数	SHEI				0.747			
蔓延度指数	CI				55.924 3			
景观优势度指数	DI				0.453 277			
景观破碎度	FI				0.004 282			

(3)2013 年大理市人居环境景观格局指数(表 4-7)。

表 4-7　2013 年大理市人居环境景观格局指数分析

指标		裸土景观	植被景观	农业景观	人工建设区景观	池塘景观	高原湖泊景观	合计
斑块类型面积	CA/hm²	34 364.61	93 312.09	12 863.25	15 588.54	310.5	24 746.94	181 185.93
斑块所占比例	PLAND/%	19.003 2	51.600 4	7.113 2	8.620 3	0.170 7	13.492 2	100
斑块平均面积	AREA_MN/hm²	8.918 9	38.526 9	10.674 9	9.218 5	1.285 9	6 099.683	19.207 2
斑块数量	NP/个	3 853	2 422	1 205	1 691	240	4	9 415
斑块密度	PD/(个/km²)	2.130 7	1.339 3	0.666 4	0.935 1	0.132 7	0.002 2	5.206 4
最大斑块面积	AREA_RA/hm²	7 367.85	58 241.07	6 148.17	7 819.74	50.67	24 392.43	
面积加权平均斑块分维指数	AWMPFD	1.220 8	1.302 6	1.233 0	1.258 7	1.080 5	1.103 7	
面积加权平均斑块形状指数	AWMSI	7.926 8	21.520 6	9.463 0	12.170 9	1.641 7	2.720 6	
散布与并列指数	IJI				54.7521			
香农多样性指数	SHDI				1.3374			
香农均匀度指数	SHEI				0.7464			
蔓延度指数	CI				55.1144			
景观优势度指数	DI				0.454349			
景观破碎度	FI				0.004676			

4.2.2　环洱海人居环境景观格局指数特征

4.2.2.1　景观格局指数

研究表明，整个大理市在研究时间段内以植被为主要基质，且主要植被为山地低矮植被。不同的区域会呈现出不同的局部特征：洱海至苍山山脚的平坝区主要以农业景观(耕地)为基质，其中又以水田景观占主导地位；洱海西侧苍山范围内的山地区域主要以高原植被为基质；洱海东侧的山地区域以裸土为主要基质。

1995 年景观格局基本特征值(表 4-8)表明，研究区域内景观类型斑块总面积为1808.34km²，最大斑块面积为 59359.5hm²，斑块平均面积 19.59hm²。研究区域内以植被景观和裸土景观为主要的基质类型，其中植被景观类型面积 90600.66hm²，占研究区域总面积的 50.10%。1995～2013 年，研究区域内景观类型面积大小顺序为：植被景观＞裸土景观＞高原湖泊景观＞农业景观＞人工建设区景观＞池塘景观。2003 年(表 4-9)研究区域内景观类型大小顺序与 1995 年的相同。

2013 年景观类型分类统计结果(表 4-10)表明，研究区域范围内的景观类型面积的大小顺序发生了变化，排序结果：植被景观＞裸土景观＞高原湖泊景观＞人工建设区景观＞农业景观＞池塘景观。

表 4-8 1995 年大理市人居环境景观格局特征指数分析

指标		裸土景观	植被景观	农业景观	人工建设区景观	池塘景观	高原湖泊景观	合计
斑块类型面积	CA/hm²	42 284.43	90 600.66	19 721.16	3 170.7	310.5	24 746.94	180 834.39
斑块所占比例	PLAND/%	23.38	50.10	10.91	1.75	0.17	13.68	100
斑块数量	NP/个	4 399	1 716	1 660	1 209	242	5	9231
最大斑块面积	AREA_RA/hm²	7 820.73	59 359.5	12 287.97	556.02	58.32	24 725.25	104 807.79
斑块平均面积	AREA_MN/hm²	9.612 3	52.797 6	11.880 2	2.622 6	1.283 1	4 949.388	19.589 9

表 4-9 2003 年大理市人居环境景观分格局特征指数分析

指标		裸土景观	植被景观	农业景观	人工建设区景观	池塘景观	高原湖泊景观	合计
斑块类型面积	CA/hm²	34 725.87	91 886.67	21 077.82	8 309.25	455.31	24 459.48	180 914.4
斑块所占比例	PLAND/%	19.195	50.790	11.651	4.593	0.252	13.52	100
斑块数量	NP/个	2 711	1 278	2 018	2 232	365	4	8 608
最大斑块面积	AREA_RA/hm²	7 517.16	59 594.22	10 581.21	1 792.08	57.69	24 457.59	103 999.95
斑块平均面积	AREA_MN/hm²	12.809 2	71.898 8	10.444 9	1.247 4	3.722 8	6 114.87	21.017

表 4-10 2013 年大理市人居环境景观格局特征指数分析

指标		裸土景观	植被景观	农业景观	人工建设区景观	池塘景观	高原湖泊景观	合计
斑块类型面积	CA/hm²	34 364.61	93 312.09	12 863.25	15 588.54	310.5	24 746.94	181 185.93
斑块所占比例	PLAND/%	19.003 2	51.600 4	7.113 2	8.620 3	0.170 7	13.492 2	100
斑块数量	NP/个	3 853	2 422	1 205	1 691	240	4	9 415
最大斑块面积	AREA_RA/hm²	7 367.85	58 241.07	6 148.17	7 819.74	50.67	24 392.43	104 019.93
斑块平均面积	AREA_MN/hm²	8.918 9	38.526 9	10.674 9	9.218 5	1.285 9	6 099.683	19.207 2

研究表明，大理景观格局指数表现出以下特征：

(1) 大理市主要景观类型为植被景观，其地面投影面积占总投影面积的一半以上。表明山地范围内，除苍山山顶等海拔较高地区部分月份被雪覆盖外，其余地区植被覆盖率普遍较高。且海西山地的植被覆盖率明显高于海东。

(2) 仅次于植被的景观类型为裸土景观和高原湖泊景观。裸土景观主要分布在海东，占总裸土面积的 75%以上。海东地处洱海东侧，受地形地貌的影响，该地区的风力较其他地区大且年均有风的天数较其他地区多。风加大了海东土地的水分蒸发量，不利于植被生长，加快土地沙化，使海东裸土面积大于海西。洱海面积为 244.07km²，属于典型的高原湖泊景观，近年来在生态保护的趋势下，保持相对稳定。

(3) 市域范围内变化最为明显的是农业景观的减少和人工建设区景观的增加。农业景观从 1995 年的 197.21km² 减少至 2013 年的 128.63km²，面积减小了 68.58km²。人工建设区景观从 1995 年的 31.70km² 增长至 2013 年的 155.89km²，面积增长了 5 倍；由于地形的原因，大理市坝区面积小，人口增长需要占用大量的土地，造成农业景观面积减少。

人工建设面积快速增长的主要原因是人口的快速增长和经济的快速发展。

4.2.2.2　景观要素斑块特征

1) 景观斑块面积变化分析

斑块是景观格局中最基本的单元，面积大小是斑块最基本的特征。斑块面积能直观反映出该类景观的整体性，以及该景观类型占总景观类型的比例，是判断该类型是不是基质景观的重要指标。各种不同景观类型的面积变化，能直观反映出随时间推移和社会经济发展，该类景观整体上的变化趋势，对于分析和预测该类型景观的发展过程以及未来的发展趋势有重要意义。

研究表明，1995～2013 年大理市各景观类型斑块总面积发生了不同程度的变化。2013 年人工建设景观类型总面积超过农业景观总面积，景观类型斑块面积大小顺序由 1995 年和 2003 年的"植被景观＞裸土景观＞高原湖泊景观＞农业景观＞人工建设区景观＞池塘景观"，变成 2013 年的"植被景观＞裸土景观＞高原湖泊景观＞人工建设区景观＞农业景观＞池塘景观"。

人工建设区景观面积逐年增加，增幅明显。且人工建设区景观与农田景观均密集分布在地势较为平坦的坝区(图 4-16)。

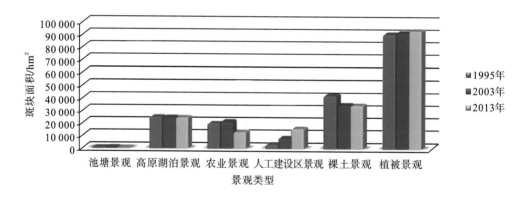

图 4-16　各景观类型斑块总面积变化图

2) 景观斑块破碎度变化分析

景观格局分析中常用斑块数量、密度、平均斑块面积、最大斑块面积等反映景观斑块破碎化程度。

(1) 景观斑块数量变化。研究表明，1995～2013 年大理市除高原湖泊景观斑块数目基本没有变化以外，其余五个斑块均有一定量的变化，表现出以下 2 个变化特点：①池塘景观、农业景观、人工建设区景观的斑块数目先增加后减少；②裸土景观、植被景观斑块数量先减少后增加，裸土景观斑块数量最多的年份是 1995 年，植被景观斑块数量最多的年份是 2013 年。

6 种景观类型斑块数量的顺序变化为：1995 年，裸土景观＞植被景观＞农业景观＞人工建设区景观＞池塘景观＞高原湖泊景观；2003 年，裸土景观＞人工建设区景观＞农业景观＞植被景观＞池塘景观＞高原湖泊景观；2013 年，裸土景观＞植被景观＞农业景观＞人工建设区景观＞池塘景观＞高原湖泊景观。在斑块数量顺序的变化中，裸土景观、池塘景观、高原湖泊景观斑块数量的顺序没有发生改变，农业景观、人工建设区景观、植被景观交替变化(图 4-17)。

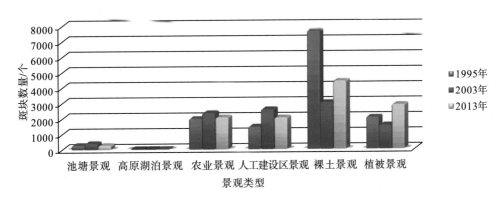

图 4-17　各景观类型斑块数量变化图

(2)景观斑块密度变化。6 种景观类型的斑块密度变化比较复杂。人工建设区景观、池塘景观、农业景观斑块密度呈现出先增加后减少的趋势，其中池塘景观变化不明显。农业景观类型斑块密度减小是因为大量的农田被占用、数量减少；人工建设区景观类型斑块密度 2003～2013 年变小的主要原因是人工建设发展向集约化方向发展，导致斑块面积增加的同时，斑块数量、斑块密度反而减小。裸土景观、植被景观呈现出斑块密度先减少后增加的现象；高原湖泊景观斑块密度基本保持稳定，没有发生明显变化(图 4-18)。

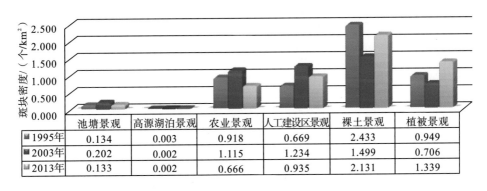

	池塘景观	高源湖泊景观	农业景观	人工建设区景观	裸土景观	植被景观
1995年	0.134	0.003	0.918	0.669	2.433	0.949
2003年	0.202	0.002	1.115	1.234	1.499	0.706
2013年	0.133	0.002	0.666	0.935	2.131	1.339

图 4-18　各景观类型斑块密度变化图

(3)最大斑块面积变化。1995～2013 年，景观类型的最大斑块面积变化呈现以下特点：①植被景观、高原湖泊景观、池塘景观最大斑块面积基本没有变化，且植被景观、高原湖泊景观最大斑块面积远大于其他类型的最大斑块面积；②裸土景观、农业景观最大斑块面积先减少后增加，且在 2003～2013 年农业景观最大斑块面积变化幅度明显；③人工建设区景观最大斑块面积逐年增加，2003～2013 年增幅巨大，2013 年的最大斑块面积约是 2003 年最大斑块面积的 4 倍(图 4-19)。

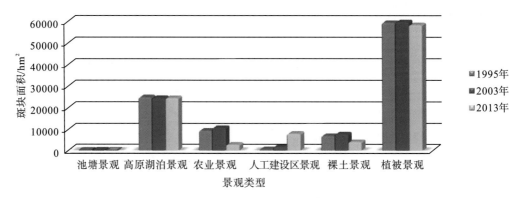

图 4-19　各景观斑块最大斑块面积变化图

(4)斑块平均面积变化(图 4-20)。研究表明，裸土景观、高原湖泊景观、植被景观斑块平均面积先增加后减少。其中裸土景观、植被景观斑块平均面积 1995～2013 年增加幅度和减少幅度都十分明显，均达到 30%以上；池塘景观、农业景观斑块平均面积先减少后增加，其中池塘景观平均斑块面积变化幅度很小；人工建设区景观 1995～2013 年逐渐增加，人工建设区景观斑块平均面积在两个时间段均达到了 40%，且 2003～2013 年达到 147.6%(图 4-21)。

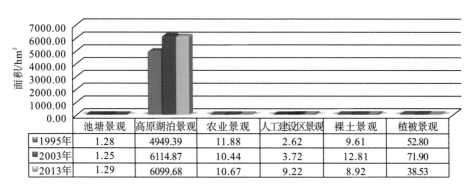

	池塘景观	高原湖泊景观	农业景观	人工建设区景观	裸土景观	植被景观
1995年	1.28	4949.39	11.88	2.62	9.61	52.80
2003年	1.25	6114.87	10.44	3.72	12.81	71.90
2013年	1.29	6099.68	10.67	9.22	8.92	38.53

图 4-20　各景观类型斑块数量变化图

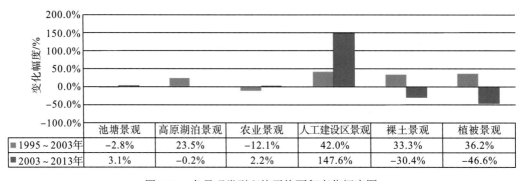

	池塘景观	高原湖泊景观	农业景观	人工建设区景观	裸土景观	植被景观
1995～2003年	−2.8%	23.5%	−12.1%	42.0%	33.3%	36.2%
2003～2013年	3.1%	−0.2%	2.2%	147.6%	−30.4%	−46.6%

图 4-21　各景观类型斑块平均面积变化幅度图

6 种景观类型斑块平均面积大小顺序的变化：1995 年，高原湖泊景观＞植被景观＞农业景观＞裸土景观＞人工建设区景观＞池塘景观；2003 年，高原湖泊景观＞植被景观＞裸土景观＞农业景观＞人工建设区景观＞池塘景观；2013 年，高原湖泊景观＞植被景观＞农业景观＞人工建设区景观＞裸土景观＞池塘景观。

3) 景观类型斑块形状变化分析

景观要素斑块形状变化用平均斑块分维指数（mean patch fractal dimension，MPFD）和平均斑块形状指数（mean shape index，MSI）表示与分析。研究区域内高原湖泊景观斑块数量为 5 个，相对其他类型的斑块数量极少，且高原湖泊景观自身斑块面积相差很大，5 个斑块中最大面积斑块占到总面积的 98%以上。因此，根据研究区域高原湖泊景观的特殊性，选择面积加权平均斑块分维指数（area-weighted mean patch fractal dimension，AWMPFD）和面积加权平均斑块形状指数（area-weighted mean shape index，AWMSI）来表示与分析。

（1）面积加权平均斑块分维指数变化分析。面积加权平均分斑块分维指数（AWMPFD）用以度量斑块边界的复杂程度，是反映景观格局空间特征的重要指标。取值范围为 1～2。其值为 1，代表最简单的正方形或圆形；其值为 2，则表明周长最复杂的斑块类型，通常其值上限为 1.5。

研究表明：①研究区域内 3 个研究年份中，景观类型面积加权平均斑块分维指数均小于 1.4，各景观类型要素斑块形状相对简单。②植被景观面积加权平均斑块分维指数最大，其次是农业景观和裸土景观，均达到了 1.2；人工建设区景观、池塘景观与高原湖泊景观面积加权平均分维指数均小于 1.26，且池塘景观面积加权平均斑块分维指数最小。人工建设区景观斑块大多为矩形、正方形、圆形等规则几何图形，分维指数相对较小；池塘景观很大，一部分散布在人工建设区、农业景观等人工干扰程度较高的景观类型斑块中，高原湖泊景观斑块周围分布着大量的人工建设区斑块，因此面积加权分维指数相对较小。③除人工建设区景观逐年持续大幅增加外，其他 5 种景观类型面积加权平均分维指数变化都不明显。分析表明，在研究时间段内人工建设区的斑块变化明显，人工建设区发展速度迅猛，而其他景观类型的形状变化相对稳定（图 4-22）。

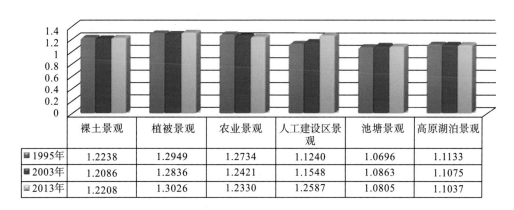

	裸土景观	植被景观	农业景观	人工建设区景观	池塘景观	高原湖泊景观
1995年	1.2238	1.2949	1.2734	1.1240	1.0696	1.1133
2003年	1.2086	1.2836	1.2421	1.1548	1.0863	1.1075
2013年	1.2208	1.3026	1.2330	1.2587	1.0805	1.1037

图 4-22　面积加权平均斑块分维指数变化图

AWMPFD 指数大小顺序变化：1995 年、2003 年，植被景观＞农业景观＞裸土景观＞人工建设区景观＞高原湖泊景观＞池塘景观；2013 年，植被景观＞人工建设区景观＞农业景观＞裸土景观＞高原湖泊景观＞池塘景观。

(2)面积加权平均斑块形状指数变化分析。面积加权平均斑块形状指数(AWMSI)在斑块级别上等于某类型景观斑块周长与面积的比值乘以各自的面积权重之和；在景观级别中用以度量斑块形状复杂程度，是度量空间格局复杂性的重要指标之一。取值范围为[1, +∞)。其值越接近 1，表明斑块形状越接近最简单的方形；相反，其值越大则表明斑块形状越不规则。

研究表明，1995～2013 年各种景观类型的 AWMSI 指数变化相对复杂，具有以下变化趋势：①池塘景观、高原湖泊景观的 AWMSI 指数较小且基本稳定。②裸土景观和植被景观的 AWMSI 变化趋势为先减小后增大。植被景观的 AWMSI 指数最大，三个年份的值均达到了 17，2013 年其值超过了 20。表明植被景观集中分布区域位于苍山山麓，海拔较高，人工建设区分布较少，人工开发程度较弱。③农业景观的 AWMSI 指数逐年减小，人工建设区景观的 AWMSI 指数逐渐上升。表明 1995～2013 年农业景观的斑块形状越来越规整，因为人类的开发建设占用了大部分农田，大面积的农业景观被不同形状的人工建设区分割，因此导致形状指数减小。随着人口增加、经济发展，人工建设区面积激增，人工建设区中最大的面积斑块位于大理古城和大理政府所在地下关镇，以及大理市中心镇区(喜洲镇、凤仪镇等)(图 4-23)。

AWMPFD 指数大小顺序变化：1995 年、2003 年，植被景观＞农业景观＞裸土景观＞人工建设区景观＞高原湖泊景观＞池塘景观；2013 年，植被景观＞人工建设区景观＞农业景观＞裸土景观＞高原湖泊景观＞池塘景观。

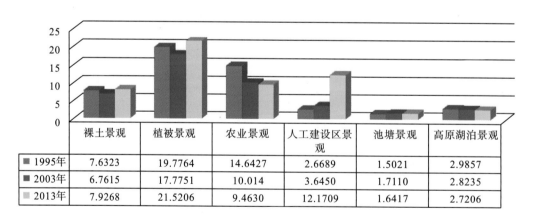

	裸土景观	植被景观	农业景观	人工建设区景观	池塘景观	高原湖泊景观
1995年	7.6323	19.7764	14.6427	2.6689	1.5021	2.9857
2003年	6.7615	17.7751	10.014	3.6450	1.7110	2.8235
2013年	7.9268	21.5206	9.4630	12.1709	1.6417	2.7206

图 4-23 平均形状指数变化图

4.2.3 环洱海人居环境景观格局特征

大理市环洱海地区受自然地理环境、大气环境和人工干扰等因素的影响，逐渐形成了与高原山地、高原湖泊相适应的人居环境景观格局。这些景观格局主要有以下特点：

1) 环洱海人居环境自然景观格局特征

(1) 大理市(环洱海人居环境)整体自然地理特征为南北稍长,东西略窄的"浴盆"状格局。其中"盆底"为洱海,海拔相对较低,面积很大;"碗边"由环洱海山脉的山脊线连接构成,洱海西侧最高点高于东侧,且洱海西侧山脉起伏明显、东侧起伏相对平缓,形成了环高原湖泊特殊的自然环境。

(2) 大理市所处自然环境有明显的高原山地特征。①高山峡谷相间,洱海西侧苍山与苍山十八溪相互交错,山水相间明显;②环洱海四周地形地貌成阶梯状,每一个阶梯均有自身特点,且地形地貌均比较复杂,地带性分布交叉;③环洱海区域内小河流、池塘、山箐众多,在不同海拔段均有分布,最终在山谷之间汇聚形成河流,汇入洱海;④整个区域相对平缓的坝区面积占比极小,且坝区面积集中分布在洱海西侧和南侧,占总坝区面积的75%以上。

(3) 环洱海区域形成独特的自然景观特性。该区域属于北亚热带高原季风气候类型,拥有高原湖泊景观和生态屏障苍山;海西苍山地区植被覆盖率高,海东山体由于风力因素的影响,植被覆盖率低于海西,有大面积的裸土景观。

2) 环洱海人居空间分布特征

(1) 坝区内景观类型集中,丰富度高。大理市坝区面积小,洱海西南侧坝区占总坝区面积的75%以上,人工建设区景观和农业景观多集中分布在坝区。包含苍山、洱海、农田等景观元素。

(2) 环洱海区域人居空间分布特征与湖泊、山系走向一致。洱海南北长、东西窄的形状与两侧山脉走向一致;洱海西侧的 G214、S221 两条主要交通廊道是大理市南北方向上的主要建设轴线,大理市沿洱海的城镇均以道路为发展轴;整个海西空间形成以大理市下关镇和古城为中心、沿主要交通线路聚集、由南向北逐渐稀疏的"糖葫芦形"城镇格局特征。

(3) 人居空间分布受限于自然条件。城镇因为地形、交通等条件的限制,规模优势不明显;城镇数量分布也随主要道路的走向呈现由南向北逐渐递减的趋势,跟平原地区"摊大饼式"和"网络式"的人居空间发展模式有着明显的区别,具有很强的高原山地特征。

3) 环洱海聚落空间格局特征

研究表明,环洱海区域的聚落空间有以下特征:

(1) 区域内核心聚落(大理古城、下关镇)发展迅速,呈面状发展,下关镇沿高速公路向东发展;

(2) 次区域内小聚落呈点状发展,处于坝区的小型聚落逐步连接在一起,整体呈现南北走向沿道路带状发展的形态;处于山区环境下的小型聚落空间由于地形地貌、交通、经济等因素的综合影响呈散布状;

(3) 核心聚落与小聚落之间差异明显,坝区人工建设区连接度好于山区,斑块面积明显大于山区,核心聚落面积占据绝对优势。

4.2.4　景观格局变化特征

　　选取香农多样性指数(SHDI)、景观破碎度指数(FI)、景观优势度指数(DI)、香农均匀度指数(SHEI)、景观散布与并列指数(IJI)、蔓延度指数(CI)6 个景观格局特征指数表征景观格局结构特征的变化，以衡量景观格局动态变化的特征信息，构建景观格局动态变化指数以及景观格局动态变化模型，展现景观格局的动态变化情况。

　　研究表明，环洱海人居环境区域内景观多样性程度较高、景观优势度较大、景观破碎化程度较高、景观均匀度较低、景观蔓延度较高，受垂直地带性作用明显。具体来说，1995～2003 年、2003～2013 年，香农多样性指数、香农均匀度指数先增加后减小，其中香农均匀度指数变化明显；景观优势度指数、景观破碎度指数先减小后增大，其中景观破碎度指数变化明显；景观蔓延度指数逐年递减，变化幅度很大；景观格局受垂直地带性影响，散布与并列指数(IJI)先增加后减少(图 4-24)。

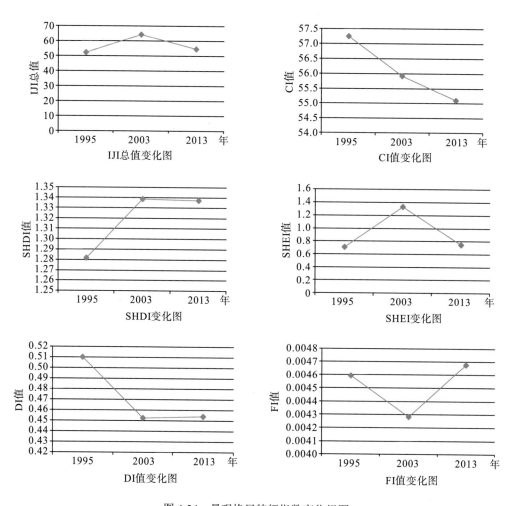

图 4-24　景观格局特征指数变化组图

景观生态学研究中，景观类型间的相互转化情况常用景观类型转移矩阵(马尔可夫转移矩阵模型)进行分析研究。通过分析计算 1995～2003 年、2003～2013 年不同景观类型的面积转移矩阵(表 4-11、表 4-12)，以及 1995～2013 年不同景观类型的面积转移矩阵(表 4-13)，得出以下景观格局变化特征：

表 4-11　1995～2003 年大理市景观类型面积转移矩阵　　　(单位：hm²)

		2003 年					
		池塘景观	高原湖泊景观	农业景观	人工建设区景观	裸土景观	植被景观	总计
1995 年	池塘景观	184.41	0	11.15	26.93	4.24	72.26	298.99
	高原湖泊景观	0.36	24 415.62	160.19	133.28	8.22	42.32	24 759.99
	农业景观	40.96	18.14	16 571.55	1 323.12	1 244.61	606.65	19 805.02
	人工建设区	39.25	19.18	136.89	2 822.13	80.69	53.94	3 152.08
	裸土景观	109.02	15.07	2 697.40	3 290.10	28 738.31	7 308.20	42 158.10
	植被景观	68.13	1.51	1 500.65	644.02	4 621.49	84 005.66	90 841.46
	总计	442.13	24 469.52	21 077.83	8 239.58	34 697.56	92 089.02	181 015.7

表 4-12　2003～2013 年大理市景观类型面积转移矩阵　　　(单位：hm²)

		2013 年					
		池塘景观	高原湖泊景观	农业景观	人工建设区景观	裸土景观	植被景观	总计
2003 年	池塘景观	223.81	0	6.15	91.20	41.13	79.90	442.19
	高原湖泊景观	0.39	24 314.51	15.53	101.09	0.41	37.60	24 469.52
	农业景观	12.98	48.69	11 602.08	5 218.23	1 959.93	2 234.90	21 076.82
	人工建设区	22.89	30.91	199.12	6 821.98	760.39	405.13	8 240.42
	裸土景观	3.27	1.27	802.50	2 572.58	24 511.79	6 805.04	34 696.45
	植被景观	36.86	11.49	246.53	800.32	7 003.98	83 993.35	92 092.54
	总计	300.20	24 406.87	12 871.91	15 605.40	34 277.64	93 555.92	181 017.93

表 4-13　1995～2013 年大理市景观类型面积转移矩阵　　　(单位：hm²)

		2013 年					
		池塘景观	高原湖泊景观	农业景观	人工建设区景观	裸土景观	植被景观	总计
1995 年	池塘景观	136.43	2.32	34.76	22.42	52.77	51.45	300.16
	高原湖泊景观	0	24 348.69	22.47	19.00	15.43	1.27	24 406.87
	农业景观	8.12	61.49	10 734.68	64.14	1 686.47	317.37	12 872.28
	人工建设区	50.00	216.80	5 651.46	2 842.91	5 806.18	1 037.69	15 605.03
	裸土景观	29.15	2.58	1 592.71	109.07	24 300.76	8 241.29	34 275.56
	植被景观	75.54	128.10	1 768.27	94.37	10 294.36	81 190.82	93 551.47
	总计	299.25	24 759.99	19 804.36	3 151.91	42 155.97	90 839.90	181 011.37

(1)高原湖泊景观(洱海)相对稳定，但仍有小幅度的变化。1995～2013 年，高原湖泊景观有接近 98%的面积没有发生变化；1995～2003 年高原湖泊景观转化为其他类型景观的面积是其他类型转化为高原湖泊景观面积的 6 倍，2003～2013 年高原湖泊景观转入、转出面积基本持平；1995～2003 年、2003～2013 年两个时间区间的高原湖泊景观转入、转出面积均不足总面积的 5%。总体来看，高原湖泊景观在 1995～2013 年面积有小幅减小，各景观类型之间有小幅转化，但整体面积保持相对稳定。

(2)池塘景观(池塘、河流、小规模水库、景观水域等)相对于高原湖泊景观而言，稳定性较差，而且转化较为复杂。池塘景观在研究区域内自身占比很小，且此类景观类型受季节气候的影响较为明显。1995～2003 年池塘水域景观转化为其他景观类型的面积总和小于其他类型景观转化为池塘水域景观类型的面积。因此，1995～2003 年池塘景观类型面积增加；2003～2013 年景观类型转出面积大于转入面积，该类景观类型面积减少，同 1995 年的该类景观类型面积持平。

(3)农业景观(农田、旱田、水田等)变化明显、稳定性较差、转化情况复杂。①1995～2003 年农业景观转出形式主要以人工建设区景观和裸土景观为主，两类景观类型转出面积均达到 10km²，转出比例之和达到 10%；转化为农业景观的景观类型主要为裸土景观和植被景观，转化面积达到 15km²，两类景观类型的转化比例之和达到 20%。在该时间段内农业景观的主要转化景观类型为裸土景观。②2003～2013 年农业景观转出的主要形式为人工建设区景观和植被景观，两类景观类型转化面积分别达到了 50km² 和 20km²，转化面积比例之和达到 44%，说明随着人口增长、经济发展，大量的农田被占用开发，导致 2003～2013 年农业景观面积锐减；相反，转化为农业景观类型的主要是裸土景观，转化面积为 8km²，占比 5%；在该时间段农业景观主要以转出形式为主，在人工建设区景观、裸土景观和植被景观之间互相转化。

(4)人工建设区景观，作为环高原湖泊人居环境景观格局中与人类关系最直接的景观类型，面积逐年增加且增速明显，变化幅度大。1995～2013 年，人工建设区景观的转化形式以其他景观类型转入为主，其中两个时间段(1995～2003 年，2003～2013 年)转化为人工建设区景观的主要类型分别是裸土景观和农业景观，转化面积分别达到 33km² 和50km²。其中，1995～2003 年裸土景观转化为人工建设区的面积超过了 1995 年的人工建设区景观面积，2003～2013 年农业景观转化为人工建设区景观的面积接近 2003 年的人工建设区景观面积。两个时期人工建设区主要在农业景观、裸土景观之间相互转化。

(5)裸土景观和植被景观，裸土景观主要以转出形式为主，植被景观主要以转入形式为主。此两类景观的主要变化在自身之间相互进行。与其他类型景观之间也有转化，但是转化比例小。

综上所述，1995～2003 年景观类型未发生变化的面积为 156414.42hm²，占总研究区域面积的 86.57%，发生景观类型变化的面积为 24270.93hm²，占总研究区域面积的13.43%，其中发生面积变化最大的景观类型是植被景观与裸土景观之间的转化。2003～2013 年景观类型未发生变化的面积为 151262.01hm²，占总面积的 83.71%；发生景观类型变化的面积为 29435.49hm²，占总面积的 16.29%，发生面积变化最大的景观类型是植被景观与裸土景观之间的交替转化。人工建设区用地以转入为主，转入的面积占总面积的

50%，即人工建设区景观面积成倍数增长。而人工建设区面积转入的主要是农业景观，其次是裸土景观和植被景观(图4-25)。

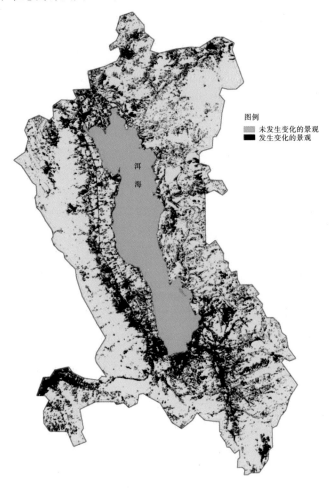

图 4-25　1995～2013 年大理市景观类型转移示意图

4.3　高原山地人居环境特征

4.3.1　高原山地聚落形态特征

在与自然环境长期适应的过程中，高原山地人居环境聚落空间形态，主要呈团块状、放射状、带状和散点状四种类型(图4-26)。

放射状、带状和散点状聚落受地形限制明显，且其中散点状聚落所处位置的地形起伏度最大。

团块状聚落规模较大，布局紧凑；放射状和带状聚落规模次之，布局较紧凑；散点状聚落规模最小，但由于布局分散，村域范围较广。

图 4-26 传统高原山地聚落形态示意

4.3.1.1 团块状

团块状的高原山地聚落，按照所处环境的不同，又分为真正用地条件较为平坦的团块状，以及处于垂直梯度变化较大、坡度较陡、在水平投影上呈现集中布局的层叠状的团块状形式。

平坦地区的团块状人居环境多出现于高原山地平坝区域，由于地形因素限制较少，人居环境能够较大规模聚集发展，因此，此类城镇或聚落往往是区域发展的极核，在区域起到中心辐射、带动作用。

东川区大石头村，村域面积为 1.55km²，人口为 262 人，户数为 67 户（图 4-27）。

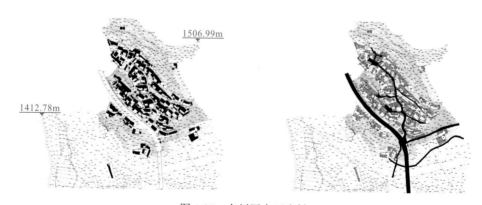

图 4-27 东川区大石头村

维西县俄石村，村域面积为 2.09km²，人口为 300 人，户数为 56 户（图 4-28）。

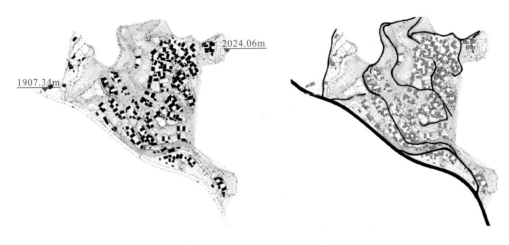

图 4-28　维西县俄石村

维西县富川村，村域面积为 7.39km²，人口为 563 人，户数为 157 户（图 4-29）。

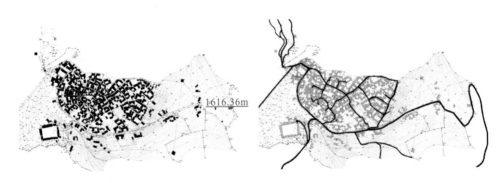

图 4-29　维西县富川村

芒市中山乡新村一、二、三组，村域面积为 2.36km²，人口为 1224 人，户数为 250 户（图 4-30）。

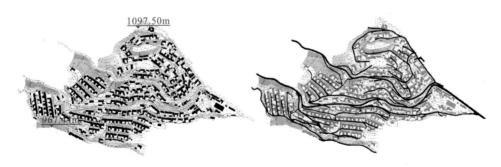

图 4-30　芒市中山乡新村

芒市芒项村，村域面积为 7.32km²，人口为 736 人，户数为 157 户(图 4-31)。

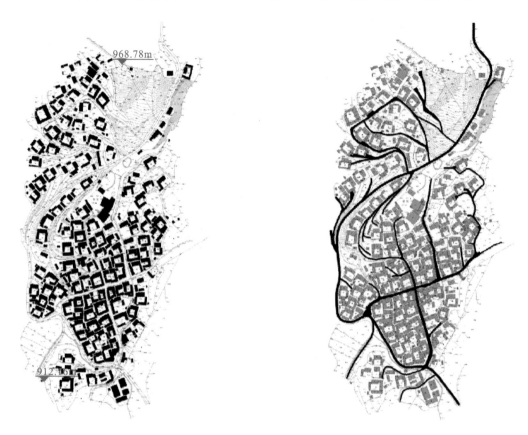

图 4-31　芒市芒项村

芒市芒丙村，村域面积为 7.73km²，人口为 122 人，户数为 32 户(图 4-32)。

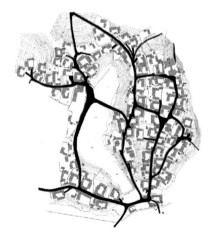

图 4-32　芒市芒丙村

芒市南育河村，村域面积为 7.32km²，人口为 736 人，户数为 157 户（图 4-33）。

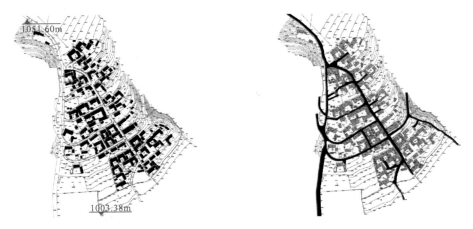

图 4-33　芒市南育河村

芒市青树村，村域面积为 6.76km²，人口为 265 人，户数为 59 户（图 4-34）。

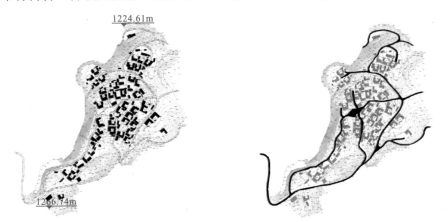

图 4-34　芒市青树村

维西县叶枝镇，村域面积为 54km²，人口为 2523 人，户数为 620 户（图 4-35）。

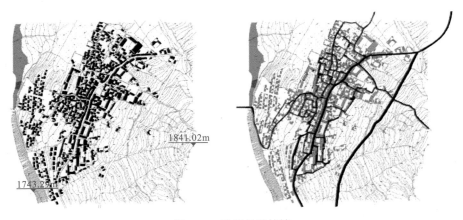

图 4-35　维西县叶枝镇

1) 平坝区域的团块状

在高原山地中，地形相对平缓、用地较为集中、聚落布局紧凑的聚落形态。

用地条件较为平坦的团块状聚落主要分布在地势平缓的坝区、盆地或山麓地带，平均坡度小于 10°，且规模较大。与中原地区集中型聚落相比，此类聚落形态肌理根据建筑与地形、道路的不同组合关系，形成统一又有变化的村庄布局形态。街巷布局受中原聚落形制影响大，呈网络状或放射状布局，主街和巷道脉络清晰，聚落形态肌理内聚性强，易于随着聚落扩大逐步沿路拓展延伸。此类聚落的形成主要依托便利的交通条件，历史上或曾是古驿道的商品集散地，或是近代交通干道上的节点(图 4-36)。

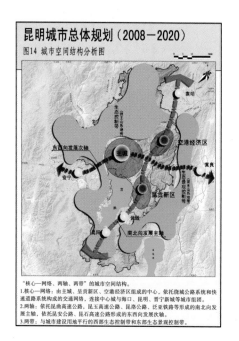 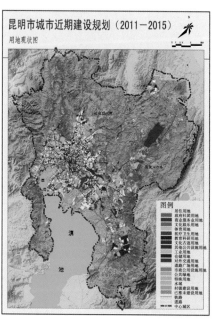

图 4-36　昆明市城市空间形态

资料来源：云南山地城镇区域规划设计研究院。

团块式传统聚落布局形态相对集中，以一个或多个核心体为中心，为集中布局的内向性群体聚落。云南大理古城、剑川古城、巍山古城、宾川凤羽镇、腾冲和顺古镇、大理周城村、丽江漾西村和城子村等，都为典型的团块式聚落。

如大理古城呈方形棋盘式布局，整个古城网格状的肌理规整明晰，除东北角与东南角外，古城肌理保护较好，建筑密度较均匀，街巷空间尺度宜人，经纬道路呈网状排列(图 4-37、图 4-38)。

剑川古城呈不规则长方形，道路肌理泾渭分明，主次有序，古城格局方正如印(图 4-39)。

腾冲和顺依山面水建成，背靠大山，地势高爽，村前有河环绕而过。整个古镇形态呈团块状，古镇格局为由半山腰向山脚延伸的半环状加放射状道路系统构成，12 条巷道呈放射状，构成全镇的框架。一条环村道沿村落边缘与和顺河同时将整个村落环绕，环

图 4-37 大理古城肌理图

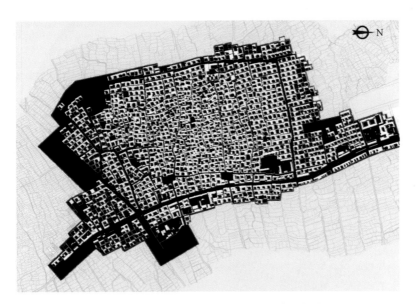

图 4-38 大理喜洲镇周城村图底关系示意图

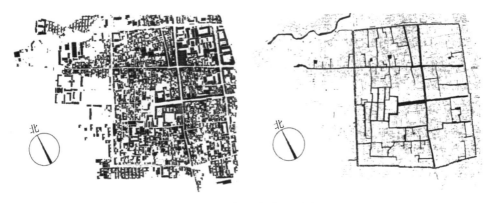

图 4-39 剑川古城肌理图

村道成为村落的主要交通线，各条巷道与环村道间有相连。整个聚落肌理细致、清晰，建筑的尺度统一，肌理和谐，道路顺应山势，与地形有机结合，道路网络分布均匀，呈现有机生长稳定有序的聚落肌理(唐瑜，2015)(图 4-40)。

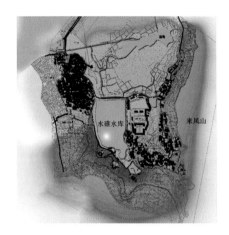

图 4-40　腾冲和顺古镇肌理图

凤羽镇位于大理州洱源县，是茶马古道上的重要驿站，全镇 98%的人口是白族。整个凤羽镇建筑形式与尺度怡人，鱼骨状道路网络聚落肌理密度均匀、细致、清晰，"匀质"特征明显(图 4-41)。

图 4-41　凤羽镇肌理图

处于用地条件较好位置的团块状聚落，普遍具有以下形态特征：①坡度相对平缓，通常小于 10°，地形起伏较小，一般分布在平坝、丘陵或坡麓地带；②由于地势平缓，土壤肥沃，适于农耕，故村落周边植被主要以农田为主；③规模较大，集中布局；④交通条件好，一般依托过境道路向两侧生长，内部街巷呈规则的网络状，纵横交错；⑤建筑风格以当地少数民族民居为主，多数为合院式的民居建筑，新村建筑一般围绕老村建筑向外生长，老村多为土木结构，新村多为砖混结构。

2) 层叠状

在高原山地中，由于地形较为陡峭、用地条件紧张，聚落在水平投影上呈现集中布局的形态。

聚落多位于地形较陡的环境，空间形态受山地地形限制，交通体系多出现鱼骨状的分布格局，建筑以简单的几何形状适应地形变化，公共空间随地形出现阶段性变化。

层叠状聚落多分布在地势陡峭的河谷或山腰，平均坡度一般为 10°～25°，坡向条件好，村落形态肌理由于受地形限制，平行于等高线方向层层叠落，道路蜿蜒盘旋，建筑松散成团。此类村落的形成原因主要有两种，一是村落周围山体中蕴含丰富资源，如云龙县的诺邓是依托山中丰富的卤水资源，村民世世代代开采盐井，以盐谋生；二是由于躲避战乱等原因，将村寨依山而建。

红河州泸西县城子古村整体布局依山就势、顺山势而行，层层叠落，整体空间西高东低，背山面水，整个村子几百户人家依山而建，自然相连，层层而上的土掌房形成一级级的台阶。村中道路自然分布，纵横交错，村中建筑平行等高线布置，顺应自然地形，形成富有节奏和韵律感的聚落肌理(图 4-42)。

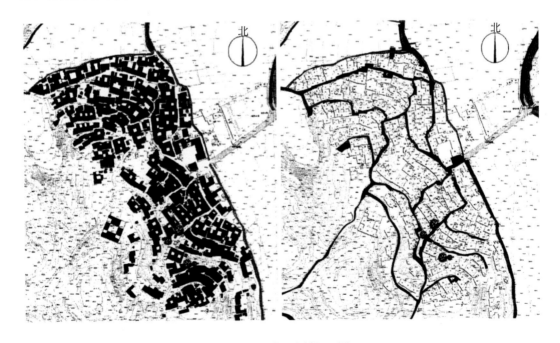

图 4-42　城子古村肌理图

维西县同乐村，村域面积为 28.8km^2，人口为 564 人，户数为 123 户(图 4-43)。

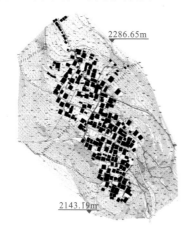

图 4-43   维西县同乐村

层叠状村落一般具有如下特征：①坡度较大，一般为 15°～25°，局部地区大于25°，地形地势起伏大，一般分布在山腰台地；②村落附近一般伴随着溪流和冲沟，除坡度较平缓地区有农田分布外，其余地方皆种植符合当地山地气候的经济林和低矮灌木；③受地形限制，村落布局集中；④较大的坡度致使交通条件较差，多为鱼骨状道路体系，内部街巷呈变形的网络状，街巷狭窄，横向步道沿等高线平行设置，竖向交通则靠阶梯式步道进行组织连接；⑤建筑多就地取材，以土木结构为主，建筑形式主要有传统合院式和台地式两类。

4.3.1.2   带状

多出现于河谷、道路等廊道两侧或环湖泊区域，人居环境依托廊道优势，呈指向性狭长发展(图 4-44)。

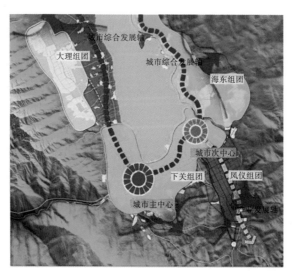

图 4-44   大理市城市空间形态

带状村庄或沿河岸布列，或顺山谷排开，紧相毗连，难分彼此。此类村落受自然条件限制较大。

带状村落受地形条件限制，主要道路平行于等高线，村落沿主要道路呈带状分布特点。部分村落依赖主要交通道路干线而形成，沿主要道路分布，形成带状分布特点。

如芒市遮放镇邦达村，村域面积为 0.51km²，人口为 200 人，户数为 52 户（图4-45）。

图4-45 芒市遮放镇邦达村

维西县结义村，村域面积为 25.16km²，人口为 296 人，户数为 58 户（图4-46）。

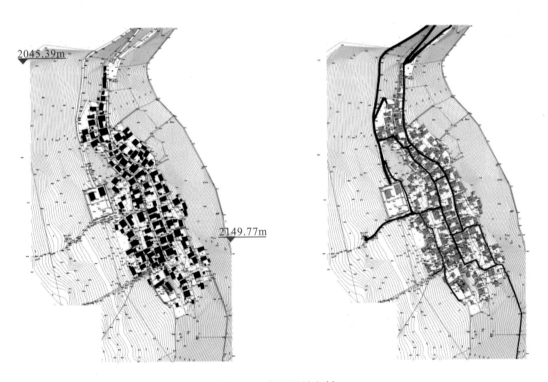

图4-46 维西县结义村

芒市老缅城村，村域面积为 17.78km^2，人口为 212 人，户数为 53 户(图 4-47)。

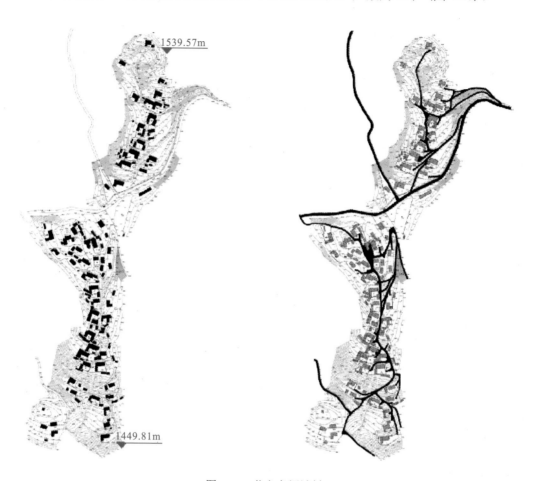

图 4-47　芒市老缅城村

石屏县芦子沟，村域面积为 6.7km^2，人口为 628 人，户数为 190 户(图 4-48)。

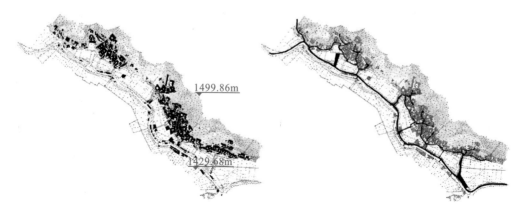

图 4-48　石屏县芦子沟村

丘北县猫猫冲村，村域面积为 2.73km^2，人口为 1160 人，户数为 264 户(图 4-49)。

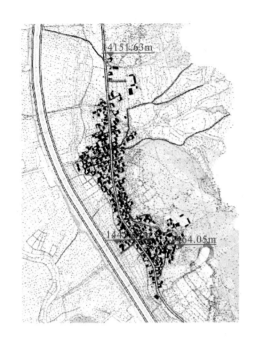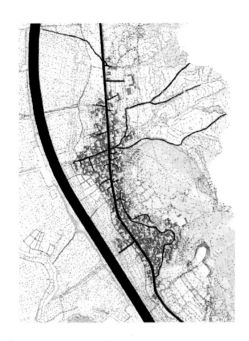

图 4-49 丘北县猫猫冲村

宾川县新庄村，村域面积为 2.75km^2，人口为 250 人，户数为 57 户(图 4-50)。

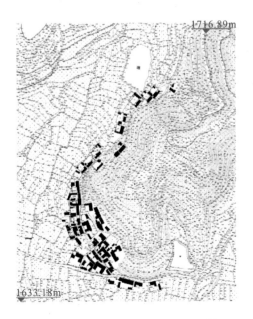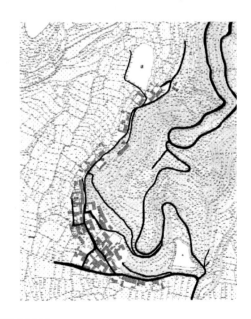

图 4-50 宾川县新庄村

　　带状村落根据所处的地形特征，可进一步划分为以下三类：

　　1）沿水域的带状村落

　　云南大部分地区地形起伏显著，地质构造复杂，雨量充沛，湖泊星罗棋布、河流纵横，水网发达，大小河流不计其数。带状山地村落大多分布于湖岸、河谷阶地或临江河的狭长高地之上。聚落主街通常平行于水域岸线，村落的滨水界面通过建筑的连续组合与支巷的缝隙巧妙穿插，与水紧密地联系在一起。如下关镇的温泉村沿西洱河一侧的漾濞路的布置，由于村庄用地狭窄，受到西洱河保护线和苍山保护线的限制而无法再向两侧拓宽，只能沿路呈带状延伸。再如双廊镇的双廊村沿洱海东侧岸线延伸，呈滨水带状布局（图4-51）。

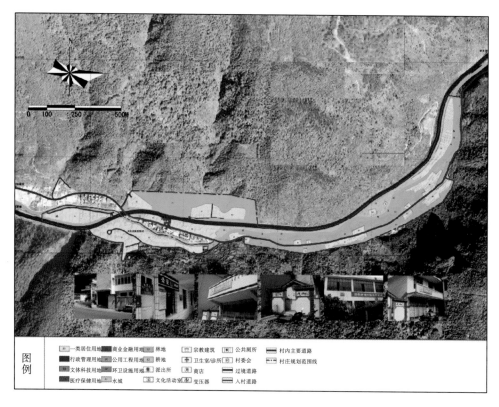

图4-51　下关镇温泉村现状分析图

资料来源：云南山地城镇区域规划设计研究院，大理市下关镇温泉村整治与建设规划。

　　2）沿山脚边缘的带状村落

　　高原山地地区山岭连绵起伏，整个区域内以丘陵山地为主，可耕土地有限，因此村落多建于山体缓坡之上，尽可能地将平整土地用于农业耕作。

　　当村落位于河流冲击平地与山地陡坡交界处时，农田耕作区多位于靠近河流的平地之上，便于灌溉。而居住区则位于农田耕作区与山地陡坡之间，以便取水耕作，但受地形限制，较难向山体陡坡纵向展开，因此多沿山脚边缘的缓坡延伸呈线性分布。如大理海东镇的石头村即属于此类带状村落，其形态并非沿河而建，而是以沿山脚等高线的进村路作为轴线向外延伸，整体布局因地制宜，区域位置分布巧妙，体现出此类村落对自然环境的围合与限定所表现出的自然适应性(图4-52)。

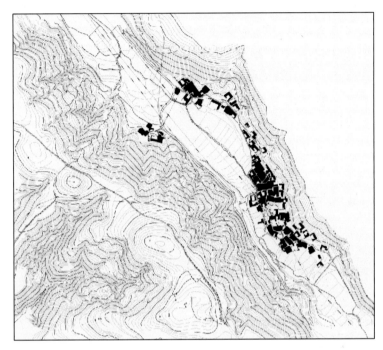

图4-52　海东镇石头村图底关系示意图

3) 沿山脊的带状村落

高原山地多山少坝，土地资源格外珍贵，村民尽可能将平坝土地用于耕作，在依傍河溪之处若无适宜建房的场地，则通常将居住区建于不宜耕作的山脊之上，形成沿山脊走向布局的带状村落。其农耕区多位于山下离水源较近的平坝，而主街随山脊上下起伏，街道两旁建筑亦随之变化，与山脊融为一体。此类村落布局的优势主要有两点：一是保证了农田用地的最大利用率；二是居住区整体位置居于山体制高点，不但利于御敌防守且对排水也颇为有利。

带状聚落具有的主要特征：①由山地或水体形成村落的空间界面，使村落或沿着自然界面呈线性向外延伸，或依托过境道路线性延伸，一般分布在平坝、山谷或滨水地区；②村落周边平缓地区多为农田、水塘，而作为村落屏障的山体多种植低矮灌木和松柏等经济林木；③规模大小视空间界面而定，布局集中；④交通条件好，一般依托过境道路向两侧生长，内部街巷呈鱼骨状或树枝状；⑤由于地形限制，村庄建设用地较紧缺。

4.3.1.3　散点状

此类聚落形态形成的主要原因是受自然地理条件限制，随地形变化形成自由空间，形态及分布均较分散。周围环境多为"大山大水"，地形复杂，或聚落规模小，可建设用地较少且分布散乱，城镇被分为若干个功能组团，之间通过道路进行连接；城镇规模偏小，相互之间联系较差，竞争力弱。

散点状村庄形态上较分散，由多处较小居民点组成，每处仅有一户或几户人家。村落规模通常不大，多处于偏僻山区，地形复杂、人口稀少，建筑群体布局不存在秩序性，多呈自由散落的形式出现，且缺少中心交往区域。村落内不存在严格意义上的街巷，多以踏步或坡道组织村内交通。因此，这类村落的内部联系比较薄弱，通常各家屋前自建晒场，宅后自挖水塘，土地利用率相对较低，颇为浪费。

例如大理山区的一些少数民族村落，建筑或依山而建，或散落于山顶平坝之上，村民多在自家耕地附近建房居住，村落形态布局灵活自由，没有明确的中心。由于交通不便、资源短缺等困难，这种村落一般规模均较小，且发展缓慢，甚至逐渐走向衰落；禄丰黑井，由于地形及河流的划分，分由三个组团相连而成；大理莉村分为莉头、莉中和莉尾三个组团；宝山石头城由内城和外城两部分组成；还有章朗村、三营村等由若干个组团构成聚落（图4-53）。

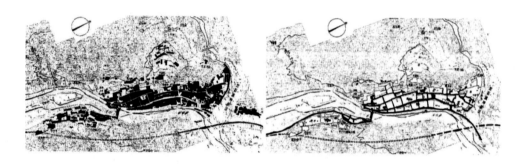

图4-53　黑井古镇肌理图

黑井古镇被龙川江分为江东与江西两个组团，并沿走势沿江两侧布置，中间有五马桥连接。城镇依然保持着四街六巷十六坊的传统格局。南侧江东有一条主要街道（即一街），北侧江西也有一条主要街道（即四街），城镇主要道路均为南北走向，依江走势有一定弯曲。南北向主路间以若干巷道相连，形成近似正交网状的道路体系，肌理清晰而又富于节奏变化。

大理宾川莉村由莉头、莉中和莉尾三个组团构成，由一条主要道路相连接，莉头为莉村的中心组团，莉中次之，莉尾更次之，三个组团的组成颇有"凤头、猪肚、豹尾"的神韵。

莉头组团建筑密度分布不均，尺度大小不一，建筑形式与风格迥异，肌理较模糊和杂乱；莉中建筑沿"十"字两条主要道路两侧分布，密度较均匀，尺度和形式较为统一，肌理细致清晰；莉尾建筑分布较为分散自由，没有明显的构成规律。总体来看，就整个聚落的肌理而言，三个组团各不相同（图4-54）。

尼西汤堆村是位于香格里拉县西北部的一个藏族乡村，是旧时茶马古道的必经之路，在这里一直有着悠久的制陶历史，尼西黑陶享誉滇西北及全藏区。汤堆村呈散点状布置，聚落肌理整体呈现自由的特征（图4-55）。

图 4-54 大理宾川萂村图底关系图

图 4-55 汤堆村图底关系图

大具乡位于丽江市玉龙纳西族自治县北部，玉龙雪山北麓，金沙江畔，乡内自然村多相互独立，呈散点状布置，自然生成的道路产生众多分叉以连接各家各户，整体肌理呈现自由松散的特征（图 4-56）。

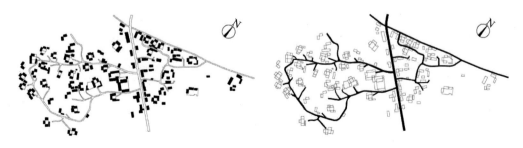

图 4-56 大具乡某自然村图底关系图

芒市李子坪村，村域面积为 14.86km²，人口为 208 人，户数为 62 户(图 4-57)。

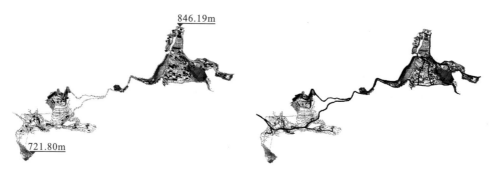

图 4-57　芒市李子坪村

芒市帕欠村，村域面积为 5.79km²，人口为 305 人，户数为 81 户(图 4-58)。

图 4-58　芒市帕欠村

芒市外寨村，村域面积为 5.13km²，人口为 856 人，户数为 204 户(图 4-59)。

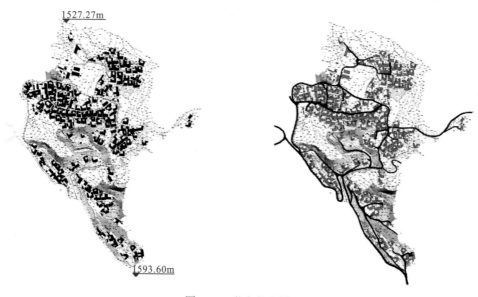

图 4-59　芒市外寨村

芒市翁陇村，村域面积为 6.94km²，人口为 432 人，户数为 104 户（图 4-60）。

图 4-60 芒市翁陇村

芒市硬盘村，村域面积为 1.77km²，人口为 208 人，户数为 52 户（图 4-61）。

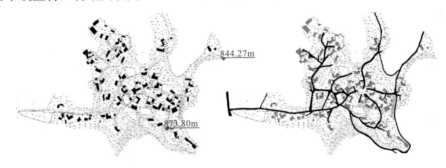

图 4-61 芒市硬盘村

文山州那夺村，村域面积为 1.97km²，人口为 298 人，户数为 67 户（图 4-62）。

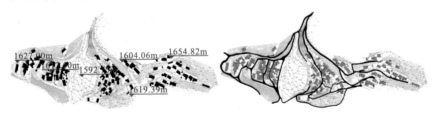

图 4-62 文山州那夺村

西县义扩底村，村域面积为 22.22km²，人口为 305 人，户数为 83 户（图 4-63）。

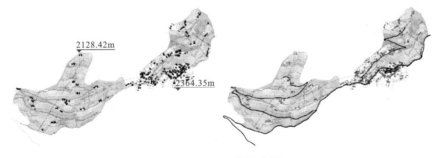

图 4-63 西县义扩底村

散点状村落具有的特征：①坡度陡，地势起伏较大；②村落散户周围坡地零星种植玉米、土豆等农作物，其余山地种植核桃、松柏等经济林木和药材；③规模较小，布局松散；④交通条件差，入村道路一般为土质路面，没有完整的街巷体系；⑤建筑现仍然多以土坯房为主。

4.3.1.4 放射状

放射状人居环境形态形成的主要原因是受自然地理条件限制，可建设用地周边多为自然山体，人工建设用地位于几个自然山体形成的山涧谷底，利用自然环境围合的部分较平坦区域进行建设。

放射状村落多分布在局部用地相对平坦、周围有陡峭山体的区域，如河谷交汇处、山脊或山谷中，村落布局顺应地形地势向多个方向延伸。此类村落受自然条件限制，特别是高原山地的限制，村落街巷多呈树枝状向外辐射。此类村落的形成，或是因依托几条不同方向的过境道路交叉生长，或受地形显著影响，为利用水系而形成(图4-64)。

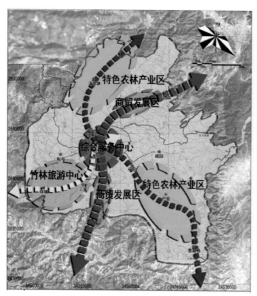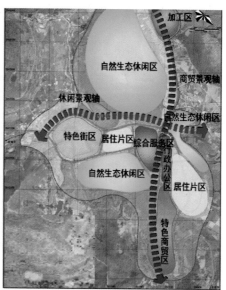

图 4-64　石屏县龙朋镇城镇空间形态

资料来源：云南山地城镇区域规划设计研究院《石屏县龙朋镇总体规划》。

放射状传统聚落由于地形或交通的影响，常常以一个公共空间为中心，呈放射状外向延伸布局，形成视野开阔的空间形态。

丽江古城依山傍水，玉泉水从北部流入古城，一分为三，水网贯穿古城。整个古城以四方街为中心，沿主要道路放射式发展，建筑沿街而建，形式和尺度统一，形成致密、清晰的聚落肌理(图4-65)。

广南古城主要道路为东街、西街、南街、北街，呈"十"字形放射状，街道宽 4m 左右，沿街两侧大多为二层建筑。内部巷道宽 3m 左右，空间尺度宜人。放射式的聚落形态，建筑与道路肌理清晰有序(图4-66)。

图 4-65　丽江古城肌理图

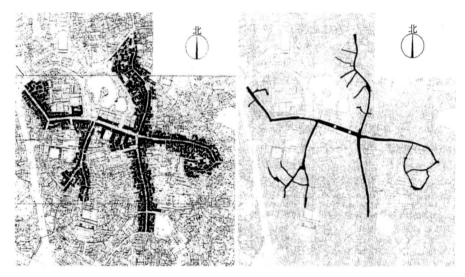

图 4-66　广南古城肌理图

宾川县大营镇四家村，村域面积为 $2.75km^2$，人口为 250 人，户数为 57 户（图 4-67）。

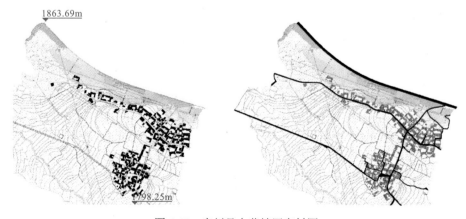

图 4-67　宾川县大营镇四家村图

德钦县霞若乡霞若村，村域面积为 4.63km²，人口为 145 人，户数为 34 户(图 4-68)。

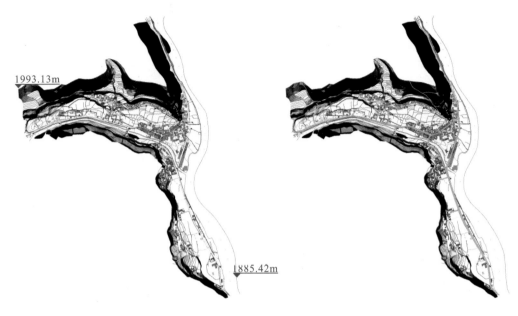

图 4-68　德钦县霞若乡霞若村

德钦县江坡村，村域面积为 0.7km²，人口为 672 人，户数为 157 户(图 4-69)。

图 4-69　德钦县江坡村

　　放射状聚落一般具有下列特征：①由山地或水体形成村落的外部空间界面，使村落沿着界面内部平缓地区向外辐射，一般分布在平坝、山谷或滨水地区与山体的相间部分；②村落周边平缓地区多为农田、水塘，而作为村落屏障的山体多种植低矮灌木和松柏等经济林木；③聚落规模大小视空间界面而定，布局较为集中；④交通条件好，一般依托过境道路向两侧生长，内部街巷呈变形的网络状或放射状；⑤新村建筑一般围绕老村建筑向外生长，老村多为土木结构，新村多为砖混结构。

4.3.2　高原山地人居环境人文特征

高原山地人居环境人文特征类型丰富。本书以石屏县异龙镇和坝心镇为例，总结其人居环境人文特征(表 4-14～表 4-16)。石屏县属于典型的高原山地、高原湖泊区域。

表 4-14　异龙镇村庄海拔数据统计

村委会	自然村	海拔/m	村委会	自然村	海拔/m	村委会	自然村	海拔/m
阿希者	大肥敢	1666	李家寨	花兰坡	1561	松村	杨家寨	1474
	小肥敢	1646		蔡营	1471		松村	1425
	阿希者	1862		大何家寨	1499		高坡	1423
	白龙潭	1790		汪家房子	1452		太岳村	1453
	蜜蜂洞	1911		小何家寨	1458		冲门口	1451
大瑞城	朱家寨	1404		李家寨	1433		小高冲	1502
	娄家寨	1410		徐杨寨	1469		大高冲	1485
	大瑞城村	1410		许家寨	1453	孙家营	薛家塘	1441
	吴家庄	1410		赵家寨	1470		张家村	1424
	小瑞城	1434		高家寨	1430		仓家寨	1426
	李家寨	1435	六谷冲	白一冲	1442		田坝心	1431
	普陀岩	1418		六谷冲	1377		张家寨	1424
	作佳	1417	六家山	双箐	1172		孙家营	1418
	姚家寨	1406		中寨	1203		郑家湾	1384
	半月池	1420		大寨	1233		九天观	1408
	肖家海	1421		多依树	1436		白夷龙井	1428
大水	仁寿村	1398		沙坡脚	1337		柳村	1427
	板井	1936		白龙潭	1790		唐家边	1412
	左所	1417		麻栗树	1296		苏家寨	1412
	大水	1431	马鞍山	者那	1104	他腊坝	岩子脚	1882
	赵家寨	1470		马鞍山	977		他腊	1976
大塘	白土田	1170		莫舍井	1012		小藤子树	1949
	密桶树	1545		旧寨	1045		大藤子树	1961
	攀枝花	1586		车家城	1041		他腊坝	1915
	登碑勒	1811		毛木树	936	陶村	符家营	1414
	背阳山	1893		范柏寨	984		许家营	1447
	小河底	629		马罗寨	1004		杨家庄	1430
	松岭岗	1243		响水洞	1125		陶村	1422
	大塘	1032		热水塘	1040		万家营	1398

村委会	自然村	海拔/m	村委会	自然村	海拔/m	村委会	自然村	海拔/m
大西山	大凹子	1472	冒合	冒和村	1423	陶村	寺脚底	1433
	土老冲	1469		山后	1284		杨家庙	1430
	王谷子冲	1440		后所	1399		大老卫寨	1448
	袁家山	1414		中左所	1407		小老卫寨	1471
	大西山	1431		吴家营	1403	小水	关子坡	1478
	窑房	1446		岳家湾	1404		大湾子	1442
	马家山	1414		李家咀	1401		普家冲	1477
	小白仓	1413	弥太柏	杨梅冲	1490		小水村	1390
	大白仓	1412		弥上寨	1459		向阳村	1445
豆地湾	大干冲	1318		朱冲	1502	鸭子坝	河上水沟	1918
	小坡	1420		弥下寨	1494		中寨	1203
	马房湾	1436		柏叶寨	1466		打坝冲	1890
	狮子湾	1424	上普租	龙马咪	1624		小寨	1884
	毛木咀	1449		斐尼村	1446		大寨	1233
	罗色湾	1425		木下	1397		放羊冲	1911
	豆地湾	1423		大普所龙	1642		小他腊	1930
高家湾	大寨	1233		新龙潭	1811	杨广城	冯家村	1435
	山后	1284		彭古山	1416		杨广城	1465
	他吉湾	1411		木上	1806	银柱塘	阿比柏	1647
	坡上	1429		上普租	1632		银下寨	1553
	杨家湾	1382					银上寨	1594
	长咀	1415					土租	1867
	李家寨	1433						
总计				152 个				

资料来源：异龙镇 ArcGIS 数据分析统计。

表 4-15　坝心镇村庄海拔数据统计

村委会	自然村	海拔/m	村委会	自然村	海拔/m	村委会	自然村	海拔/m
坝心	坝心	1435	海东	石缸	1423	王家冲	大河咀	1411
白浪	西冲	1431		毛家寨	1483		大坡脚	1438
	大寨	1441		龙井村	1425		李家寨	1467
	青渔湾	1429	黑尼	大黑坎	1834		毛家寨	1423
	小寨	1450		所家坎	1910	新海资	新寨	1467
	白浪	1416		小黑坎	2058		团山冲上寨	1464
	牛角咀	1427		黑尼	1934		新海资	1439

村委会	自然村	海拔/m	村委会	自然村	海拔/m	村委会	自然村	海拔/m
白浪	小过细	1425	老街	城都寨	1421	新海资	团山冲下寨	1477
	长咀	1419		孙家寨	1426		老海资	1492
	牛古	1427		陆来	1432	新街	关上	1451
	大过细	1425		龙港	1415		四家	1414
	上寨	1413		阿洒冲	1424		铺前	1443
底莫	冲少乌	1587		老街	1423		新街	1442
	者坝冲	1592	芦子沟	大何宝寨	1496	新河	下假巴	1290
	水塘寨	1578		李家寨	1460		上假巴	1327
	弥勒	1567		孙家边	1488		者这乌	1458
	小寨	1450		小高田	1476		红土坡	1456
	大湾子	1547		马坡头	1579		山咀	1460
	里长冲	1563		苏家寨	1469		小湾子	1462
	大坡	1547		张家寨	1577		者这底	1442
	孔家村	1552		毛家寨	1483		花树脚	1439
	普天冲	1454		小何宝寨	1509		新河	1412
	凤凰山	1421	王家冲	白家寨	1433		海马里	1441
	羊街	1553		梅树冲	1471	邑北孔	新村	1880
海东	白角咀	1424		吴家湾	1497		所卜旦下寨	1982
	沙坝	1427		大草地	1482		所卜旦上寨	1948
	沙咀	1425		王家冲	1456		走支山	1906
	团坡	1430		丫口	1464		一碗水	1847
	海东上寨	1426		小河	1411		邑北孔	1863
							梅路	1418
总计				89 个				

资料来源：坝心镇 ArcGIS 数据分析统计。

表 4-16　异龙镇、坝心镇海拔和地形起伏度分段村庄个数统计

海拔	村庄个数
1000m 以下	10
1000～1500m	176
1500～2000m	54
2000m 以上	1

资料来源：异龙镇、坝心镇海拔和地形起伏度数据分段整理。

石屏县位于云南省东南部，红河哈尼彝族自治州西部，东边与建水县接壤，南侧与红河县隔江相望，西边与元江县、新平县毗邻，北侧接海通、峨山两县。石屏异龙镇和坝心镇境内村庄最高海拔2058m，最低海拔629m，大部分村庄海拔为1000～1500m，随着海拔上升，村庄数量递减，数量随海拔呈现中间大两头小的趋势。地势北高南低中间平，山多地少、岭谷相间、高低悬殊、垂直差异明显。

据2013年资料统计，石屏异龙湖湖泊水面面积约28.369km²，平均水深约3.9m。湖区整体形态呈东西向的条带状，为断陷溶蚀湖积盆地，区内地势平坦，主要沿西北—东南方向展布，呈半封闭状态，周围均为构造侵蚀的中、低山地，属于典型的中山湖盆地貌。

根据云南数字乡村网基础资料及现状摸底资料，对研究区域村庄民族、村庄形成历史年代进行统计，如表4-17、表4-18所示。

表4-17　异龙镇村庄民族、历史年代统计

村委会	自然村	民族	历史年代	村委会	自然村	民族	历史年代
阿希者	大肥敢	汉族	民国	李家寨	花兰坡	彝族	民国
	小肥敢	彝族	清代		蔡营	汉族	明代
	阿希者	彝族	民国		大何家寨	汉族	明代
	白龙潭	彝族	新中国成立以后		汪家房子	汉族	民国
	蜜蜂洞	彝族	民国		小何家寨	汉族	清代
大瑞城	朱家寨	汉族	民国		李家寨	汉族	明代
	娄家寨	彝族	清代		徐杨寨	汉族	民国
	大瑞城	汉、彝族	清代		许家寨	汉族	民国
	吴家庄	汉族	清代		赵家寨	汉族	民国
	小瑞城	彝族	明代		高家寨	汉族	民国
	李家寨	汉族	民国	六谷冲	白一冲	汉、彝族	新中国成立以后
	普陀岩	汉族	民国		六谷冲	彝族	新中国成立以后
	作佳	汉族	清代	六家山	双箐	傣族	新中国成立以后
	姚家寨	汉、彝族	民国		中寨	傣族	新中国成立以后
	半月池	汉族	民国		大寨	傣族	新中国成立以后
	肖家海	汉族	新中国成立以后		多依树	傣族	新中国成立以后
	仁寿村	彝族	新中国成立以后		沙坡脚	傣族	民国
大水	板井	彝族	民国		白龙潭	傣、彝族	民国
	左所	汉族	清代		麻栗树	汉族	民国
	大水	彝族	元代	马鞍山	者那	傣、彝族	清代
	赵家寨	汉族	清代		马鞍山	傣、彝族	民国
大塘	白土田	彝族	清代		莫舍井	傣族	民国
	密桶树	彝族	清代		旧寨	傣、彝族	民国
	攀枝花	彝族	民国		车家城	傣族	新中国成立以后
	登碑勒	彝族	民国		毛木树	傣、彝族	民国
	背阳山	彝族	民国		范柏寨	傣族	民国

村委会	自然村	民族	历史年代	村委会	自然村	民族	历史年代
大塘	小河底	彝族	新中国成立以后	马鞍山	马罗寨	傣族	新中国成立以后
	松岭岗	彝族	新中国成立以后		响水洞	傣、彝族	民国
	大塘	傣、哈尼族	新中国成立以后		执水塘	傣、彝族	新中国成立以后
大西山	大凹子	汉族	新中国成立以后	冒合	冒和村	汉、彝族	明代
	土老冲	汉族	民国		山后	汉、彝族	民国
	王谷子冲	汉族	新中国成立以后		后所	汉、彝族	民国
	袁家山	汉族	清代		中左所	汉、彝族	新中国成立以后
	大西山	汉族	清代		吴家营	汉族	清代
	窑房	汉族	新中国成立以后		岳家湾	汉族	清代
	马家山	汉族	新中国成立以后		李家咀	汉、彝族	民国
	小白仓	汉族	新中国成立以后	弥太柏	杨梅冲	彝族	民国
	大白仓	汉族	新中国成立以后		弥上寨	彝族	清代
豆地湾	大干冲	彝族	民国		朱冲	汉族	清代
	小坡	彝族	民国		弥下寨	彝族	清代
	马房湾	彝族	清代		柏叶寨	汉族	清代
	狮子湾	彝族	民国	上普租	龙马咪	彝族	清代
	毛木咀	彝族	民国		斐尼村	彝族	清代
	罗色湾	彝族	明代		木下	彝族	清代
	豆地湾	彝族	清代		大普所龙	彝族	清代
高家湾	大寨	汉族	新中国成立以后		新龙潭	彝族	清代
	山后	彝族	民国		彭古山	彝族	民国
	他吉湾	彝族	民国		木上	彝族	民国
	坡上	汉、彝族	民国		上普租	彝族	民国
	杨家湾	彝族	民国	陶村	符家营	汉族	清代
	长咀	彝族	民国		许家营	汉族	民国
	李家寨	彝族	清代		杨家庄	汉族	清代
松村	杨家寨	汉族	民国		陶村	汉族	清代
	松村	汉、彝族	明代		万家营	汉族	清代
	高坡	汉族	民国		寺脚底	汉族	清代
	太岳村	汉族	明代		杨家庙	汉族	清代
	冲门口	汉族	清代		大老卫寨	汉族	清代
	小高冲	汉族	民国		小老卫寨	汉族	清代
	大高冲	汉族	民国	小水	关子坡	彝族	清代
孙家营	薛家塘	汉族	民国		大湾子	彝族	清代
	张家村	汉族	清代		普家冲	彝族	民国
	仓家寨	汉族	民国		小水村	彝族	清代

村委会	自然村	民族	历史年代	村委会	自然村	民族	历史年代
	田坝心	汉族	民国	小水	向阳村	彝族	民国
	张家寨	汉族	新中国成立以后		河上水沟	汉族	清代
	孙家营	汉族	新中国成立以后		中寨	彝族	民国
	郑家湾	汉族	民国		打坝冲	彝族	清代
孙家营	九天观	汉族	民国	鸭子坝	小寨	彝族	清代
	白夷龙井	汉族	民国		大寨	彝族	清代
	柳村	汉族	新中国成立以后		放羊冲	彝族	民国
	唐家边	汉族	民国		小他腊	彝族	民国
	苏家寨	汉族	民国	杨广城	冯家村	彝族	清代
	岩子脚	彝族	民国		杨广城	彝族	清代
	他腊	彝族	民国		阿比柏	彝族	清代
他腊坝	小藤子树	汉族	民国	银柱塘	银下寨	彝族	清代
	大藤子树	汉、彝族	民国		银上寨	彝族	清代
	他腊坝	彝族	民国		土租	彝族	清代
总计					152 个		

资料来源：云南数字乡村网和异龙镇调查数据统计整理。

表 4-18 坝心镇村庄民族、历史年代统计

村委会	自然村	民族	历史年代	村委会	自然村	民族	历史年代
坝心	坝心	汉族	清代		石缸	彝族	清代
	西冲	汉族	民国	海东	海东下寨	汉族	新中国成立以后
	大寨	汉族	民国		毛家寨	彝族	民国
	青渔湾	彝族	民国		龙井村	彝族	清代
	小寨	汉族	清代		大黑坎	其他	清代
	白浪	彝族	明代	黑尼	所家坎	彝族	清代
白浪	牛角咀	彝族	民国		小黑坎	彝族	清代
	小过细	彝族	清代		黑尼	彝族	清代
	长咀	彝族	民国		城都寨	汉族	清代
	牛古	彝族	民国		孙家寨	汉族	明代
	大过细	彝族	清代	老街	陆来	彝族	明代
	上寨	彝族	清代		龙港	汉族	明代
	冲少乌	彝族	清代		阿洒冲	汉族	清代
	者坝冲	彝族	清代		老街	汉族	清代
底莫	水塘寨	彝族	清代		大何宝寨	彝族	清代
	弥勒	彝族	清代	芦子沟	李家寨	汉族	明代
	小寨	彝族	民国		孙家边	汉族	清代

续表

村委会	自然村	民族	历史年代	村委会	自然村	民族	历史年代
底莫	大湾子	彝族	明代	芦子沟	小高田	汉族	明代
	里长冲	彝族	清代		马坡头	汉族	清代
	大坡	彝族	清代		苏家寨	汉族	清代
	孔家村	彝族	清代		张家寨	汉族	明代
	普天冲	彝族	清代		毛家寨	汉族	清代
	凤凰山	彝族	清代		小何宝寨	彝族	清代
	羊街	汉族	清代	王家冲	白家寨	汉族	清代
海东	白角咀	彝族	清代		梅树冲	汉族	清代
	沙坝	汉族	清代		吴家湾	汉族	清代
	沙咀	彝族	民国		大草地	汉族	清代
	团坡	彝族	民国		王家冲	汉族	清代
	海东上寨	汉族	新中国成立以后		丫口	汉族	民国
新河	下假巴	汉族	清代		小河	汉族	民国
	上假巴	汉族	清代		大河咀	汉族	民国
	者这乌	彝族	民国		大坡脚	汉族	民国
	红土坡	彝族	清代		李家寨	汉族	清代
	山咀	彝族	清代		毛家寨	汉族	民国
	小湾子	彝族	民国	新海资	新寨	彝族	清代
	者这底	彝族	民国		团山冲上寨	彝族	清代
	花树脚	彝族	民国		新海资	彝族	清代
	新河	彝族	民国		团山冲下寨	彝族	清代
	海马里	彝族	清代		老海资	彝族	清代
邑北孔	新村	彝族	民国	新街	关上	汉族	清代
	所卜旦下寨	彝族	清代		四家	汉族	清代
	所卜旦上寨	彝族	清代		铺前	汉族	清代
	走支山	汉族	民国		新街	汉族	清代
	一碗水	彝族	清代				
	邑北孔	汉族	清代				
	梅路	彝族	民国				
总计					89 个		

资料来源：云南数字乡村网和坝心镇调查数据统计整理。

研究表明(表 4-19)，研究区域内村庄民族分布以汉族、彝族为主，其中汉族村庄102 个，彝族村庄 110 个，其他民族村庄 29 个。村庄形成历史年代统计中，以清代和民国时期形成的村庄占多数，大体上经过了漫长的历史发展时期。

表 4-19 异龙镇、坝心镇村庄民族、历史年代汇总统计

民族	村庄个数	历史年代	村庄个数
汉族	102	元代	1
彝族	110	明代	16
其他	29	清代	106
		民国	90
		新中国成立以后	28
总计		241(个)	

4.3.2.1 经济产业特征

1) 经济发展以传统农业为主

石屏异龙镇和坝心镇经济发展均以传统种植业和畜牧业为主，第二、第三产业经济收入所占比重较低，经济发展以传统农业为主。其中，异龙镇作为石屏县城所在地，经济发展收入水平相对较好，第二、第三产业收入和经济总收入相对较高(表 4-20～表 4-22)。

表 4-20 异龙镇村庄产业收入统计

村委会	自然村	种植业	畜牧业	渔业	林业	第二、第三产业收入/万元	村委会	自然村	种植业	畜牧业	渔业	林业	第二、第三产业收入/万元
阿希者	大肥敢	38	29	0	6	6	马鞍山	毛木树	116	81	0	0	4
	小肥敢	58	44	0	0	8		范柏寨	179	265	0	0	15
	阿希者	475	361	0	60	54		马罗寨	121	26	0	0	8
	白龙潭	141	103	0	9	14		响水洞	119	31	0	0	8
	蜜蜂洞	37	30	0	8	7		热水塘	122	18	0	0	5
大瑞城	朱家寨	77	30	59	0	78	冒合	冒和村	166	146	202	0	265
	娄家寨	8	35	40	0	55		山后	56	87	27	0	274
	大瑞城村	428	302	150	0	500		后所	84	116	68	0	346
	吴家庄	145	130	20	0	119		中左所	42	124	3	24	385
	小瑞城	176	100	50	0	118		吴家营	101	129	262	0	466
	李家寨	70	95	10	0	66		岳家湾	109	135	102	0	277
	普陀岩	130	67	5	0	139		李家咀	45	51	0	0	206
	作佳	190	171	10	0	75	弥太柏	杨梅冲	48	22	0	3	28
	姚家寨	105	24	29	0	30		弥上寨	364	135	0	8	60
	半月池	3	50	20	0	51		朱冲	337	124	0	7	70
	肖家海	54	120	50	0	173		弥下寨	257	95	0	5	50

续表

村委会	自然村	第一产业收入/万元				第二、第三产业收入/万元
		种植业	畜牧业	渔业	林业	
大水	仁寿村	422	346	124	0	436
	板井	48	39	0	0	51
	左所	411	350	126	0	443
	大水	672	549	203	0	694
	赵家寨	203	166	59	0	209
大塘	白土田	32	14	0	0	1
	密桶树	30	27	0	0	2
	攀枝花	35	24	0	0	2
	登碑勒	36	14	0	0	1
	背阳山	34	14	0	0	1
	小河底	32	11	0	0	2
	松岭岗	32	14	0	0	1
	大塘	30	12	0	0	1
大西山	大凹子	53	25	0	0	32
	土老冲	93	36	0	1	37
	王谷子冲	173	29	0	2	23
	袁家山	117	27	6	0	17
	大西山	118	24	0	5	30
	窑房	124	25	0	0	34
	马家山	159	22	6	0	80
	小白仓	120	24	10	5	30
	大白仓	118	24	0	3	30
豆地湾	大干冲	67	15	0	13	6
	小坡	139	10	0	58	58
	马房湾	323	9	0	142	29
	狮子湾	409	15	0	181	37
	毛木咀	198	12	0	81	17
	罗色湾	344	15	0	145	31
	豆地湾	378	15	0	154	33
高家湾	大寨	351	112	4	11	68
	山后	192	49	2	8	65

村委会	自然村	第一产业收入/万元				第二、第三产业收入/万元
		种植业	畜牧业	渔业	林业	
弥太柏	柏叶寨	264	98	0	2	66
上普租	龙马咪	37	60	0	0	5
	斐尼村	20	30	0	0	4
	木下	70	72	0	0	8
	大普所龙	60	80	0	0	6
	新龙潭	160	60	0	0	9
	彭古山	31	12	0	0	4
	木上	42	13	0	0	5
	上普租	120	50	0	0	10
松村	杨家寨	70	105	0	19	35
	松村	250	418	20	66	266
	高坡	65	125	0	36	264
	太岳村	75	71	0	21	40
	冲门口	110	129	0	35	85
	小高冲	120	126	0	36	104
	大高冲	120	76	12	0	74
	薛家塘	78	36	0	0	6
	张家村	90	40	1	0	10
	仓家寨	159	66	2	0	27
	田坝心	142	54	0	0	16
	张家寨	149	56	0	0	13
孙家营	孙家营	156	58	0	25	16
	郑家湾	126	49	0	0	14
	九天观	226	80	7	0	23
	白夷龙井	139	75	0	0	25
	柳村	81	37	0	0	4
	唐家边	110	44	0	0	10
	苏家寨	68	32	0	0	2
他腊坝	岩子脚	120	79	0	0	19
	他腊	182	120	0	0	23
	小藤子树	148	108	0	0	20

续表

村委会	自然村	第一产业收入/万元				第二、第三产业收入/万元	村委会	自然村	第一产业收入/万元				第二、第三产业收入/万元
		种植业	畜牧业	渔业	林业				种植业	畜牧业	渔业	林业	
高家湾	他吉湾	222	43	6	7	72	他腊坝	大藤子树	193	96	0	0	22
	坡上	232	57	4	6	61		他腊坝	97	60	0	0	19
	杨家湾	182	26	5	6	38	陶村	符家营	390	160	30	0	160
	长咀	190	41	3	7	53		许家营	260	100	0	0	150
	李家寨	222	47	2	8	62		杨家庄	180	155	5	0	160
李家寨	花兰坡	64	81	0	4	3		陶村	249	230	2	0	230
	蔡营	252	381	0	32	38		万家营	280	110	0	0	130
	大何家寨	134	161	2	37	18		寺脚底	237	65	3	0	78
	汪家房子	75	82	0	0	10		杨家庙	180	70	0	0	90
	小何家寨	80	88	0	0	12		大老卫寨	180	100	0	0	90
	李家寨	413	594	0	25	55		小老卫寨	235	90	0	0	130
	徐杨寨	68	78	0	0	6	小水	关子坡	94	49	2	10	40
	许家寨	57	62	0	0	7		大湾子	207	60	0	0	15
	赵家寨	143	163	0	0	20		普家冲	312	215	8	80	84
	高家寨	115	139	0	0	10		小水村	392	190	5	20	70
六谷冲	白一冲	57	35	0	11	12		向阳村	241	80	15	10	33
	六谷冲	204	155	0	5	36	鸭子坝	河上水沟	138	16	0	0	0
六家山	双箐	107	46	0	4	44		中寨	71	6	0	0	8
	中寨	132	45	0	4	34		打坝冲	83	58	0	0	15
	大寨	113	42	0	8	28		小寨	174	119	0	0	0
	多依树	137	46	0	5	35		大寨	119	85	0	0	9
	沙坡脚	107	43	0	6	30		放羊冲	190	71	0	0	0
	白龙潭	157	51	0	8	11		小他腊	227	76	0	0	0
	麻栗树	127	42	0	5	31	杨广城	冯家村	73	143	0	0	49
马鞍山	者那	171	24	0	0	9		杨广城	124	175	0	0	57
	马鞍山	158	51	0	0	8	银柱塘	阿比柏	279	50	0	9	0
	莫舍井	144	32	0	0	10		银下寨	211	44	0	6	3
	旧寨	113	22	0	0	9		银上寨	161	42	0	3	12
	车家城	113	26	0	0	5		土租	203	29	0	9	0

资料来源：云南数字乡村网异龙镇基础数据统计整理。

表 4-21 坝心镇村庄产业收入统计

村委会	自然村	第一产业收入/万元				第二、第三产业收入/万元	村委会	自然村	第一产业收入/万元				第二、第三产业收入/万元
		种植业	畜牧业	渔业	林业				种植业	畜牧业	渔业	林业	
坝心	坝心	529	412	168	0	772	芦子沟	大何宝寨	96	24	29	0	28
白浪	西冲	89	24	8	2	43		李家寨	34	8	0	10	10
	大寨	174	31	4	4	36		孙家边	28	7	8	0	8
	青渔湾	82	35	5	1	65		小高田	71	18	18	0	22
	小寨	173	37	4	2	31		马坡头	48	14	22	0	17
	白浪	148	46	14	6	55		苏家寨	15	24	33	0	33
	牛角咀	80	26	11	1	13		张家寨	76	19	23	0	21
	小过细	90	25	8	1	4		毛家寨	42	10	12	0	12
	长咀	89	15	8	2	20		小何宝寨	88	23	23	0	22
	牛古	90	23	42	1	10	王家冲	白家寨	137	11	17	0	53
	大过细	162	25	25	1	10		梅树冲	32	10	10	0	30
	上寨	95	25	14	1	5		吴家湾	50	15	15	0	49
底莫	冲少乌	28	4	0	2	4		大草地	85	13	0	0	38
	者坝冲	99	13	0	2	15		王家冲	169	16	50	0	159
	何家湾	26	16	0	1	4		丫口	57	8	17	0	54
	弥勒	179	28	0	2	35		小河	144	22	36	0	137
	小寨	21	3	0	0	14		大河咀	126	37	37	0	118
	大湾子	23	3	0	1	4		大坡脚	85	15	25	0	81
	里长冲	40	5	0	1	6		李家寨	42	15	12	5	39
	大坡	74	10	0	2	11		毛家寨	41	10	12	0	38
	孔家村	83	11	0	1	13	新海资	新寨	116	3	2	0	4
	普天冲	38	4	0	0	6		团山冲上寨	254	8	4	0	9
	凤凰山	21	3	0	1	3		新海资	455	12	5	0	13
	羊街	25	3	0	1	4		团山冲下寨	217	6	3	0	4
海东	白角咀	28	11	13	0	44		老海资	321	9	3	0	10
	沙坝	44	95	24	0	72	新街	关上	152	134	5	0	80
	沙咀	48	16	30	0	91		四家	97	76	0	0	37
	团坡	9	9	6	0	15		铺前	69	131	1	0	52
	海东上寨	76	70	34	0	124		新街	76	106	0	0	64
	石缸	22	21	12	0	100	新河	下假巴	70	22	7	0	55
	海东下寨	82	70	41	0	132		上假巴	68	22	7	0	55
	毛家寨	76	69	38	0	124		者这乌	42	13	5	0	32
	龙井村	74	64	41	0	125		红土坡	62	20	7	0	50

村委会	自然村	第一产业收入/万元				第二、第三产业收入/万元	村委会	自然村	第一产业收入/万元				第二、第三产业收入/万元
		种植业	畜牧业	渔业	林业				种植业	畜牧业	渔业	林业	
黑尼	大黑坎	248	5	0	4	17	新河	山咀	52	17	6	0	42
	所家坎	298	5	0	4	18		小湾子	43	14	5	0	35
	小黑坎	213	5	0	3	15		者这底	25	8	2	0	20
	黑尼	251	3	0	6	22		花树脚	42	13	5	0	37
老街	城都寨	65	56	6	0	22		新河	38	12	5	0	32
	孙家寨	420	297	46	0	66		海马里	144	46	16	0	115
	陆来	205	176	0	0	24	邑北孔	新村	15	6	0	0	2
	龙港	523	445	26	0	139		所卜旦下寨	96	36	0	3	7
	阿洒冲	112	94	6	0	19		所卜旦上寨	67	25	0	2	6
	老街	417	356	6	0	103		走支山	38	14	0	1	3
								一碗水	36	13	0	2	4
								邑北孔	200	74	0	6	15
								梅路	28	10	0	1	3

资料来源：云南数字乡村网坝心镇基础数据统计整理。

表 4-22　异龙镇、坝心镇村庄产业总收入

乡镇	种植业收入/万元	畜牧业收入/万元	第二、第三产业收入/万元	总收入/万元
异龙镇	23 551.00	13 250.00	10 095.00	61 473.00
坝心镇	9 958.60	3 862.90	4 210.00	19 876.60

资料来源：云南数字乡村网异龙镇、坝心镇基础数据统计整理。

2）以农副产品加工为主的工业体系初步形成

异龙镇和坝心镇以蔬菜、水果、畜牧、经济林果等为主的特色农业长足发展，以豆制品、杨梅为主的农产品加工、泥炭资源开发，以风电为代表的新能源开发扎实推进，2014 年实现第二产业增加值 16 0567 万元，初步形成了以农副产品加工业为主的产业体系（图 4-70）。

3）乡村休闲农业、乡村旅游业有序发展

异龙湖作为连接石屏与建水的生态廊道，湖泊周围自然生态环境良好，生态服务价值高，城镇村落分布众多，历史遗存丰富，具有深厚的历史文化内

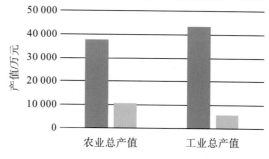

图 4-70　异龙镇、坝心镇工业、农业总产值
来源：异龙镇、坝心镇经济数据统计整理。

涵，具备区域发展乡村文化旅游得天独厚的条件。区域内具有代表性的历史建筑群落有坝心洄澜阁、坝心火车站及宗祠历史建筑群落、异龙镇小瑞城标志群落等。此外，异龙镇和坝心镇有已列入国家传统村落名录的 8 个国家级传统村落。2013 年，异龙镇共接待国内外游客 97.8 万人次，实现旅游收入 3.8 亿元，乡村休闲农业、乡村旅游业有序发展。

4.3.2.2 人口及用地特征

石屏县村庄人口规模、用地规模统计如表 4-23、表 4-24 所示。

表 4-23 异龙镇村庄人口、用地规模统计

村委会	自然村	人口规模/人	用地面积/km²	村委会	自然村	人口规模/人	用地面积/km²
阿希者	大肥敢	135	556	李家寨	花兰坡	170	101
	小肥敢	135	173		蔡营	868	277
	阿希者	380	495		大何家寨	363	318
	白龙潭	324	78		汪家房子	198	7
	蜜蜂洞	156	66		小何家寨	208	24
大瑞城	朱家寨	310	10		李家寨	1368	117
	娄家寨	375	41		徐杨寨	188	29
	大瑞城村	1901	79		许家寨	150	7
	吴家庄	542	207		赵家寨	391	15
	小瑞城	393	25		高家寨	311	10
	李家寨	607	43	六谷冲	白一冲	127	115
	普陀岩	322	32		六谷冲	519	323
	作佳	779	51	六家山	双箐	197	208
	姚家寨	339	20		中寨	217	299
	半月池	175	15		大寨	208	215
	肖家海	202	15		多依树	222	354
大水	仁寿村	1755	514		沙坡脚	151	211
	板井	203	385		白龙潭	115	158
	左所	1390	130		麻栗树	171	272
	大水	2809	864	马鞍山	者那	390	1020
	赵家寨	972	280		马鞍山	301	328
大塘	白土田	123	134		莫舍井	281	422
	密桶树	143	280		旧寨	185	770
	攀枝花	109	71		车家城	176	258
	登碑勒	123	167		毛木树	110	263
	背阳山	123	238		范柏寨	389	326
	小河底	108	50		马罗寨	190	267

村委会	自然村	人口规模/人	用地面积/km²	村委会	自然村	人口规模/人	用地面积/km²
大塘	松岭岗	127	208	马鞍山	响水洞	210	414
	大塘	92	198		热水塘	194	249
大西山	大凹子	132	10	冒合	冒和村	1283	54
	土老冲	191	16		山后	499	9
	王谷子冲	309	132		后所	767	20
	袁家山	134	62		中左所	745	3
	大西山	244	28		吴家营	1631	34
	窑房	213	11		岳家湾	647	16
	马家山	427	6		李家咀	430	4
	小白仓	216	16	弥太柏	杨梅冲	117	406
	大白仓	247	10		弥上寨	845	701
豆地湾	大干冲	103	87		朱冲	782	480
	小坡	212	39		弥下寨	580	378
	马房湾	496	148		柏叶寨	599	152
	狮子湾	377	171	上普租	龙马咪	178	455
	毛木咀	297	184		斐尼村	105	317
	罗色湾	525	214		木下	302	834
	豆地湾	564	230		大普所龙	256	414
高家湾	大寨	214	142		新龙潭	315	1054
	山后	174	61		彭古山	102	250
	他吉湾	287	27		木上	100	834
	坡上	298	78		上普租	363	870
	杨家湾	122	85	陶村	符家营	1550	106
	长咀	143	59		许家营	647	92
	李家寨	239	104		杨家庄	432	35
松村	杨家寨	433	40		陶村	837	59
	松村	1900	260		万家营	852	95
	高坡	720	70		寺脚底	547	96
	太岳村	417	51		杨家庙	292	23
	冲门口	676	204		大老卫寨	389	37
	小高冲	351	231		小老卫寨	580	79
	大高冲	170	197	小水	关子坡	206	105
孙家营	薛家塘	162	14		大湾子	299	83
	张家村	192	380		普家冲	1016	1160
	仓家寨	404	83		小水村	945	394

续表

村委会	自然村	人口规模/人	用地面积/km²	村委会	自然村	人口规模/人	用地面积/km²
	田坝心	317	21	小水	向阳村	431	68
	张家寨	343	83		河上水沟	151	149
	孙家营	346	39		中寨	107	100
	郑家湾	268	59	鸭子坝	打坝冲	234	303
孙家营	九天观	529	32		小寨	462	404
	白夷龙井	475	63		大寨	300	632
	柳村	170	19		放羊冲	266	202
	唐家边	227	11		小他腊	319	269
	苏家寨	126	23	杨广城	冯家村	353	132
	岩子脚	135	132		杨广城	375	165
	他腊	505	441		阿比柏	328	1069
他腊坝	小藤子树	320	243	银柱塘	银下寨	241	783
	大藤子树	300	231		银上寨	187	608
	他腊坝	128	112		土租	155	610
总计					152 个		

资料来源:云南数字乡村网异龙镇基础数据统计整理。

表 4-24 坝心镇村庄人口、用地规模统计

村委会	自然村	人口规模/人	用地面积/km²	村委会	自然村	人口规模/人	用地面积/km²
坝心	坝心	2329	120		石缸	429	104
	西冲	262	158	海东	海东下寨	477	77
	大寨	566	238		毛家寨	440	64
	青渔湾	313	444		龙井村	433	106
	小寨	631	220		大黑坎	138	202
	白浪	819	474	黑尼	所家坎	396	592
白浪	牛角咀	299	162		小黑坎	184	313
	小过细	182	56		黑尼	359	552
	长咀	160	61		城都寨	144	27
	牛古	176	104		孙家寨	912	478
	大过细	327	106	老街	陆来	451	405
	上寨	291	93		龙港	1171	490
	冲少乌	108	442		阿洒冲	243	76
	者坝冲	393	1487		老街	917	624
底莫	水塘寨	260	183		大何宝寨	273	413
	弥勒	687	855	芦子沟	李家寨	98	156
	小寨	87	63		孙家边	79	11

续表

村委会	自然村	人口规模/人	用地面积/km²	村委会	自然村	人口规模/人	用地面积/km²
底莫	大湾子	93	37	芦子沟	小高田	530	21
	里长冲	160	95		马坡头	165	154
	大坡	300	89		苏家寨	530	21
	孔家村	336	81		张家寨	213	134
	普天冲	152	69		毛家寨	117	100
	凤凰山	80	60		小何宝寨	252	359
海东	羊街	105	38	王家冲	白家寨	199	123
	白角咀	52	44		梅树冲	113	110
	沙坝	257	38		吴家湾	180	287
	沙咀	390	83		大草地	139	300
	团坡	63	15		王家冲	594	287
	海东上寨	477	77		丫口	194	103
新河	下假巴	327	1059		小河	509	112
	上假巴	324	978		大河咀	441	105
	者这乌	192	273		大坡脚	299	173
	红土坡	294	348		李家寨	149	260
	山咀	246	195		毛家寨	145	240
	小湾子	204	50	新海资	新寨	129	76
	者这底	121	101		团山冲上寨	236	140
	花树脚	196	135		新海资	422	635
	新河	182	95		团山冲下寨	202	134
	海马里	678	301		老海资	298	416
邑北孔	新村	58	159	新街	关上	736	1360
	所卜旦下寨	371	281		四家	337	332
	所卜旦上寨	258	333		铺前	479	94
	走支山	148	206		新街	588	354
	一碗水	140	203				
	邑北孔	772	834				
	梅路	108	184				
总计				89 个			

资料来源：云南数字乡村网坝心镇基础数据统计整理。

异龙镇总人口 102923 人，用地规模 481.379km²。其中，农业人口 67580 人，占总人口的 65.66%；非农业人口 26541 人，占总人口的 28.2%。坝心镇总人口 30182 人，用地规模 225.6km²。农业人口 28473 人，非农业人口 1709；汉族占总人口的 49%，少数民族占总人口的 51%。

4.3.3　传统聚落空间分异特征

4.3.3.1　与地形相关的空间分异特征

与地形相关的空间分异特征见表 4-25、图 4-71～图 4-73。

表 4-25　研究区地貌类型划分

类型	计算方式		
	地形起伏度	海拔	面积占比
坝区	<100m	<2000m	34.3%
半山区	>200m	2000～2500m	3.4%
	100～200m	≤2000m	45.1%
山区	>200m	≤2500m	17.2%

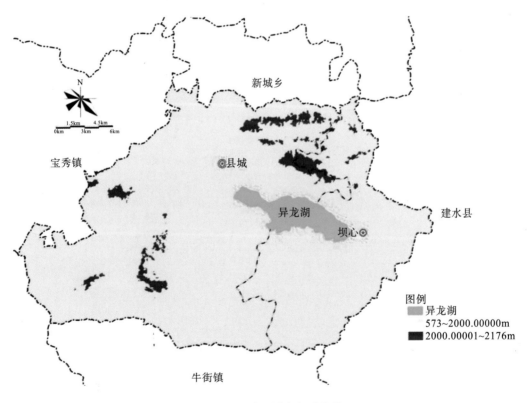

图 4-71　研究区域高程重分类

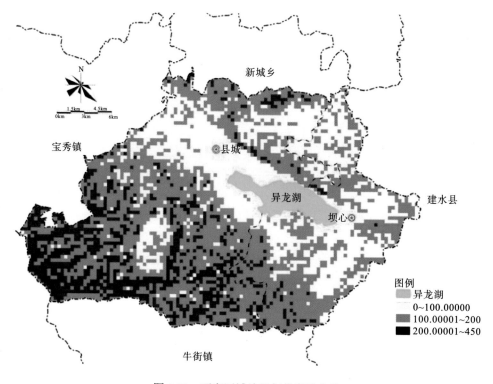

图 4-72 研究区域地形起伏度重分类

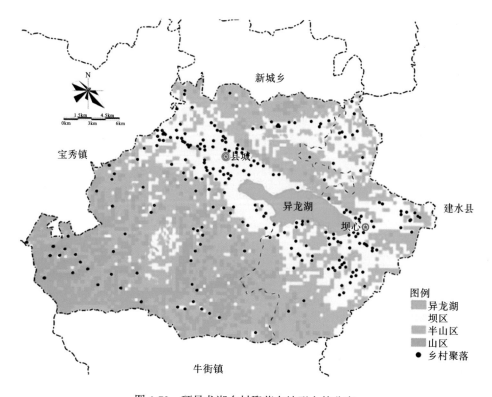

图 4-73 环异龙湖乡村聚落在地形上的分布

石屏县县域范围内以半山区和坝区地形为主，地形起伏度在 200m 以下。异龙湖周边的坝区，地形起伏和缓，是大部分聚落集中分布的地方。此外，部分聚落散落分布在北部小型山间小盆地和南部的半山区，极少数分布在地形起伏的山区。

4.3.3.2 与区位相关的空间分异特征

1) 距高原湖泊——异龙湖距离的关系

以异龙湖为中心，依次以 1000m 为半径作缓冲区分析，可以表明各聚落重心与异龙湖之间的直线距离关系（图 4-74、图 4-75）。

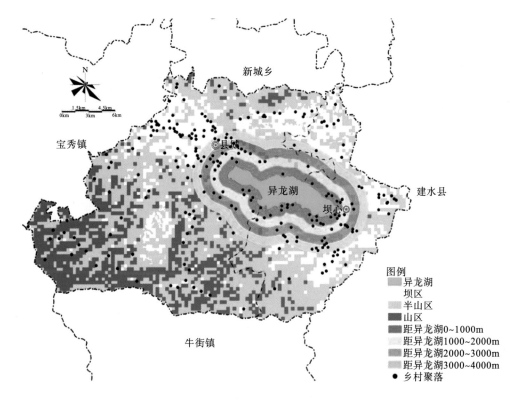

图 4-74 异龙湖缓冲区内聚落分布

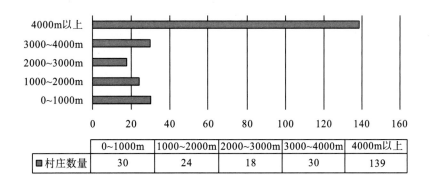

	0~1000m	1000~2000m	2000~3000m	3000~4000m	4000m以上
■村庄数量	30	24	18	30	139

图 4-75 聚落与异龙湖距离分段统计

2) 距各中心村距离

研究表明，在距离异龙湖 4km 圈层范围内，传统聚落数量呈现密集分布特征；4km 以外，随着与异龙湖距离的增大及地形、交通条件等的影响，异龙湖水域对聚落分布的辐射作用减弱；各聚落与中心村的距离呈现逐渐递减的特征，大部分聚落分布在距离中心村 2km 的范围内（图 4-76、图 4-77）。

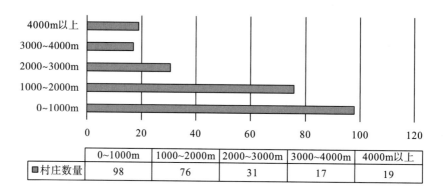

	0~1000m	1000~2000m	2000~3000m	3000~4000m	4000m以上
■村庄数量	98	76	31	17	19

图 4-76　聚落与中心村距离分段统计

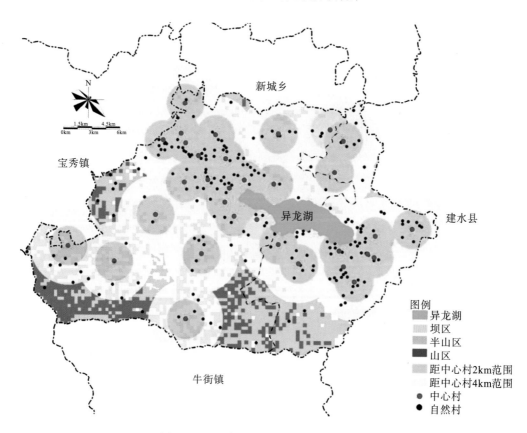

图 4-77　环湖聚落距离中心村距离分布图

4.3.3.3 人口、用地规模空间分异特征

以 2014 年异龙镇和坝心镇所管辖村庄的户籍人口规模、村域面积，计算研究区域的人口密度，分析人口规模、村域面积和人口密度的变化(图 4-78～图 4-80)。

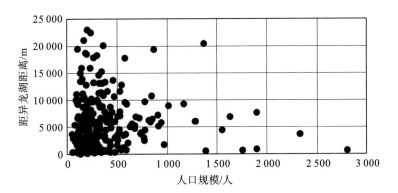

图 4-78 村庄户籍人口规模与异龙湖距离散点图

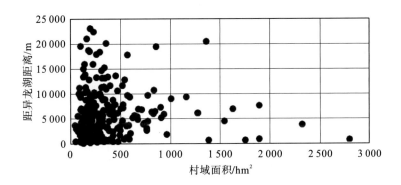

图 4-79 村庄村域面积与异龙湖距离散点图

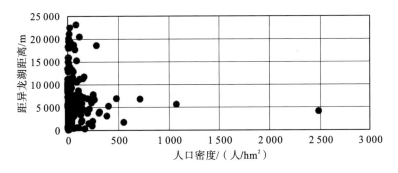

图 4-80 村庄人口密度与异龙湖距离散点图

距离异龙湖较近的村庄，户籍人口规模较大，人口密度也较大，而村域面积相对较小。表明聚落规模大、人口密度高、聚落形态集中；距离异龙湖较远的北部和南部山

区，村域面积较大，但是人口规模和人口密度都相对较小，表明聚落规模小、人口密度低、聚落形态分散。

4.3.3.4　经济产业空间分异

1）经济收入

通过 2014 年各村的农民年人均收入和经济总收入分析，表明距离异龙湖较近的村庄大部分人均年收入较高，而距离异龙湖较远的北部和南部山区村庄人均年收入较低，异龙湖周边乡村聚落经济条件相对发达（图 4-81）。

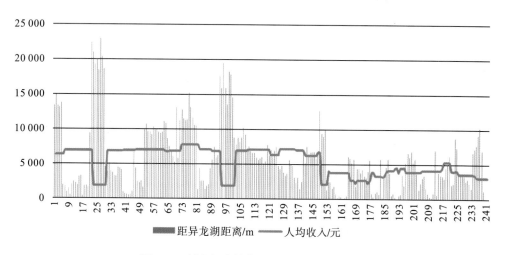

图 4-81　村庄年人均收入与异龙湖距离统计

2）产业收入

石屏县是典型的高原山地农业县，环异龙湖区域的乡村聚落主要以农业发展为主。对环异龙湖乡村产业的分析主要从各村庄种植业收入、畜牧业收入、渔业收入、林业收入和第二、第三产业收入几个方面进行。在乡村农业类型方面，计算各村庄种植业、畜牧业、渔业和林业收入占总经济收入的比值；在非农业类型方面，计算各村庄第二、三产业收入占总经济收入比值（图 4-82）。

大部分村庄以种植业和畜牧业收入为主，个别村庄以第二、第三产业收入为主，渔业和林业收入所占的比例极小。因为只有少数靠近湖滨的村庄才有发展渔业的基础条件，再加上近年来异龙湖水域面积不断缩小，石屏县政府致力于异龙湖生态环境修复和水资源的保护，限制对异龙湖的开发利用，村庄渔业发展存在局限性（图 4-83）。

依据各村庄种植业收入、畜牧业收入和第二、第三产业收入占总经济收入的比值，将石屏县范围内的村庄分为种植业型、畜牧业型和非农业型村庄。研究表明，位于异龙湖周围坝区的村庄主要为种植业类型和部分非农业型村庄，畜牧业型村庄主要位于南部山区和北部半山区。

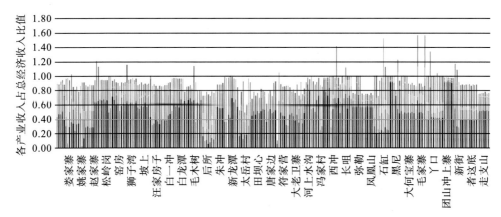

图 4-82　村庄产业收入统计

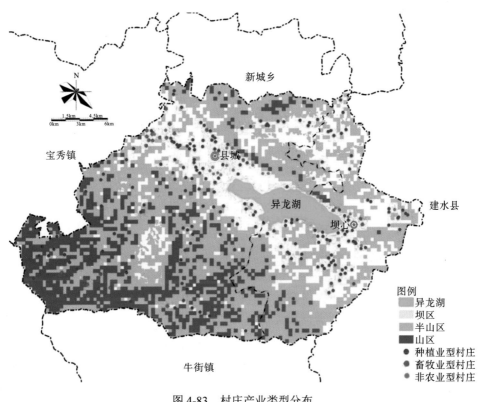

图 4-83　村庄产业类型分布

4.3.3.5　历史年代空间分异

根据聚落形成的年代，石屏县范围内的乡村分为元代以前、明、清、民国、中华人民共和国成立以后五种类型。大部分村庄的形成在民国以后，且多分布于坝区和半山区；元代和明代历史年代较久远的乡村聚落主要分布于异龙湖湖滨地区，充分体现了古人"择水而居"的风水理念(图 4-84)。

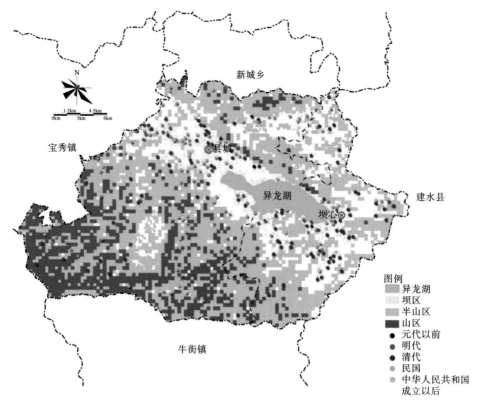

图 4-84　环异龙湖聚落形成年代分布图

4.3.3.6　民族分布空间分异

据统计，异龙镇汉族人口占比 54.1%、彝族人口占比 40.8%，坝心镇汉族人口占比
49%、彝族人口占比 40%，研究区域主要以彝族和汉族居民为主。其中，异龙湖南北侧
坝区主要分布彝族村落，东西方向，即异龙镇和坝心镇中部以汉族村落为主，北部和南
部山区以彝族村落分布为主(图 4-85～图 4-87)。

环异龙湖区域由于地形条件限制，沿湖坝区主要分布在东西两侧，南北方向被众多
起伏山脉阻隔，岸坡陡峭，坝区面积较少。异龙湖作为石屏县唯一的高原湖泊，对周围
乡村聚落有明显的辐射带动作用。环异龙湖乡村聚落在地形、区位、规模、经济产业等
方面均表现出一定的规律性。

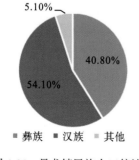

图 4-85　异龙镇民族人口统计

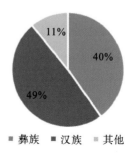

图 4-86　坝心镇民族人口统计

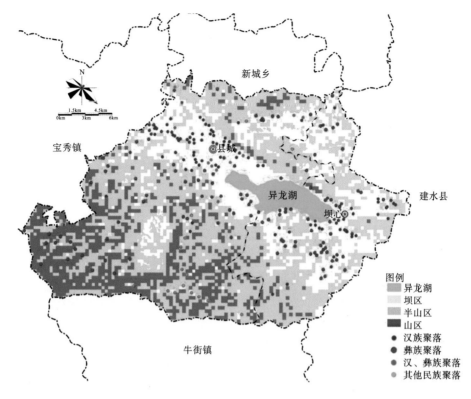

图 4-87　环湖聚落民族分布图

4.3.4　环湖聚落空间分异特征

（1）结合自然地形，多靠湖而居，择平坦地形。石屏县异龙湖周围区域较南部和北部山区有相对平缓的用地条件，农田密集分布，是环湖聚落赖以生存的自然条件和物质基础。大部分乡村聚落集中分布在沿湖坝区，南部和北部山区乡村聚落分布少且分散。

（2）高原湖泊具有区位中心效应。异龙湖对周围聚落有明显的中心吸引作用，在区位、规模、经济产业、历史年代等方面均有明显的辐射带动作用。湖滨区域聚落分布集中，人口规模较大，人口密度高，社会经济水平较高。

（3）聚落人口规模、密度与距高原湖泊的距离呈反比关系，聚落用地面积与距高原湖泊的距离呈正比关系。在规模分布上，距离异龙湖较近的聚落人口规模和密度都较大，而村域面积相对较小。一方面，由于靠近异龙湖的村庄具有临近水源和中心城区的区位优势，交通便利，地形较为平坦，吸引人口聚集，用地相对紧凑；另一方面，北部、南部半山区和山区的村庄，由于受地形条件限制，村庄人口规模小且分散，用地相对宽松。

（4）聚落经济收入与距高原湖泊的距离呈反比关系。在经济产业上，距离异龙湖较近的聚落社会经济水平较高，主要以种植业为主，部分村庄第二、第三产业经济也较发达。一方面，环异龙湖周围的坝区地形较为平坦，沿湖地区拥有大量耕地，耕作水利条件优越；另一方面，坝区有靠近中心城区的区位优势，在中心城镇发展的辐射带动作用下，部分村庄第二、第三产业经济较发达，成为主要的收入来源。

（5）历史年代久远的聚落均分布在环高原湖泊区域。自古以来古人"择水而居"的理念体现在地域环境上，沿湖地区环山抱水，优越的自然山水环境成为影响聚落空间分布的重要因素。

（6）在民族分布上，异龙湖南北两侧均以彝族聚落分布为主。异龙镇东南部和坝心镇中部，即湖泊狭长的东西方向上，则主要以汉族聚落分布为主。少数民族文化与汉文化相互交融，营造了沿湖地区更加鲜明的地域特色。

本书除对石屏县进行人居环境的分析以外，还针对高原山地的其他区域进行了人居环境的研究（图4-88～图4-92）。

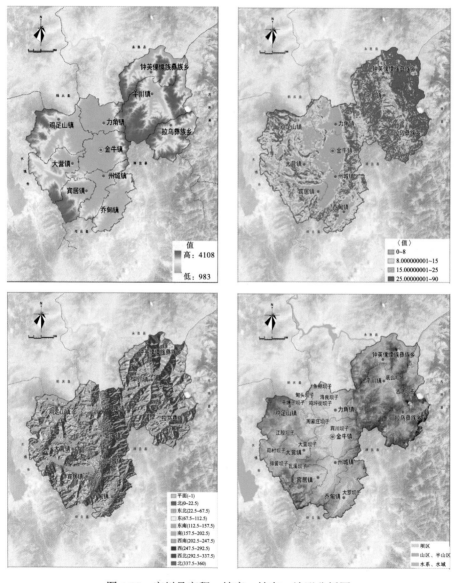

图4-88　宾川县高程、坡度、坡向、地形分析图

资料来源：云南山地城镇区域规划设计研究院《宾川县村落体系规划》。

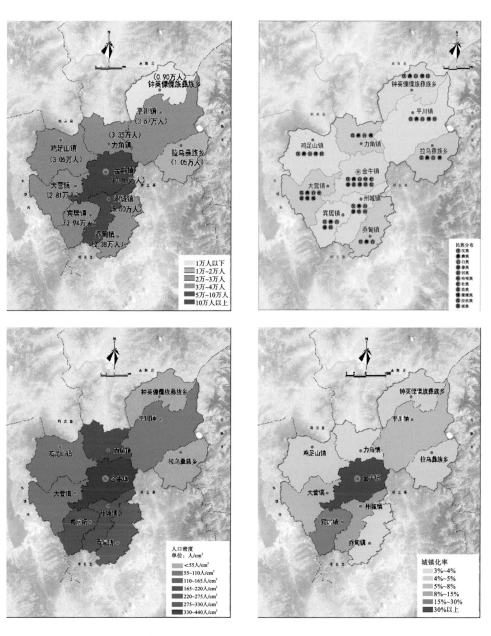

图4-89　宾川县人口、民族、人口密度、城镇化率分布图

资料来源：云南山地城镇区域规划设计研究院《宾川县村落体系规划》。

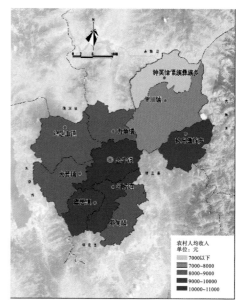

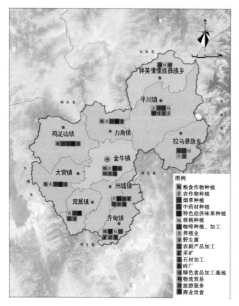

2016年县域各乡镇产业现状情况表			
乡镇名称	第一产业 主导产业	第二产业 主导产业	第三产业 主导产业
乔甸镇	水稻、玉米、葡萄、石榴、枣、柑橘	农副产品加工生产、煤矿、铅锌矿	旅游服务、商业饮食
宾居镇	柑果、大蒜、小思、烤烟、香叶、松子、梨、橘	酿酒、采石、石灰	旅游服务
州城镇	柑果、香叶、冬早蔬菜、葡萄、黑腰枣	产煤、铜矿、铁矿、遂有制砖厂、废旧轮胎炼造、农副产品加工生产等	旅游服务、商业饮食
金牛镇	浆皮水果甘蔗、水稻、蔬菜、柑橘、葡萄、枇杷、石榴	农副产品加工生产、物流贸易	旅游服务、商业饮食
鸡足山镇	水稻、烤烟、葡萄、中药材、山地果树	——	旅游服务
大营镇	柑果、烤烟、粮食、夏雷桃、葱蒜	——	旅游服务
力角镇	水稻、玉米、白肋烟、轻济林果、蔬菜、油料、甘蔗	——	旅游服务
平川镇	壶豆、野生菌、核桃、花椒、烤烟、中药材、咖啡	绿色食品加工基地	旅游服务
钟英乡	烤烟、核桃	——	旅游服务
拉乌乡	烤烟、核桃、中药材、黑山羊、七彩山鸡	——	旅游服务
产镇总计 （2016年）	413339（万元）	180419（万元）	354504（万元）

图 4-90　宾川县经济产业分析图

资料来源：云南山地城镇区域规划设计研究院《宾川县村落体系规划》。

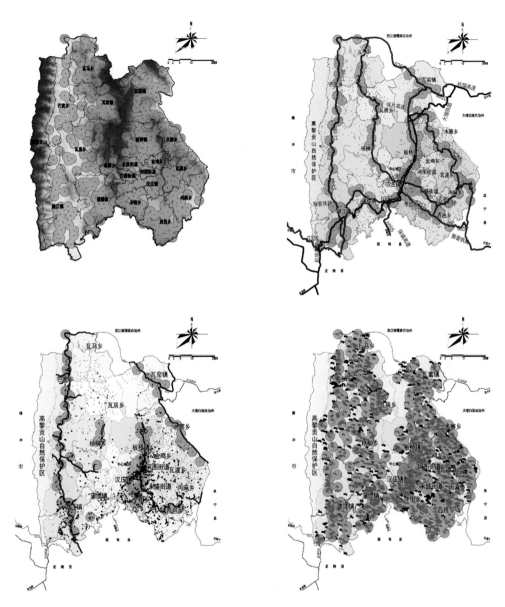

图 4-91　隆阳区生活圈分析图

资料来源：云南山地城镇区域规划设计研究院《隆阳区村落体系规划》。

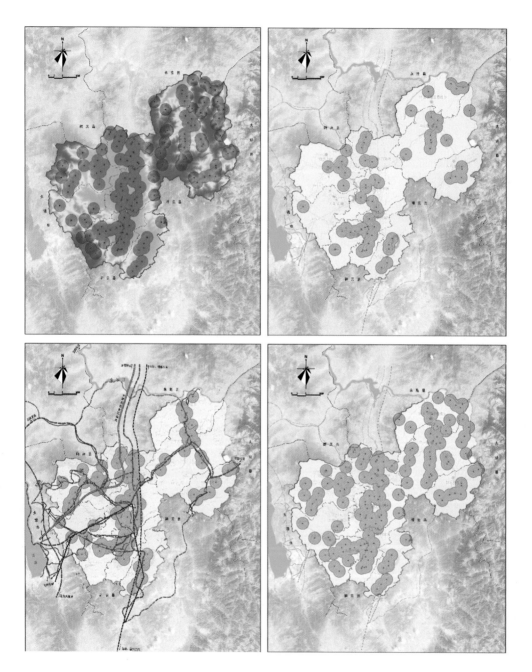

图 4-92　宾川县生活圈分析图
资料来源：云南山地城镇区域规划设计研究院《宾川县村落体系规划》。

5 高原山地人居环境垂直分异及立体空间特征

5.1 高原山地人居环境垂直分异特征

高原山地中人居环境的选择是居民根据周围自然环境与人居环境的综合考虑而选定的，分布规律反映了人居环境与自然环境的适应关系，体现了人居环境选址中朴素的可持续发展观，受政策及规划建设的影响最小。

5.1.1 海拔与人居环境分布、人口规模及经济发展垂直分异特征

云南省自然条件复杂，是低纬度的高原山区省份，山地、高原占全省总面积的94%，平均海拔 2000m 左右，最高点海拔 6740m（卡瓦格博峰），最低点海拔 76.4m（河口县），相对高差达到 6663.6m。

分析表明，云南省县级城市数量及人口总数分布情况，相对较为集中的为海拔1300～1900m 的区域（图 5-1、图 5-2、表 5-1、表 5-2）。

在具有典型高原山地特征的云南大理市、宾川县、云龙县，选取金牛镇、民建乡、宾居镇、州城镇、团结彝族乡、钟英傈僳族彝族乡、拉乌彝族乡、大理镇、喜洲镇、银桥镇、湾桥镇、凤仪镇、漕涧镇、白石镇、功果桥镇、诺邓镇、检槽乡、长新乡、海东镇、关坪乡共 20 个乡镇（表 5-3）下属自然村的资料，包括各乡镇自然村的民族、人口数量、降雨量、村庄建设面积、村庄经济总量、村庄聚落形态等数据。

大理市地势西、北高，东、南低，海拔最高点 4097m（苍山玉局峰），最低点1340m（太邑乡坦底摩村），境内苍山洱海使大理市形成了高原湖泊-平坝-高原山地的特殊自然格局，人居环境也独具特点。

宾川县境内主要山脉、坝子、河流多呈南北走向。地势东西高、中部低。最高处西北部木香坪顶峰，海拔 3320m；最低处鱼泡江汇入金沙江处，海拔 1104m；中部县城金牛镇海拔 1430m。东西两大山脉纵横交错，山与山之间的断陷盆地构成境内 10个坝子。

云龙县基本地势东西高、中部低，从北往南逐渐降低。云岭和怒山两大山脉贯穿全境，怒江流经县域西境，澜沧江由北向南透逶直下，境内山峦重叠，河谷交错。年平均气温 15.9℃，年降雨量 729.5mm，最高海拔 3663m，最低海拔 730m，县城海拔 1640m，属山区地形（图 5-3～图 5-5）。

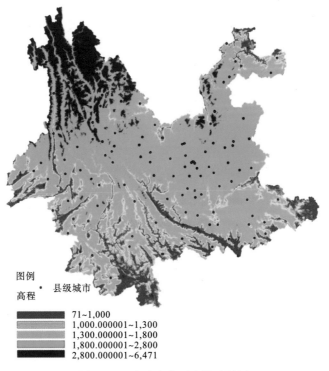

图5-1　云南省海拔适宜性分析图

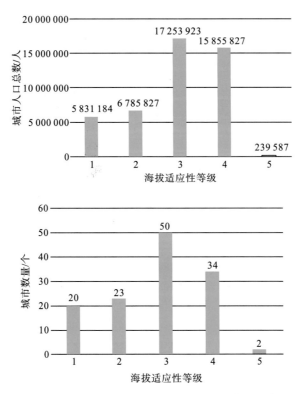

图5-2　云南省各海拔适宜性等级中县级城市分布情况

表 5-1 云南省人居环境中海拔适宜性等级划分表

海拔	特征	适宜性
<1000m	多在南部河谷地区，地形破碎度高，处于河谷最低区域，城镇分布数量少，区域经济收入低	较不适宜
1000～1300m	地形破碎度高，人口数量较少，城镇分布数量少，区域经济收入偏低	适宜
1300～1900m	是高原山用地条件相对完整的区域，出现人口、城镇、经济收入的小高峰，是适合人居环境发展的区域，在有限的资源环境承载力下，能够利用好优势，进一步促进城市化发展	较适宜
1900～2800m	人居环境发展最迅速，人类城市化进程最快，对高原山地改造最大的区域	最适宜
>2800m	几乎很少有人居住，人居环境开发力度比较小，生态环境受到干扰少，但海拔的影响使生态环境具脆弱性	不适宜

表 5-2 云南省海拔适宜性等级划分情况表

海拔	生态适宜性	面积/km²	面积百分比/%	县级城市数量/个	县级城市人口总数/人	县级城市名称
<1000m	较不适宜	33 009.60	8.60	20	5 831 184	昭通市：永善县、水富县、绥江县、彝良县、盐津县、巧家县 红河州：元阳县、河口县 文山市：富宁县 玉溪市：元江县 普洱市：景谷县、孟连县 西双版纳州：勐腊县、景洪市 德宏州：盈江县、陇川县、瑞丽市、芒市 临沧市：镇康县 怒江州：泸水市
1000～1300m	适宜	46 647.49	12.15	23	6 785 827	昆明市：东川区 楚雄州：元谋县 红河州：开远市、金平县、红河县 文山州：麻栗坡县、广南县、文山市 普洱市：镇沅县、澜沧县、西盟县、江城县、景东县 西双版纳州：勐海县 临沧市：沧源县、耿马县、双江县、云县 丽江市：华坪县 德宏州：梁河县 怒江州：福贡县 昭通市：大关县、威信县
1300～1900m	较适宜	109 665.73	28.57	50	17 253 923	昭通市：镇雄县 曲靖市：罗平县 红河州：泸西县、弥勒市、石屏县、建水县、屏边县、个旧市、绿春县、蒙自市 昆明市：富民县、禄劝县、石林县、宜良县 楚雄州：楚雄市、武定县、禄丰县、永仁县、牟定县 玉溪市：红塔区、澄江县、江川区、峨山县、新平县、易门县、华宁县 文山州：马关县、西畴县、丘北县、砚山县 普洱市：宁洱县、思茅区、墨江县 临沧市：永德县、凤庆县、临翔区 大理州：南涧县、巍山县、弥渡县、宾川县、云龙县、漾濞县、永平县 怒江州：贡山县 保山市：隆阳区、腾冲市、龙陵县、施甸县、昌宁县

海拔	生态适宜性	面积/km²	面积百分比/%	县级城市数量/个	县级城市人口总数/人	县级城市名称
1900~2800m	最适宜	153 937.05	40.10	34	15 855 827	昆明市：嵩明县、寻甸县、安宁市、晋宁区、五华区、呈贡区、官渡区、西山区、盘龙区 曲靖市：麒麟区、富源县、宣威市、会泽县、陆良县、马龙县、师宗县、沾益区 昭通市：昭阳区、鲁甸县 玉溪市：通海县 大理州：大理市、祥云县、鹤庆县、洱源县、剑川县 楚雄州：姚安县、大姚县、双柏县、南华县 丽江市：古城区、永胜县、宁蒗县 迪庆州：维西县 怒江州：兰坪县
>2800m	不适宜	40 632.11	10.58	2	239 587	迪庆州：德钦县、香格里拉县

表 5-3 人居环境垂直分布数据统计村镇明细表

县市名	镇名	海拔范围/m	村庄个数/个
宾川县	力角镇	1280~1640	7
	钟英傈僳族彝族乡	1400~2200	6
	金牛镇	1420~2300	76
	州城镇	1458~2500	9
	宾居镇	1510~2580	8
	鸡足山镇	1580~2300	9
	乔甸镇	1600~2100	6
	大营镇	1660~1860	5
	平川镇	1680~2500	14
	拉乌彝族乡	1860~2260	7
大理市	凤仪镇	1000~2587	52
	喜洲镇	1976~2190	66
	银桥镇	1976~2200	39
	湾桥镇	1978~1996	33
	大理镇	1979~2040	70
云龙县	漕涧镇	1090~2600	99
	功果桥镇	1300~2800	72
	诺邓镇	1700~2300	19
	长新乡	1775~2800	39
	检槽乡	1945~3200	98
	白石镇	1987~3457	72

资料来源：数字乡村以及云南省山地城镇区域规划设计研究院部分村庄规划资料。

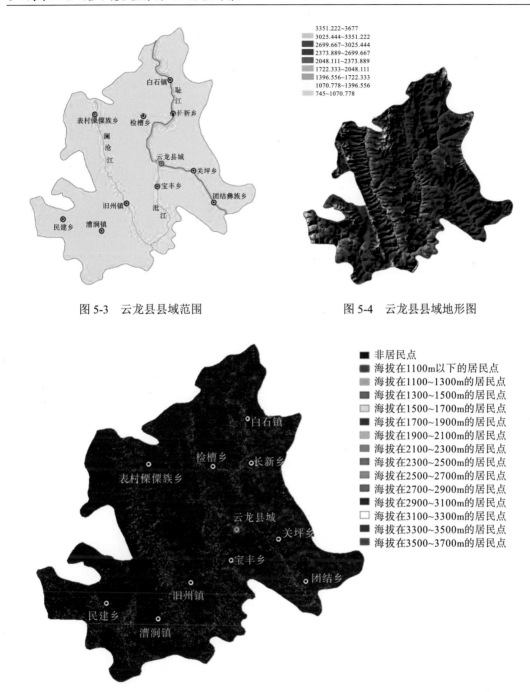

图 5-3 云龙县县域范围　　　　　　　　图 5-4 云龙县县域地形图

图 5-5 2009 年云龙县人居环境垂直空间分布图

　　村庄数量、人口、经济收入及百分比和海拔的关系图表明(表 5-4、图 5-6~图 5-9)：在 1400~1500m 出现人口第一个峰值，此后逐渐降低；在 1900~2300m 再次增加，出现第二个峰值，且峰值远高于第一个峰值；在 2500m 以上开始逐渐降低。这一特征具有高原山地垂直梯度的梯段划分规律(图 5-10~图 5-17、表 5-5、表 5-6)。

表 5-4　大理市每 100m 海拔区间内人居环境分布情况

海拔/m	人口/人	占总人口比例/%	经济收入/万元	占经济总收入比例/%	村庄个数/个	占村庄总数比例/%
700～800	581	0.06	188	0.009	1	0.08
800～900	2 347	0.25	546	0.025	2	0.15
900～1 000	120	0.01	35	0.002	1	0.08
1 000～1 100	1 001	0.11	318.94	0.015	2	0.15
1 100～1 200	460	0.05	83.4	0.004	3	0.23
1 200～1 300	366	0.04	125.5	0.006	5	0.39
1 300～1 400	2 888	0.30	1342.7	0.062	7	0.54
1 400～1 500	143 187	15.09	151 276.66	7.027	90	6.97
1 500～1 600	139 088	14.66	128 740.86	5.980	132	10.22
1 600～1 700	31 082	3.28	20 211.07	0.939	57	4.42
1 700～1 800	11 359	1.20	3 300.04	0.153	50	3.87
1 800～1 900	23 251	2.45	20 716.64	0.962	49	3.80
1 900～2 000	354 096	37.31	1 236 756.8	57.446	285	22.08
2 000～2 100	98 549	10.38	305 727.59	14.201	140	10.84
2 100～2 200	55 248	5.82	192 252.79	8.930	115	8.91
2 200～2 300	29 749	3.13	70 443.52	3.272	105	8.13
2 300～2 400	21 074	2.22	7 145.64	0.332	89	6.89
2 400～2 500	8 009	0.84	2 439.4	0.113	62	4.80
2 500～2 600	18 440	1.94	9 158.39	0.425	44	3.41
2 600～2 700	5 012	0.53	1 439.77	0.067	27	2.09
2 700～2 800	1 162	0.12	248.34	0.012	9	0.70
2 800～2 900	644	0.07	167.91	0.008	6	0.46
2 900～3 000	316	0.03	103.34	0.005	3	0.23
3 000～3 100	307	0.03	64.39	0.003	2	0.15
3 100～3 200	245	0.03	26.15	0.001	2	0.15
3 200～3 300	315	0.03	42.2	0.002	2	0.15
3 400～3 500	120	0.01	17.6	0.001	1	0.08
总计	949 016	100.00	2 152 918.6	100.000	1291	100.00

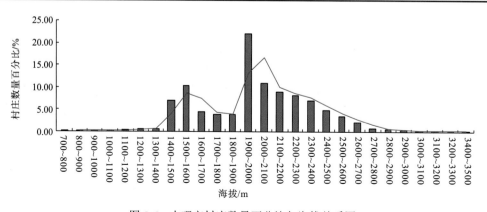

图 5-6　大理市村庄数量百分比与海拔关系图

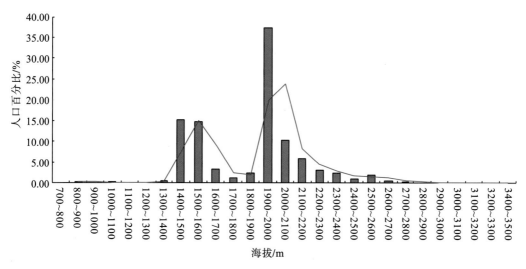

图 5-7　大理市人口百分比与海拔关系图

人口	金牛镇	民建乡	宾居镇	州城镇	团结彝族乡	钟英傈僳族彝族乡	拉乌彝族乡	大理镇	喜洲镇	银桥镇	湾桥镇	凤仪镇	海东镇	白石镇	太邑镇	凤邑镇	检槽乡	长新乡	海东镇	关坪乡	总和
700~800		581																			581
800~900																					0
900~1000		120																			120
1000~1100									192												192
1100~1200						154	173											133			460
1200~1300		366																			366
1300~1400	1073	51								104		1661									2889
1400~1500	103349	2771		22209		2878				311		5032									136550
1500~1600	58476	247	59617	52413		500				159		1167							214		152793
1600~1700	10718	3441	7180	5638		562	283			1099		1047									29968
1700~1800		3665				1982	1143			399	2104	261		136	352						10042
1800~1900		654	267	1867		5760	3214			2654	1047	359		781							14583
1900~2000		1899	585			664	5321	92315	59596	21345	50565	30085	5294	124	734	145	3578	477	45965	54	318540
2000~2100		727			112	2532	4284	4724	40940	4612		14442	9374	1356	415	400	4247	2602		3810	94557
2100~2200		506	793		815	653	1593		10469	25317	655	4933	1978	910	699	3160	987		4702		58170
2200~2300		1209		1798	3166	2852	3110			8884		1165	5908	1827	776	66	2417	165		1434	32777
2300~2400	877			8978	461	540				187	2938	1951	424	52	1118	663	1358		1358		19327
2400~2500	210	140		248	1516	291	388				244	2539			464	970			1336		8146
2500~2600			391	6412	645	145	67			409		660			107	842	5239		1358		14915
2600~2700	173			417	62						1247	445			218	138	3559				6259
2700~2800					419							261					482				1162
2800~2900					454								250			239			29		952
2900~3000					164										152						316
3000~3100										307											307
3100~3200															245						245
3200~3300										186					129						315
3300~3400																					0
3400~3500										120											120
总和																					904652

海拔	金牛镇 居民点	民建乡 居民点	宾居镇 居民点	州城镇 居民点	团结彝族乡 居民点	钟英乡 居民点	拉乌乡 居民点	大理镇 居民点	喜洲镇 居民点	银桥镇 居民点	湾桥镇 居民点	凤仪镇 居民点	海东镇 居民点	白石镇 居民点	太邑镇 居民点	凤邑镇 居民点	检槽乡 居民点	长新乡 居民点	海东镇 居民点	关坪乡 居民点	总和 居民点
700~800	0	1	0	0	0	0	0	0	0	0	0	0	0	0	0	0	0	0	0	0	1
800~900	0	1	0	0	0	0	0	0	0	0	0	0	0	0	0	0	0	0	0	0	1
900~1000	0	1	0	0	0	0	0	0	0	0	0	0	0	0	0	0	0	0	0	0	1
1000~1100	0	5	0	0	0	0	0	0	0	1	1	0	0	0	0	0	0	0	0	0	7
1100~1200	0	0	0	0	0	1	1	0	0	0	0	0	0	0	0	0	0	1	0	0	3
1200~1300	0	1	0	0	0	0	0	0	0	0	0	0	0	0	0	0	0	0	0	0	1
1300~1400	1	1	0	0	0	0	0	0	0	0	4	0	0	0	0	0	0	0	0	0	7
1400~1500	52	4	0	9	0	7	0	0	0	1	4	0	15	0	0	0	0	0	0	0	92
1500~1600	44	4	48	36	0	7	0	0	0	1	7	0	0	0	0	0	0	0	0	1	148
1600~1700	15	12	7	5	0	5	2	0	0	4	7	0	4	0	0	0	0	0	0	0	58
1700~1800	0	13	0	0	0	11	7	0	0	0	3	0	10	2	0	0	3	1	0	0	50
1800~1900	0	6	1	1	0	7	4	0	0	1	11	0	0	1	0	0	0	0	0	0	33
1900~2000	0	9	5	0	0	5	9	66	36	15	33	20	15	1	6	1	17	3	36	1	278
2000~2100	0	7	0	0	1	12	8	6	28	4	0	19	9	7	4	4	25	10	0	4	148
2100~2200	0	4	1	0	6	7	11	0	2	17	0	0	28	11	5	5	16	1	0	15	136
2200~2300	0	6	0	6	16	5	13	0	0	4	0	9	25	11	5	1	12	1	0	11	125
2300~2400	2	1	0	19	6	5	0	0	0	0	12	13	2	1	13	5	0	14	0	0	94
2400~2500	1	0	0	2	13	3	5	0	0	0	3	14	0	0	6	5	0	0	0	11	47
2500~2600	0	0	4	4	1	0	0	0	0	1	0	5	0	0	2	5	0	16	0	0	47
2600~2700	2	0	0	2	1	0	0	0	0	0	3	4	0	0	2	1	0	15	0	0	30
2700~2800	0	0	0	0	1	0	0	0	0	0	0	4	0	0	0	0	0	3	0	0	9
2800~2900	0	0	0	0	0	0	0	0	0	0	0	0	3	0	0	1	0	1	0	0	6
2900~3000	0	0	0	0	1	0	0	0	0	0	0	0	0	0	2	0	0	0	0	0	3
3000~3100	0	0	0	0	0	0	0	0	0	2	0	0	0	0	0	0	0	0	0	0	2
3100~3200	0	0	0	0	0	0	0	0	0	0	0	0	0	0	2	0	0	0	0	0	2
3200~3300	0	0	0	0	0	0	0	0	0	1	0	0	0	0	1	0	0	0	0	0	2
3300~3400	0	0	0	0	0	0	0	0	0	0	0	0	0	0	0	0	0	0	0	0	0
3400~3500	0	0	0	0	0	0	0	0	0	1	0	0	0	0	0	0	0	0	0	0	1

图 5-8　大理市分海拔段经济、人口数据统计

注：因统计数据来源不一致，分析结果有差异性。

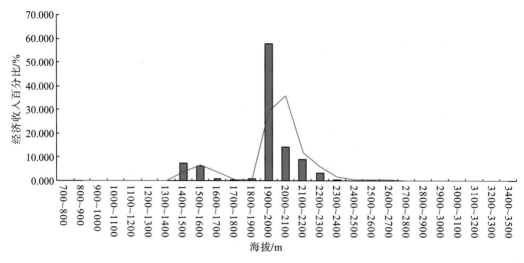

图 5-9 大理市经济收入百分比与海拔关系图

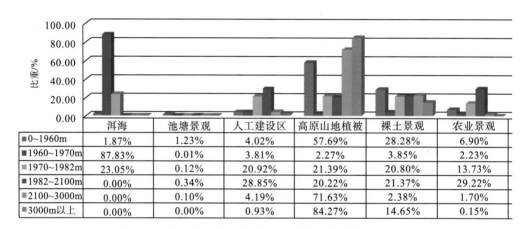

	洱海	池塘景观	人工建设区	高原山地植被	裸土景观	农业景观
■0~1960m	1.87%	1.23%	4.02%	57.69%	28.28%	6.90%
■1960~1970m	87.83%	0.01%	3.81%	2.27%	3.85%	2.23%
■1970~1982m	23.05%	0.12%	20.92%	21.39%	20.80%	13.73%
■1982~2100m	0.00%	0.34%	28.85%	20.22%	21.37%	29.22%
■2100~3000m	0.00%	0.10%	4.19%	71.63%	2.38%	1.70%
■3000m以上	0.00%	0.00%	0.93%	84.27%	14.65%	0.15%

图 5-10 大理市各景观类型在不同海拔段的分布面积比重

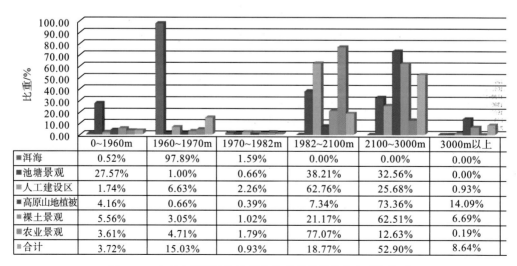

	0~1960m	1960~1970m	1970~1982m	1982~2100m	2100~3000m	3000m以上
■洱海	0.52%	97.89%	1.59%	0.00%	0.00%	0.00%
■池塘景观	27.57%	1.00%	0.66%	38.21%	32.56%	0.00%
■人工建设区	1.74%	6.63%	2.26%	62.76%	25.68%	0.93%
■高原山地植被	4.16%	0.66%	0.39%	7.34%	73.36%	14.09%
■裸土景观	5.56%	3.05%	1.02%	21.17%	62.51%	6.69%
■农业景观	3.61%	4.71%	1.79%	77.07%	12.63%	0.19%
■合计	3.72%	15.03%	0.93%	18.77%	52.90%	8.64%

图 5-11 大理市不同的海拔段上各景观类型的分布面积比重

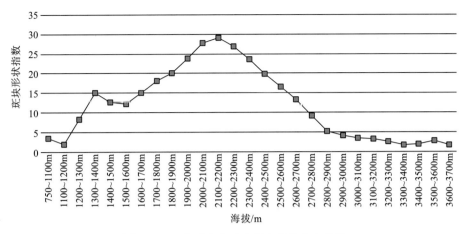

图 5-12　云龙县聚落垂直梯度数量分布指数

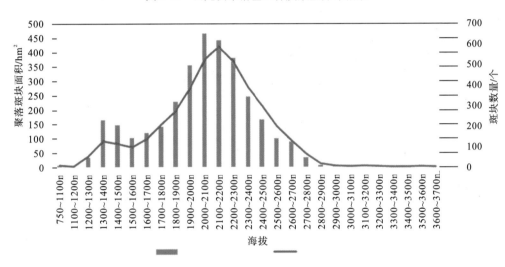

图 5-13　云龙县聚落海拔梯度形状分布指标

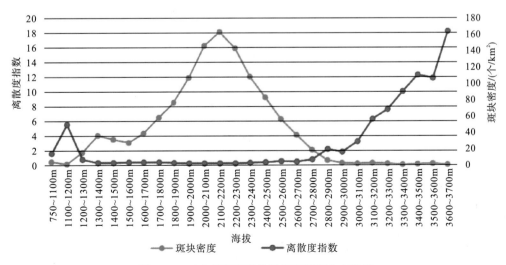

图 5-14　云龙县聚落海拔梯度聚集度分布指标

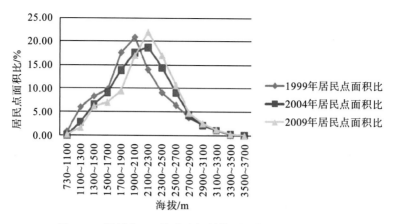

图 5-15　居民点——聚落空间结构不同年份的演变数据

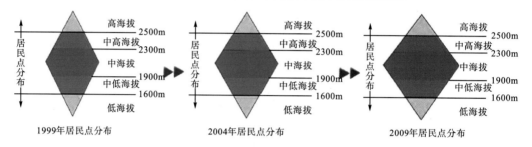

图 5-16　各海拔人居环境在不同年份分布图

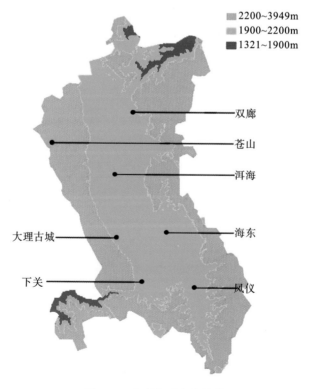

图 5-17　大理市垂直分异带

表 5-5　大理市各人居环境景观类型在不同海拔段的分布面积　（单位：km²）

	0~1960m	1960~1970m	1970~1982m	1982~2100m	2100~3000m	3000m 以上	合计
高原湖泊景观	1.26	238.91	3.88	0	0	0	244.05
池塘景观	0.83	0.03	0.02	1.15	0.98	0	3.01
人工建设区	2.71	10.35	3.52	97.95	40.08	1.45	156.06
植被景观	38.88	6.18	3.60	68.65	685.64	131.73	934.68
裸土景观	19.06	10.47	3.50	72.57	214.26	22.90	342.76
农业景观	4.65	6.07	2.31	99.23	16.26	0.24	128.76
合计	67.39	272.01	16.83	339.55	957.22	156.32	1809.32

表 5-6　垂直梯度特征梯段划分

垂直分异范围	人口/人	人口比例/%	经济收入/万元	经济收入比例/%	村庄/个	村庄数量比例/%
≤1500m	150 950	15.91	153 916.2	7.15	111	8.60
1500~1900m	204 780	21.58	172 968.61	8.03	288	22.31
1900~2200m	507 893	53.52	1 734 737.17	80.58	540	41.83
>2200m	85 393	9.00	91 296.65	4.24	352	27.27

大理市范围内，海拔 1900m 以下的面积有 24km²，占总面积的 2.95%，主要分布在太邑彝族乡的山箐附近和双廊镇东北部；1900~2300m 的面积有 382km²，占总面积的 47.71%，主要分布在环洱海区域的坝区；2300m 以上的面积有 395km²，占总面积的 49.34%，主要为大理市域范围内的苍山山脉地区。

宾川人口的垂直分异情况特点：在 1000~1400m 范围内，人口为 22788 人，占 3%；在 1400~1900m 范围内，人口为 255675 人，占 35%；在 1900~2300m 范围内，人口为 412358 人，占 57%；在 2300~3500m 范围内，人口为 34224 人，占 5%。经济收入的垂直分异特点：在 1000~1400m 范围内，经济收入为 13907.53 万元，占 0.72%；在 1400~1900m 范围内，经济收入为 282578.39 万元，占 14.61%；在 1900~2300m 范围内，经济收入为 1623058.62 万元，占 83.94%；在 2300~3500m 范围内，经济收入为 14 096.37 万元，占 0.73%。

针对云龙县的研究也表明，乡村聚落的面积和数量，整体上呈现出随海拔升高先增加后减少的变化规律。750~2800m 垂直梯度内的聚落面积占据整个区域面积的 99% 以上，其中 1900~2300m 垂直梯度段内聚落分布最多。2800~3700m 垂直梯度段内，聚落面积占比不足 1%，且数量分布很少。最大斑块指数分析表明，750~2700m 的垂直梯度内，存在单个面积较大的聚落，2700~3700m 的垂直梯度内聚落面积较小。所以聚落多分布于中海拔区域内，海拔较高的区域聚落零星分布；聚落空间分布面积、数目呈现出"中海拔>低海拔>高海拔"的整体趋势。

　　在高原山地人居环境长期适应自然环境的过程中，低海拔、高海拔区域的居民由于用地条件限制，人居环境分布呈现逐年减少或基本不变的趋势；中海拔区域由于用地条件较好，是人居环境建设的首选之地，大部分人居环境集中分布在此海拔段，且面积、比例始终处于峰值；随着中海拔可用于开发建设的土地占用殆尽，人居环境建设开始向用地条件相对较好的中高海拔区域迁移。

　　在长期的适应与调整过程中，为尽量减少对自然的干扰，高原山地中的人居环境在海拔 1900~2300m 这一范围内分布最多，属于高原山地的中高海拔区域，人居环境分布面积比例在 90%以上。低海拔和高海拔地区居民点分布最少。

　　高原山地人居环境垂直分异总体呈现菱形分布的特点。中海拔区域(1900~2300m)分布的人口较多，所占比重较大；经济较为发达，产业多元化程度高；土地的开发和利用程度较高。随着海拔的升高和降低，人口和经济收入均逐渐减少，产业单一化趋势加剧，土地的开发和利用程度降低。

　　高原山地人居环境垂直分异特征，是人类最大程度协调自然环境关系、选择居住生活环境的结果，体现了高原山地人居环境选择的适应性原则。

　　高原山地垂直分异特征，主要与特殊地形和土地分布有关。高原山地环境中山多坝少，造成大分散、小集中分布特征，人群向地形较为平坦的高原丘陵或高原平坝区域集中。同时，高原山地深沟险壑的特殊地形特点造成高海拔地区多为高山重岭地带，生态敏感，气候不适宜居住；而低海拔地区为河流峡谷地带，呈现高原山箐区域特征，用地较为破碎，极为分散，不利于人居环境的大规模发展。而适宜于人居环境发展的高原平坝区域多集中在中海拔区域，用地较为广袤，农业基础良好。

　　在针对大理人居环境的研究中发现，高原山地人居环境垂直分异同样呈现菱形分布的特点。在高海拔区域人类活动极少，人居环境的分布较稀疏，如苍山十九峰，平均海拔 3500m 以上，生态环境脆弱，加之冬季气候严寒，不适宜人类居住；中海拔区域人类活动极为频繁，人居环境主要分布在此区域，如各个镇政府所在地，平均海拔在 2000m 左右，气候适宜，土地规整且易于使用，产业结构多元化程度高；低海拔区域人类活动较少，人居环境分布适中，如西南部的太邑彝族乡，乡政府所在地平均海拔为 1620m 左右，气候舒适，但用地狭小分散，不易于人居环境的大规模分布和发展(表 5-7、图 5-18~图 5-20)。

表 5-7　大理市土地分类及其垂直分异适应性数值

垂直分异带/m	指标数值范围	面积/km²
2200~3959	0.0273	395
1321~1900	0.2494	24
1900~2200	0.7041	382

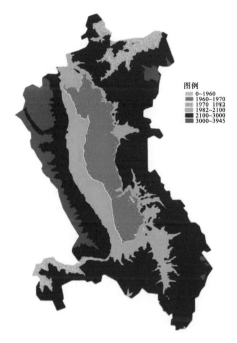

图 5-18 大理市根据居民点分布的高程分段示意图

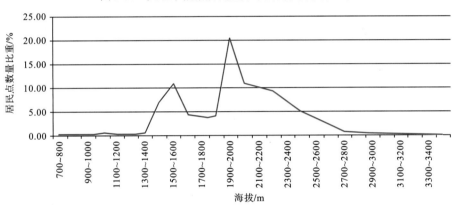

图 5-19 2013 年大理州主要县市居民点数量比重随海拔分布规律

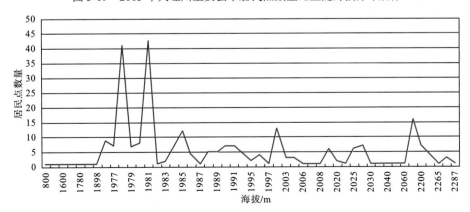

图 5-20 2013 年大理市主要村镇居民点数量随海拔的分布规律

再通过对云龙县乡村聚落在垂直梯度上的人口、经济收入、年平均降水量等的分析，云龙县人文社会环境指标与垂直梯度变化也存在着显著相关性。

(1)人口分布和经济总收入在中海拔区域具显著优势。云龙县乡村聚落的人口分布和经济总收入在1300～1400m首先出现峰值，然后在2100～2200m出现第二次峰值，总体趋势呈现出先增加后减少的变化。但是人口和经济指标在垂直梯度上的分布极不均匀，在海拔较高和较低的两个区域分布较少，主要集中在中海拔区域(图5-21、图5-22)。

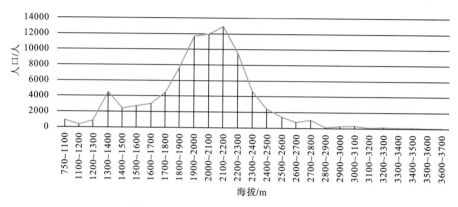

图5-21　云龙县垂直梯度聚落人口分布

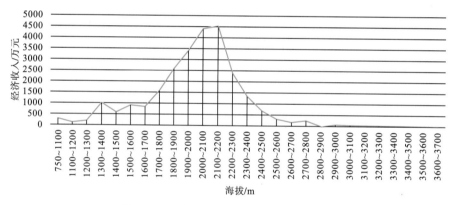

图5-22　云龙县垂直梯度聚落经济总收入

(2)年平均降雨量。云龙县内乡村聚落垂直梯度年平均降雨量在1200～1300m出现最低值，在1800～1900m、2100～2200m及2500～2600m垂直梯度上出现峰值，而其他区域降雨较为均匀，整体上主要集中在中海拔区域，低海拔和高海拔降雨量相对较少(图5-23)。

研究表明，聚落人居环境特征与海拔梯度分布有显著的相关性。人口和经济收入之间，在整体上与垂直梯度存在相似的变化趋势，都是先增加后减少，同时主要集中在海拔梯度的中间部分，海拔梯度较低和较高的区域都较少，这一变化规律与聚落垂直梯度的景观格局分布特征有很强的相似性；在年平均降水量指标上，尽管没有人口等要素的整体变化趋势，但在数量分布上与人口、经济收入和用地规模指标同样存在相似的关系，在中段海拔降水量出现较多的峰值，而其他海拔降雨分布较少(李超，2016；许永涛，2017；崔汉超，2018)。

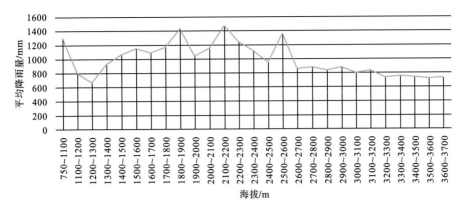

图 5-23 云龙县垂直梯度聚落年平均降雨量

高原山地人居环境在垂直梯度上的分布差异明显，呈菱形分布特点；在中海拔区域（1900～2300m）分布的人口最多、用地规模最大。中低海拔和中高海拔分布的人口较多、用地规模较大。低海拔区域（小于1500m）人口较少、用地规模较小，随着海拔的增加，用地规模逐渐增加。高海拔区域（大于2300m）人口较少、用地规模也较小，随着海拔的增加，两个数值逐渐减少（图5-24、图5-25）。

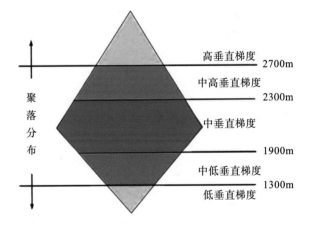

图 5-24 聚落垂直梯度菱形分布图

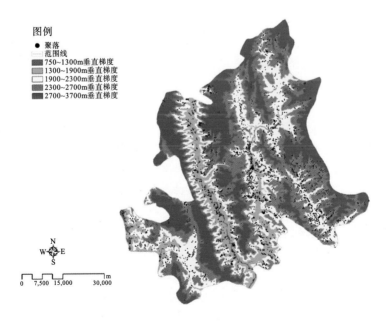

图 5-25 云龙县乡村聚落垂直梯度分布图

5.1.2 海拔与各景观类型垂直分异特征

以大理市作为研究对象，各种景观类型在高程上的分布有如下特点：

(1)环高原湖泊在高程上相对均匀。集中分布在 1960～1970m 范围内，在该海拔段分布有部分居民点，在 1980m 以上的区域没有分布。

(2)人工建设区景观分布格局不均匀。主要集中在 1982～2100m、2100～3000m 两个高程带中，人工建设区的面积与海拔的关系同居民点数量与海拔的关系非线性相关。在海拔 1982～2300m 的范围内，有较大人工建设区斑块；1970～1982m 范围内，人工建设区景观斑块数量较多，但相对较小且破碎。现场调研数据显示，大理市范围内面积较大的居民点，即大理古城(海拔 2052m)、下关镇区(西洱河北侧自东向西海拔 1980～2100m，洱海南侧海拔 1980～2000m)、凤仪镇(全境海拔 1980～3118m)、海东镇(最高点 2626m，平坝区 1975～2000m)，大部分布在 1982～3000m 范围内。

(3)植被景观和裸土景观分布均相对集中。都主要分布在 2100～3000m 的海拔范围内，处在该海拔范围内的植被景观面积和裸土景观面积分别达到 685.64km^2 和 214.26km^2，分别占植被总面积和裸土景观总面积的 73.36%和 62.51%。

(4)农业景观分布集中在 1982～2100m 的海拔范围内，农业景观面积达到 99.23km^2，占农业景观总面积的 77.07%。在 3000m 以上高海拔区域外的其他海拔段均匀分布，总和占农业景观总面积的 22%。

(5)在不同海拔段内各类景观的面积变化有一定的规律性。在海拔 1960m 以下，各景观类型均有分布，但是不同景观类型的比重差别较大。植被景观占主导地位，占到该高程段面积的 57.69%；在 1960～1970m 海拔段主要的景观类型为高原湖泊，面积占到 87.83%；在 1982～2100m 的海拔范围内，没有高原湖泊景观分布，有不到 0.5%的池塘水域，其余四种景观类型分布较为均匀，所占比例相差不大；在 2100～3000m 的海拔段内，景观类型以植被景观和裸土景观为主体；在 3000m 以上区域，植被景观的主导地位更加突出，在该高程范围内的森林覆盖率达到 80%，植被景观中夹杂有部分的裸土景观、极少数的人工建设区景观。

综上所述，因为洱海对人类生产活动的影响，苍山与洱海之间的高原坝区，苍山与坝区的衔接地带，农业景观、人工建设区景观等人工干扰型景观类型分布明显。另外，苍山山脉海拔高于 2100m 的区域和洱海东侧海拔高于 2100m 的区域主要以植被景观和裸土景观为主，植被覆盖率较高。其中海西植被景观占比远大于裸土景观，海东裸土景观和植被景观占比大致相同。

同样，针对云龙县的研究表明，聚落垂直梯度分布特征包含聚落本身的景观格局分布，也体现为聚落中的人口、经济分布、聚落所处的降雨环境等内在环境特征(表 5-8、表 5-9)。

表 5-8 云龙县乡村聚落景观格局指数结果

海拔梯度	CA (斑块面积)	NP (斑块数量)	MPS (平均斑块面积)	LSI (形状指数)	MSI (平均形状指数)	PD (斑块密度)	F (离散度指数)
750~1100m	7.20	12	0.60	3.58	1.21	0.37	13.72
1100~1200m	0.38	4	0.10	1.89	1.04	0.12	149.12
1200~1300m	34.36	55	0.63	8.34	1.33	1.69	6.16
1300~1400m	165.65	128	1.29	15.15	1.42	3.93	1.95
1400~1500m	147.49	113	1.31	12.75	1.34	3.47	2.06
1500~1600m	103.57	97	1.07	12.15	1.36	2.98	2.71
1600~1700m	120.38	138	0.87	14.97	1.35	4.24	2.78
1700~1800m	141.95	209	0.68	18.06	1.30	6.42	2.91
1800~1900m	228.20	275	0.83	20.10	1.32	8.45	2.07
1900~2000m	355.88	385	0.92	23.79	1.32	11.83	1.57
2000~2100m	466.97	524	0.89	27.87	1.33	16.11	1.40
2100~2200m	442.51	587	0.75	29.09	1.30	18.04	1.56
2200~2300m	381.17	514	0.74	26.81	1.27	15.80	1.70
2300~2400m	245.79	390	0.63	23.50	1.27	11.99	2.29
2400~2500m	166.79	298	0.56	19.91	1.23	9.16	2.95
2500~2600m	101.41	201	0.51	16.56	1.23	6.18	3.99
2600~2700m	89.01	130	0.69	13.26	1.24	4.00	3.65
2700~2800m	35.46	66	0.54	9.25	1.20	2.03	6.53
2800~2900m	6.73	20	0.34	5.31	1.22	0.62	18.96
2900~3000m	5.45	9	0.61	4.09	1.43	0.28	15.71
3000~3100m	2.48	6	0.41	3.38	1.35	0.18	28.23
3100~3200m	1.35	7	0.19	3.25	1.23	0.22	55.89
3200~3300m	0.95	5	0.19	2.69	1.17	0.15	67.48
3300~3400m	0.45	2	0.23	1.67	1.07	0.06	89.63
3400~3500m	0.45	3	0.15	2.00	1.13	0.09	109.77
3500~3600m	1.26	6	0.21	2.80	1.14	0.18	55.44
3600~3700m	0.25	2	0.12	1.71	1.20	0.06	162.96

表 5-9 聚落垂直梯度人文社会环境分布

垂直梯度	人口/人	经济收入/万元	平均降雨量/mm
750~1100m	893	299.57	1300
1100~1200m	366	125.50	794
1200~1300m	906	202.10	669
1300~1400m	4496	1017.29	931
1400~1500m	2516	593.73	1065
1500~1600m	2763	914.70	1148

垂直梯度	人口/人	经济收入/万元	平均降雨量/mm
1600～1700m	3056	849.12	1096
1700～1800m	4471	1580.86	1168
1800～1900m	7653	2600.35	1436
1900～2000m	11668	3426.88	1049
2000～2100m	11949	4402.23	1159
2100～2200m	12936	4540.14	1467
2200～2300m	9518	2412.44	1248
2300～2400m	4645	1315.77	1114
2400～2500m	2443	689.46	944
2500～2600m	1463	326.50	1366
2600～2700m	772	186.90	856
2700～2800m	1105	255.32	883
2800～2900m	88	12.02	830
2900～3000m	258	87.59	870
3000～3100m	358	60.95	796
3100～3200m	129	12	830
3200～3300m	186	30.2	731
3300～3400m	135	15.5	750
3400～3500m	120	17.6	733
3500～3600m	73	13.1	723
3600～3700m	55	11.2	730

5.1.3　高原山地人居环境垂直分异特征

县域层次上,高原山地人居环境表现出的普遍特征是建设用地斑块密度分离度及景观结合比其他用地类型差。城镇用地规模较大,主要呈团状分布,乡村聚落规模较小,分布主要呈现散点状分布特征。

在垂直梯度上,乡村聚落主要表现为:垂直海拔较低、规模较小的聚落,呈散点分布特征;相对密集、规模较大的聚落,主要位于中低海拔区域;规模最大、分布最多的聚落,位于中海拔区域;规模较少且呈散点式分布的聚落,多位于高海拔区域。

自然环境对乡村聚落垂直梯度分布特征的影响明显。坡度和地形起伏度对聚落分布有相似的影响,在坡度和地形起伏度较为平坦的区域,聚落分布较为密集。垂直海拔较低的区域,坡度和地形起伏度的影响较强,垂直海拔较高的区域影响较弱;坡向对聚落分布的影响相对较弱;河流水系等对聚落分布有很强的吸引力,但由于靠近河流水系的用地一般较为破碎,因此会出现较多小规模的聚落斑块。在远离河流的区域,用地破碎度减弱,易形成较大规模的斑块聚集。生产环境对聚落分布的影响主要表现为:道路对农村聚落影响有显著相关性,75%以上的聚落主要分布在距道路 0～3000m 的缓冲半径内。道路分布密集的区域聚落斑块较为集中，多沿道路两侧分布。道路网密度低的区域，聚落分布多呈散点状分布；县域尺度下，距离城镇 0～7km 的范围内，乡村聚落分布较为密集。与农田的关系亦如此。

总体而言，高原山地受自然条件限制，城镇用地集中，乡村聚落分布较为分散；以城镇为中心，城镇与乡村整体布局之间存在某种关联性，距离中心越远，关联性越弱；城镇聚落多以较大斑块的形式存在，乡村聚落分布数量多，以较小的斑块形式存在。

5.1.4　高原山地人居环境垂直分异区划

综合自然因素、人居因素、政策因素，鉴于高原山地所处的地貌复杂性，以及人居环境依海拔分布的特殊性，对高原山地垂直梯度进行合理划分，可为未来高原山地人居环境合理建设奠定基础。

以高原山地人居环境垂直梯度分布规律、高原山地地貌特征等为主要依据，将高原山地人居垂直分异划分为 5 类：低海拔区、中低海拔区、中海拔区、中高海拔区和高海拔区。

(1)低海拔区：高原山地自然景观较好、自然条件与人居环境较差的区域；海拔在1500m 以下，海拔差异大，地形复杂，高山河谷地貌随峡谷地形交替分布；区域内水系遍布；自然环境差异很大，河流纵横，生态环境脆弱，农业条件薄弱，土地利用不合理，人口分散。

(2)中低海拔区：高原山地自然环境、人居环境较好的区域；海拔为 1500～1900m；地貌以高原低丘缓坡为主，自然环境相对差异稍大，农业条件一般，土地利用合理程度稍差，是高原地区中人口相对集中的地区，也是未来建设开发的重点。

(3)中海拔区：高原山地自然、人居环境最好的区域；海拔 1900～2300m；地貌以高原盆地、坝区为主，自然环境相对差异小，水源相对充足，农业条件好，土地利用合理，是高原地区人口分布最为集中的地区。

(4)中高海拔区：高原山地自然环境、人居环境较好的区域；海拔 2300～2500m；地貌以高原半山地为主，自然环境相对差异不大，农业条件较好，土地利用合理程度较好，是高原地区人口相对集中的地区，也是未来建设开发的重点。

(5)高海拔区：高原山地自然环境、人居环境很差的区域；海拔大于 2500m，地貌以高山为主，自然环境相对差异较大，气候条件恶劣，温度较低，农业条件较差，土地可利用程度较差，是高原地区人口分布最少的地区。

5.2　高原山地聚落垂直分异特征

高原山地聚落随海拔变化，呈现明显的垂直分异特征(图 5-26)。

在长期与自然环境磨合的过程中，高原山地景观格局具有典型的山地立体印迹。即在"大分散、小聚合"的总体特点中，显现为水平层面的"同"模式，垂直层面的"柱"模式特征。

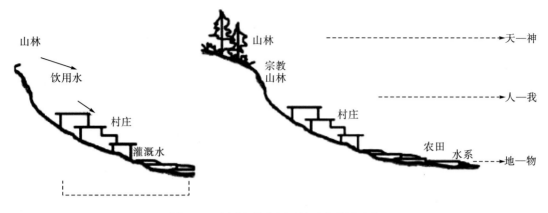

图5-26　高原山地人居环境垂直分异示意

所谓水平层面的"同"模式特征，就是聚落依托空间中有限的平坝区域，进行大公房、宗教建筑、公共活动场所的建设，形成整个聚落的精神、活动中心。同时，其他建筑以其为中心，按同心圆的方式、顺等高线方向圈层布置，形成整个聚落的向心性布局特点。聚落边缘，或受地形限制形成的各组团边缘，会因为用地条件的限制，形成以植被围合的不规则边线。

垂直层面的"柱"模式特征，则表现为聚落具有明显的垂直特征，即按照高程的不同，从高到低形成"宗教空间（神）-人居空间（人）-交换与耕地空间（物）"的垂直层次。宗教建筑作为宗教文化的载体，是宗教空间的化身，位于整个梯度层次的最上层。在每个层次中间穿插有不可用于建设用地的零星山林，其中人居空间依据具体地形情况，成组团布局。整个聚落的垂直方向受地形限制，多只能形成一条主要道路，聚落则依据主要道路，形成垂直延伸轴、鱼骨状的层级空间结构，在每一台地上，再形成连接建筑的支路。所以，高原山地聚落具有非常明显的垂直特征。

如云南维西的同乐村景观特征具有典型的山地立体印迹。其整体空间特征呈现出平面维度上"大分散，小聚合"的聚居方式，被地理因素所分割。而在垂直维度上，村落空间依山就势，同自然景观一样呈现出垂直立体的空间意向，"柱"模式景观格局特点明显。对应海拔垂直变化，形成"天——神空间层次""人——我空间层次""地——物空间层次"的村落格局垂直结构。其中，"天"层次多以山林形式或宗教建筑形式出现，通过对山林的崇拜、保护，体现对赖以生存的自然环境的尊敬；"人"层次为村庄建设用地；"地"层次通常是周边区域用地条件最好的区域，用作农田以保证居民的生活（图5-27）。

红河县甲寅镇绿树格哈尼梯田片区位于云南省红河州红河县甲寅镇，距离甲寅镇区4km，包含以绿树格梯田为主的若干梯田组团、俄垤水库、后山水库以及绿树格村、他撒村、娘吉村、邓脚村、作夫村和阿撒村等多个特色哈尼自然村（图5-28、图5-29）。

绿树格梯田人居环境由自然系统、支撑系统、社会系统、人类系统、居住系统组成。

其中自然系统呈现多样、垂直的生态环境特点。绿树格梯田依托大山，具有完整的、垂直梯度明显的自然环境及生态环境。山林被哈尼族视为山神神灵的自然崇拜载体，森林覆盖率高，环境静谧优美。

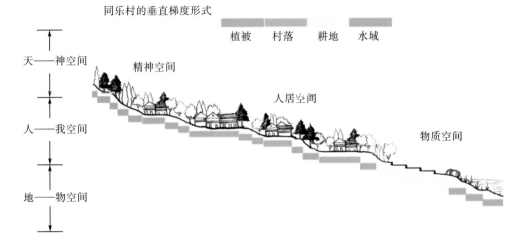

图 5-27 同乐村垂直梯度的村落格局

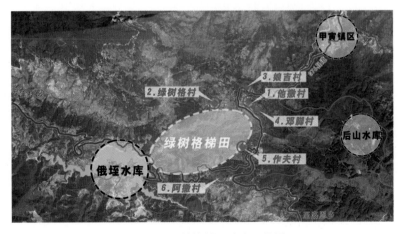

图 5-28 绿树格梯田综合现状图

图 5-29　绿树格他撒村肌理

支撑系统以梯田和聚落中高效利用的水利体系进行联系。山林涵养下的水系，是梯田的"灵魂"，从山顶到山底，为哈尼族的生产、生活提供纽带作用，将梯田、聚落结为整体，具有在山地环境中保持可持续循环的人居环境特点。

社会系统表现为以梯田生存空间为核心，融合人类居住、服饰文化、节庆活动、民族宗教、乡约民规等在内的哈尼族社会关系。

人类系统表现为低碳种植的人居环境特点，形成极富肌理美感的大地梯田景观。哈尼族以数十代人毕生的心力，垦殖了成千上万梯田，将沟水分渠引入田中进行灌溉，因山水四季长流，梯田中可长年饱水，保证了稻谷的发育生长和丰收。梯田随山势地形变化，因地制宜，坡缓地大则开垦大田，坡陡地小则开垦小田，甚至沟边坎下石隙之中，无不奋力开田，因而梯田大者有数亩、小者仅有簸箕大，往往一坡就有成千上万亩。这一景观构成了千奇百态、变幻莫测的"天地艺术大交响乐"，成为美丽的梯田奇观。哈尼族利用木刻分水制度合理调控不同阶梯、大小梯田的用水量，还利用"冲肥法"省去运肥劳力，表现出长期生存过程中对自然的适应能力。

居住系统表现出典型的高原山地聚落特点。聚落注重与周边自然环境的融合，强调与梯田劳作生产空间之间的便利性。聚落自身布局顺应等高线，空间紧凑，充分利用土地，并利用地形的转承变化创造公共空间，尽显地域特色。

在高原山地特殊人居环境塑造下，绿树格梯田片区在平面上呈现完整的山水格局特点。整个区域以山林为自然基底，环抱梯田，以水贯穿，聚落散落其中，平面上的整体空间特征呈现出"大分散，小聚合"的聚居方式。

同时因为绿树格梯田依山就势，在顺应山地环境的垂直维度上，"柱"模式景观格局特点明显，勾勒出属于哈尼族特有的垂直诗意山水格局。格局间以水为联系载体，整个人居环境表现出如同山地自然景观垂直立体的空间特点：对应海拔垂直变化，形成"天——神空间层次""人——我空间层次""地——物空间层次"的垂直结构。其中，"天"层次以哈尼族敬奉的山林形式出现，通过对山林的崇拜、保护，体现出对赖以生存的自然环境的尊敬；"人"层次为聚落建设用地；"地"层次，通常是周边用地条件最好的区域，用作农田以保证居民的生活。

与大部分高原山地区域人居环境垂直方面的特点有所区别的是：在绿树格梯田，将

"天""人""地"三个层次进行连接，除了自然地形在海拔、坡度上的变化，还有"水"这个重要媒介。同时，在高原山地大部分人居环境中，从高海拔到低海拔，大都遵循"山-村-田-水"的垂直结构，以达到利用湖泊等水资源以及缓坡地带的效应。但在绿树格梯田片区，为更好地利用水资源，一切以高效利用水资源为最终目的，所以会根据水资源的特点，形成"山-村-田"或"山-田-村"模式，并以水串联。

6 高原山地人居环境适应性评价

6.1 高原山地人居环境影响因素

高原山地人居环境的影响因素较多，含自然及人为两大方面。

6.1.1 自然驱动因素

影响高原山地人居环境在垂直梯度上变化的自然因素，包括自然地形演变过程、气候影响、土壤发育、生物作用和自然干扰等。自然驱动作用因素在较大时空尺度上作用于人所处的自然环境与居住环境，引起人居环境在不同时期、不同海拔上的较大变化。高原山地环境中的地壳构造运动、风和流水作用以及重力作用，气候的影响，植物群落的演替模式和土壤变化等，对人居环境的变化都起着明显的推动作用。

1)海拔和坡度因素

在高原山地环境中，海拔和坡度是人居环境形成的必然驱动力。海拔和坡度常在较大时空尺度上作用于人居环境，影响土地利用类型，影响人居环境的空间分布。人居环境建设趋向于海拔较低、坡度较小、交通设施方便、人口相对集中、人类活动影响大的地段。因此该区域人口密度大、聚落规模集中、聚落形态趋于简单。对于海拔较高、坡度较陡的区域，人居环境条件恶劣，聚落分布相对稀少。

2)地质因素

独特的地质构造导致高原山地地形波状起伏，高山深谷相间，相对高差较大，地势险峻，地表类型复杂。在长期的地质演变过程中形成了高原山地独特的人居环境分布特点——垂直梯度性。

3)气候因素

较高的海拔和相对高差导致高原山地气候垂直分异显著，立体的气候决定了高原山地人居环境的立体分布。

6.1.2 人为因素

人为因素包括人类社会在一定的人口、技术、政治决策和文化背景下的生活、生产、建设活动、城镇化、土地经济效益、社会经济和政策因素等。

1) 城镇化进程

建设用地的扩大、城镇化进程的加快、中心城镇群的建设，对高原山地人居环境的影响是显著的。半山区是未来城镇化进程强化的主要区域，城镇化进程在垂直方向上的影响会越来越明显。同时城镇化趋势产生的地理辐射也会带动周边人居环境的建设。

在一定海拔范围内，人口和用地规模在离城镇较近的区域集聚。

2) 人口增长

人口增长，促使人们不断扩大生存空间。这使人居环境建设更多地向山区索地，造成山地环境垂直方向上的破坏程度加剧。

3) 经济发展

经济活动作为人类最基本的社会活动，使经济发展过程中的产业结构变化，导致土地资源的更新调整和分配，引发土地利用方式和格局的转变。伴随高原山地生产总值和经济活动的增加，旅游业的大力发展，第二、第三产业快速发展，劳动力、资金等向第二、第三产业转移。人居环境随产业结构的变化，将产生适应性改变，并进一步推动人居环境的建设和改善。

4) 特色产业发展——旅游业的带动

云南省把发挥资源优势、加强旅游建设作为统筹城乡发展、全面建小康的战略支点和突破口。旅游业的发展，极大地促进了高原山地特色旅游的开发。对高原山地人居环境建设具有直接的推动作用。

5) 交通发展

高原山地的地形条件复杂，道路交通条件有限，人居环境分布受交通条件的影响很大。处于高寒山区的民族聚落，由于落后的交通及生产方式，对当地人居环境的改变较少；坝区是高原山地人工活动较频繁、人口密集的区域，由于地势平坦、土壤肥沃、交通可达性高，区域内人居环境受到较大改变，聚落扩大、迁移加剧。

道路系统的形成和发展，对聚落的规模、空间结构及人居环境的产生、发展与演进都起着至关重要的作用；交通方式的改进，促进了人居环境的重新组合及发展。

6) 政策引导体制

随着全国城乡一体化建设的推进，云南加快推进特色城镇化建设。小城镇是统筹城乡发展的关键，也是社会主义新农村建设的基本方向。在云南农业人口多、产业基础薄弱、交通条件比较落后的区域，将打造现代化的城市群(带)，破解城乡二元结构，推进城乡一体化建设。随着建设的推进，高原山地人居环境将会得到较大改善。

7) 文化影响

中国是多民族国家，云南又是中国少数民族分布最多的一个省份，各民族分布呈大杂居、小聚居的特点。

云南26个少数民族呈立体分布，与高原山地立体地形、立体气候有关联。

云南少数民族在保留自己传统文化的同时，也在不断接纳其他民族的文化影响；随着外来文化的影响，少数民族在聚居地的选址上慢慢向山地其他区域发展；居住在高寒山区的居民接触外来文化之后，也慢慢向低海拔地区迁移。在文化的变迁与融合中，人居环境发生了较大的改变。

8) 新的就业形势影响

随着经济的发展，越来越多的青壮年选择外出谋生，人口向外发生迁移。原有的居住建筑慢慢坍塌、荒废，被植被侵占，导致人居环境发生变化。

6.2 高原山地人居环境适应性评价

高原山地所处环境复杂、脆弱，聚落及人居环境适应性评价体系的建立，反映与自然环境、人文特点之间的相互适应关系。

6.2.1 高原山地人居环境聚落适应性评价体系

人居环境中的聚落发展综合潜力评测体系的构建用于判断聚落的发展类型，能够较好地反映聚落的综合实力。通过对聚落进行综合评价，可以从中保留潜力较大的村庄聚落，同时搬迁或改造潜力较小的聚落，通过类似迁村并点等集约化措施，实现节约集约土地的目的。

聚落综合发展潜力评测的指标不仅要考虑聚落现在具有的优势，而且要考虑聚落将来的发展潜力。由于聚落发展受众多发展因素的影响，且各因素之间相互联系、相互制约，所以将影响聚落发展的因素转化为多项评价指标，即通过层次分析法构建聚落发展综合评测指标体系。

1) 指标选择

基于聚落空间分布及发展特点，可以确定以下 5 类评价指标：

(1) 区位分布。高原山地中影响聚落发展的区位条件包括三方面的因素。一是聚落自身所处位置与生态环境的关系。二是交通条件和较大城市的辐射影响，交通条件主要考虑与不同等级道路的关系，根据距离省道、县道、乡道的距离判定未来发展条件的优劣，并判断其是否在发展经济走廊上。受城镇辐射区的影响主要考虑与中心城镇的可达性，按照城镇辐射范围划定不同的等级。三是聚落分布形态，反映聚落的集中与分散程度，聚落集中更利于集约发展及服务设施共享。

(2) 聚落规模，包括人口规模和用地规模。人口规模是决定聚落发展条件的重要指标。人口规模较大的聚落相比规模较小的聚落，各项设施配套更成熟，因此在完善公共服务设施和基础设施中具有较大的规模效应。

用地规模主要考虑聚落现状用地规模(村庄建设用地总量和耕地面积)和用地潜力(可增长村庄建设用地面积)。用地规模较大的聚落和可增长聚落建设用地面积较多的聚落通常具有一定的集聚效应。

(3) 经济发展，包括聚落总收入和人均纯收入 2 项指标。反映聚落经济及产业的发展状况，是分析聚落发展趋势的重要指标。

(4) 公共服务设施。选取与聚落发展和居民生活密切相关的指标作为公共服务设施配套完善与否的评价内容。包括教育机构、文体科技、医疗保健、商业金融和集贸市场 5

项指标，公共服务设施完善的聚落，生活更为便捷，具备一定的集聚效应。

(5)基础服务设施。选取与聚落发展和居民生活密切相关的指标作为基础设施配套完善与否的评价内容，包括道路是否硬化、环卫设施、给排水设施、消防设施和电力设施5项指标。基础服务设施完善的聚落，使居民能够感受到更便捷的生活环境。

2)指标权重

在综合评价中，各指标因子所体现的重要性存在差异，因此需要对各指标赋予不同的权重。需确定影响聚落发展各因素的相对重要程度，并以此确定各项因子的权重。

3)评价指标体系

对各分项指标分别赋予特征值，得出各聚落发展条件评价的综合数据库。有具体属性值的定量数据，采用百分位法对其进行标准化处理；没有统计数据的定性指标，根据定性分析划分等级，然后分级赋予特征值。赋值0~100，分值越高，发展条件越好。

(1)定量指标标准化处理公式：

$$P = (X - \min X)/(\max X - \min X)$$

式中，P 为标准化数值；X 为原始数据；$\min X$ 为指标原始数据中的最小值；$\max X$ 为指标原始数据中的最大值。

(2)定性指标处理标准见表6-1。

表 6-1　针对乡村聚落的综合发展潜力评价定性指标分级标准

指标名称	分级标准			
	80~100 分	60~80 分	40~60 分	<40 分
地理位置	优越	一般	较差	差
交通状况	县级以上干道	镇级以上干道	乡村道路	山间小路
生态环境	适宜建设区	适度建设区	生态缓冲区	生态保护区
村庄分布	相关性高(聚集度高)	相关性一般(聚集度一般)	相关性差(聚集度差)	
村庄行政级别	中心村	—	自然村	—

6.2.2 高原山地人居环境适应性评价体系

鉴于高原山地的特殊性，按照主导因素原则、层次明确原则、可操作性原则、尊重地域特色原则等，构建适合高原山地人居环境土地利用开发的指标体系(表6-2)。体系分为一级指标5项，二级指标6项，三级指标13项，通过各项指标的计算，加入权重，形成人居环境指数(human settlements environment index，HEI)(汤晨苏，2014；卢钖钖，2015；唐富茜，2016)(图6-1)。

表 6-2　针对乡村聚落的综合发展潜力评价的指标体系

目标层	一级指标	二级指标	备注	权重
综合发展条件	区位分布	地理位置	定性指标	0.05
		交通状况	定性指标	0.05

续表

目标层	一级指标	二级指标	备注	权重
综合发展条件	区位分布	生态环境	定性指标	0.08
		村庄分布	定性指标	0.02
	村庄规模	人口规模	定量指标	0.24
		村庄建设用地面积	定量指标	0.04
		耕地面积	定量指标	0.05
		可增长村庄建设用地面积	定量指标	0.04
	经济发展	村庄经济总收入	定量指标	0.08
		人均纯收入	定量指标	0.12
	行政效应	村庄行政级别	定性指标	0.04
	公共服务设施	教育机构	定量指标	0.02
		文体科技	定量指标	0.02
		医疗保健	定量指标	0.02
		商业金融	定量指标	0.02
		集贸市场	定量指标	0.02
	基础设施	道路硬化	定量指标	0.02
		环卫设施	定量指标	0.02
		给排水设施	定量指标	0.02
		消防设施	定量指标	0.02
		电力设施	定量指标	0.02

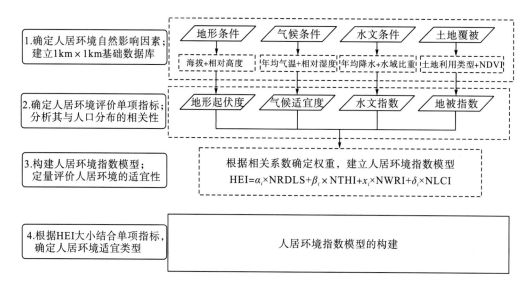

图6-1 人居环境自然适宜性评价技术方案

鉴于高原山地的特殊性，在人居环境适应性评价体系（表 6-3、图 6-2）制定时，除考虑自然环境的复杂性、特殊性外，还需要根据实际情况予以调整（图 6-3、表 6-4）。

表 6-3 人居环境适应性评价指标体系构成

一级指标	二级指标	三级指标
地形适应性	地形起伏度	海拔
		相对高程
		坡度
土地适应性	土地利用度	土地利用类型
		NDVI 数据
气候适应性	温湿指数	年平均温度
		年平均相对湿度
	风效指数	年平均日照时数
		年平均风速
水文适应性	地表水涵养能力	年平均降水
		汇水面积
垂直分异适应性	垂直分异分布带	人居环境分布情况
		垂直分异带划分

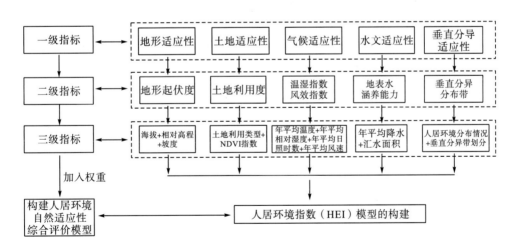

图 6-2 人居环境适应性评价体系

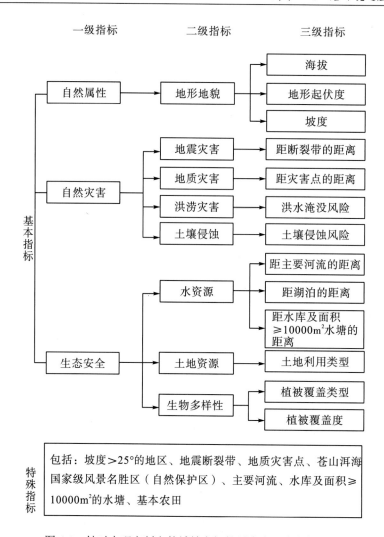

一级指标　　　　　　二级指标　　　　　三级指标

自然属性 → 地形地貌 → 海拔
　　　　　　　　　　　　地形起伏度
　　　　　　　　　　　　坡度

自然灾害 → 地震灾害 → 距断裂带的距离
　　　　　　地质灾害 → 距灾害点的距离
　　　　　　洪涝灾害 → 洪水淹没风险
　　　　　　土壤侵蚀 → 土壤侵蚀风险

生态安全 → 水资源 → 距主要河流的距离
　　　　　　　　　　距湖泊的距离
　　　　　　　　　　距水库及面积≥10000m²水塘的距离
　　　　　　土地资源 → 土地利用类型
　　　　　　生物多样性 → 植被覆盖类型
　　　　　　　　　　　　植被覆盖度

特殊指标：包括：坡度＞25°的地区、地震断裂带、地质灾害点、苍山洱海国家级风景名胜区（自然保护区）、主要河流、水库及面积≥10000m²的水塘、基本农田

图 6-3　针对大理市制定的城镇空间扩展生态阻力指标体系

表 6-4　针对大理市制定的城镇空间扩展基面生态阻力指标分级标准及阻力值

指标类型	一级指标	二级指标	三级指标	分级标准	阻力值
基本指标	自然属性	地形地貌	海拔/m	≤1400	4
				1400～1900	2
				1900～2200	1
				2200～3500	3
				＞3500	5
			地形起伏度/m	≤30	1
				30～70	2
				70～200	3
				200～500	4
				500～1000	5

续表

指标类型	一级指标	二级指标	三级指标	分级标准	阻力值
基本指标	自然属性	地形地貌	坡度 /(°)	≤3	2
				3~5	3
				5~8	4
				8~15	1
				15~25	5
	自然灾害	地震灾害	距断裂带 距离/m	≤500	5
				500~1000	4
				1000~1500	3
				1500~2000	2
				>2000	1
		地质灾害	距灾害点 距离/m	≤200	5
				200~500	4
				500~800	3
				800~1000	2
				>1000	1
		洪涝灾害	洪水淹 没风险	场地标高高于防洪水位	1
				场地标高低于防洪水位以下 0.0~3.0m	2
				场地标高低于防洪水位以下 3.0~6.0m	3
				场地标高低于防洪水位以下 6.0~9.0m	4
				场地标高低于防洪水位以下 9.0m	5
		土壤侵蚀	土壤侵 蚀风险	轻度侵蚀	1
				中度侵蚀	2
				强度侵蚀	3
				极强度侵蚀	4
				剧烈侵蚀	5
	生态安全	水资源	距主要河流 距离/m	≤30	5
				30~50	4
				50~70	3
				70~100	2
				>100	1
			距湖泊 距离/m	≤500	5
				500~1000	4
				1000~1500	3
				1500~2000	2
				>2000	1
			距水库、水塘(面积 ≥10000m²)距离/m	≤200	5
				200~500	4

指标类型	一级指标	二级指标	三级指标	分级标准	阻力值
基本指标	生态安全	水资源	距水库、水塘(面积≥10000m²)距离/m	500～1000	3
				1000～1500	2
				>1500	1
		土地资源	土地利用类型	建设用地	1
				未利用地	2
				草地	3
				水域	4
				耕地、林地	5
		生物多样性	植被覆盖类型	高寒荒漠草原亚类	1
				平原草甸类	2
				高寒草原亚类	3
				高寒草甸草原亚类	4
				高寒草甸草类	5
			植被覆盖度/%	0.00～20.00	1
				20.00～40.00	2
				40.00～60.00	3
				60.00～80.00	4
				80.00～100.00	5
特殊指标	坡度>25°的地区、地震断裂带、地质灾害点、苍山洱海国家级风景名胜区(自然保护区)、主要河流、水库及面积≥10000m²的水塘、基本农田(不参与权重计算)				∞

6.2.2.1 地形适应性

高原山地城镇建设发展受地形的影响最为明显,地形制约降水、日照、温度、植被等自然环境,影响城镇产业布局、功能空间结构等,还影响当地居民世世代代的生活习性与劳作方式。因此,地形适应性是评判人居环境适应性的一项重要指标(图 6-4、表 6-5)。

地形起伏度是地形适应性差别的重要指标。地形起伏度是指在一个特定的区域内,最高点海拔与最低点海拔的差值。作为表述区域地形特征的宏观指标和划分地貌类型的重要依据。地形起伏度有如下特点:

(1)相比简单地形分析中的高程分析、坡度分析和坡向分析,地形起伏度的表达式使用少量的公式涵盖了高程、坡度、坡向等地形特点;

(2)更为翔实地反映地形的情况;

(3)建立数据库,为下一步研究提供科学依据。

叠加计算地形起伏度:

$$RDLS = ALT/1000 + \{[\max(H) - \min(H)] \times [1 - P(A)/A]\}/500$$

其中，RDLS 为地形起伏度；ALT(altitude level token)表示区域内的平均海拔；max(H) 和 min(H) 分别为区域内最高与最低海拔，m；P(A) 为区域内可利用土地面积，km²；A 为区域总面积。

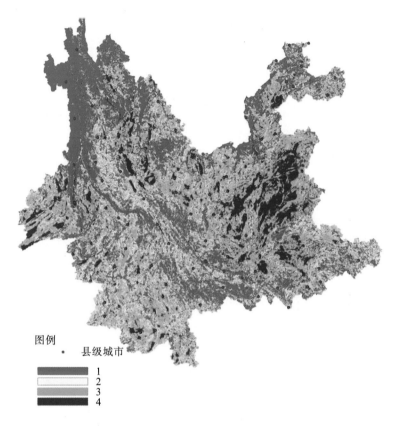

图例

· 县级城市

	1
	2
	3
	4

图 6-4 云南省坡度适宜性分析图

表 6-5 云南省坡度适宜性等级划分情况表

海拔	生态适宜性	面积/km²	面积占比/%	县级城市数量/个	县级城市名称
<8°	适宜	64 917.70	8.60	124	其余县市
8°~15°	较适宜	46 647.49	12.15	4	昭通市：绥江县、盐津县、大关县 红河州：金平县
15°~25°	不适宜	133 942.00	28.57	1	怒江州：贡山县
>25°	很不适宜	100 388.23	40.10	0	无

6.2.2.2 土地利用适应性

高原山地的土地利用受多因素限制，其中受水域、耕地、植被、城镇和荒地五类地被的影响较为显著，如自然生态区保护、基本农田保护、丰富生物资源、复杂生态结构、建成区扩张等。因此，土地利用适应性(land cover index，LCI)成为人居环境适应性分析的指标之一。

土地利用度指标简化了地被类型划分,将研究区域范围内的土地归为五大类:水域、耕地、植被、裸土和人居空间(城市建设用地与道路)。简化类型划分有如下原因:

(1)简化地被类型的划分,使针对人居环境的研究特色更加明确;

(2)这五种类型用地更能反映城市特征,如高原山地和高原湖泊的典型特征、坝区基本农田保护等对城市的影响等;

(3)这五种类型用地对土地利用开发有很大影响。

结合土地利用类型和类型权重,建立如下函数公式:

$$\text{LCI} = \text{NDVI} \times \text{LT}_i$$

其中,LCI 为地被指数;NDVI(normalized difference vegetation index)为该单元格的归一化植被指数;LT_i(land type)为各土地利用类型的权重,分别代表耕地、植被、裸土、人居空间和水域类型的权重。

据土地详查 1996 年变更的调查结果,云南省土地总面积 3832.10 万 hm^2,其中农用地 2962.06 万 hm^2,占 77.30%;建设用地 85.24 万 hm^2,占 2.23%;未利用地 784.8 万 hm^2,占 20.48%(图 6-5、表 6-6)。

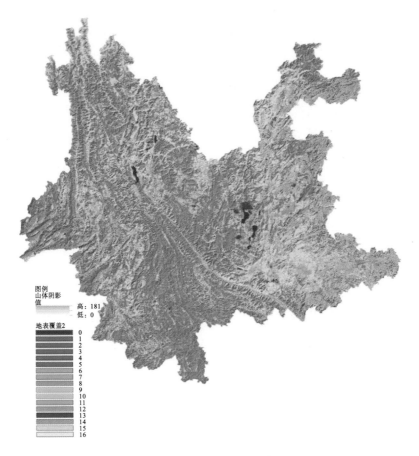

图 6-5　云南省用地类型分析图

表 6-6　云南省土地利用现状统计表

大类	用地类型	面积/万 hm²	比例/%
农用地	耕地	642.16	16.8
	园地	61.45	1.6
	林地	2179.27	56.87
	牧草地	79.18	2.07
建设用地	工矿用地	54.44	1.42
	交通用地	25.16	0.66
	水利设施	5.64	0.15
未利用地		784.8	20.48

6.2.2.3　气候适应性

随海拔变化，高原山地气候的垂直梯度性变化特征明显。

气候是地球上某一地区多年时段大气的一般状态，是该时段各种天气过程的综合表现。气象要素(温度、降水、风等)的各种统计量(均值、极值、概率等)是表述气候的基本依据。气候变化对人居环境与自然环境均有重要影响。因此，气候适应性(climate adaptation，CA)是人居环境适应性分析的指标之一。

风效指数(temperature humidity index，THI)与温湿指数(K)被选定为分析气候适应性的两项指标，风效指数由 Bedford 提出，Siple、Court 以及 Thomas-Boyd 等对其进行了改进，利用风速、日照等指标组成函数以评价城市的气候舒适度；温湿指数由 Oliver 提出并在国内外的生态学界、自然学界广泛应用，由温度、相对湿度等指标组成函数，评价城市的温湿度是否宜人。这两项指数成为评判人居环境舒适与否、区域是否宜居的重要指标之一。

利用年平均温度和年平均相对湿度，建立以下函数：

$$\text{THI} = T - 0.55(1-f)(T-58)$$
$$T = 1.8t + 32$$

其中，t 是摄氏温度；T 是华氏温度；f 是空气相对湿度，%。

利用年平均日照和年平均风速建立如下函数：

$$K = -(10v^{\frac{1}{2}} + 10.45 - v)(33-t) + 8.55s$$

其中，v 是风速，m/s；s 是日照时数，h/d；t 是摄氏温度。

6.2.2.4　水文适应性

水文指自然界中水的变化、运动等各种现象。可用于研究自然界水的时空分布、变化规律，包括降水、蒸发、径流、洪水、下渗等自然或人为现象。因此，水文为人居环境适应性分析的指标之一。

高原山地人居环境适应性评价将用地表水涵养度作为水文适应性的分析指数(water resource index，WRI)，由研究区域内的汇水面积及降水量组成。降水量体现了该区域的自然给水能力，汇水面积体现了区域对水分的涵养能力。

利用年平均降水和研究区域的汇水情况，建立公式：

$$WRI = \alpha P + \beta W_a$$

其中，WRI 为水文指数；P 为归一化的降水量；W_a 为归一化的水域面积；α 和 β 分别为降水与水域比例的权重。

6.2.2.5　垂直分异适应性

高原山地有别于平原，复杂性大于高原与山地的简单叠加，造成其复杂性的最大因素就是垂直梯度性特征。垂直变化使植被、生物、水、气候等对人类活动影响较大的因素产生垂直分异现象，造成人类活动范围在海拔垂直变化上的分异。因此，垂直分异适应性（vertical differentiation，VD）成为人居环境适应性分析的指标之一。

垂直分异性，又叫垂直地带性，指的是随着山地高度的增加，气温随之降低，从而使自然环境及其成分发生垂直变化的现象，称为垂直带性或高度带性。形成垂直带的基本条件是构造隆起的山体，而直接原因是热量随高度迅速地降低（每千米下降-6℃）。高原山地具有明显的垂直分异特征。

6.3　大理市人居环境适应性评价

6.3.1　适应性评价

高原山地具有高度的复杂性，导致人居环境适应性评价的目标及针对性会有差异。以下为针对典型高原山地区域——大理市（图 6-6、图 6-7），进行的人居环境适应性评价。

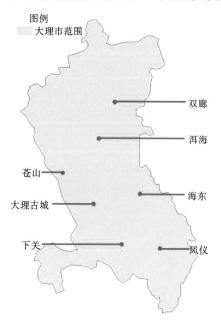

图 6-6　大理市域范围

图 6-7　大理市域地形图

大理市人居环境总体呈现以下分布特征：在高海拔区域人类活动极少，人居环境的分布较稀疏，不适宜人类居住；中海拔区域人类活动极为频繁，人居环境主要分布在此区域，海拔在 2000m 左右，气候适宜，土地规整且易于使用，产业结构多元化程度高；低海拔区域人类活动较少，人居环境适当分布，平均海拔 1620m 左右，气候舒适，但用地破碎、狭小、分散，不易于人居环境的大规模分布和发展。

（1）1300～1900m，主要位于大理市市域的东北部与西南部；

（2）1900～2300m，主要位于环洱海周围，洱海水平面海拔 1979m，洱海西侧和南侧是大理市域范围内面积最大的两块坝子；

（3）2300～3000m，主要位于苍山山麓的山腰和洱海东侧的山体，坡度较大；

（4）3000～3500m，主要是苍山山麓的山体部分，坡度较小。

6.3.2 地形适应性评价

大理市域内最高点位于市域西侧的苍山顶峰，海拔 4097m，最低点位于市域西南侧，海拔 1340m，平均海拔 2680m（图 6-8、图 6-9）。

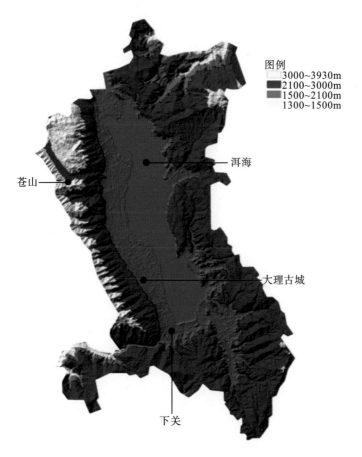

图 6-8　大理市域地形 TIN 文件

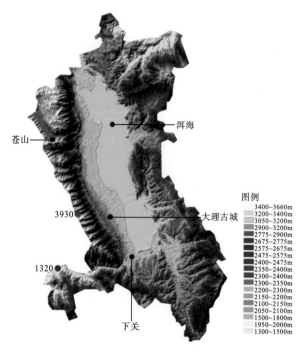

图 6-9　大理市域高程自然分布图

　　大理市地处高原山地，又是环高原湖泊区域，坡度大多在 25%以上，占总大理市域面积的三分之二。市域内坡度较缓的区域位于洱海以西、苍山以东地区，以及洱海以南部分地区，基本坡度在 8%以下，部分区域坡度为 8%～15%，适宜建设(图 6-10)。

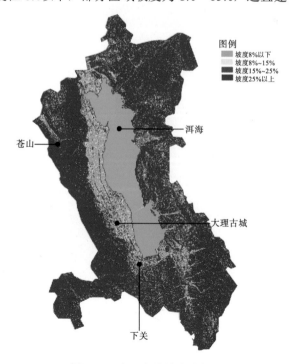

图 6-10　大理市域坡度分析图

　　大理市域地处盆地，西侧是苍山、东侧是马尾山，四周高山环抱、中间是洱海，四周山体坡向均朝向洱海。通过对大理市的地形图进行坡向分析(图 6-11)，可以看出周围坡向中比例最大的是东北向(面积 220.24km²，占 12.1%)，其次是北向(面积 200.45km²，占 11.0%)和东向(面积 196.53km²，占 10.8%)，比例最小的是南向坡(面积 144.67km²，占 8.0%)(表 6-7、表 6-8)。

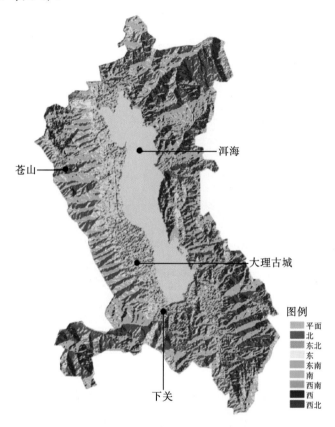

图 6-11　大理市域坡向分析图

表 6-7　城市主要建设用地适宜规划坡度

用地名称	工业用地	仓储用地	铁路用地	港口用地	城市道路用地	居住用地	公共设施用地	其他
最小坡度	0.2%	0.2%	0%	0.2%	0.2%	0.2%	0.2%	—
最大坡度	10%	10%	2%	5%	8%	25%	20%	—

表 6-8　大理市域地形坡向分类统计结果

坡向	平地	北	东北	东	东南	南	西南	西	西北
面积/km²	387.53	200.45	220.24	196.53	176.28	144.67	157.16	154.99	177.01
占比	21.4%	11.0%	12.1%	10.8%	9.7%	8.0%	8.7%	8.5%	9.8%

　　研究表明，大理市域范围内地形高差变化幅度大，有横断山脉的特征，深沟险壑。大理市范围内地形地貌的特征为地势西、北高，东、南低，山区环绕四周，西部的山区

海拔较高，东、南、北部的山区海拔相对较低，主要坝区围绕洱海分布，山箐位于山区和坝区中间地带。地形起伏度最大处位于苍山 19 峰山麓沿线和双廊镇东北部与宾川鸡足山镇接壤的山脉区域，最低处位于太邑彝族乡山箐区域；随着地形适应性指数的增大，地形起伏的幅度越大，土地平整与改造的成本越大（图 6-12）。

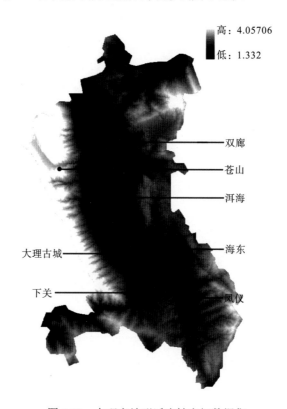

图 6-12　大理市地形适应性空间数据集

6.3.3　土地利用适应性评价

　　大理市域的土地利用适应性受到土地利用类型和植被指数的综合影响（图 6-13、图 6-14），空间差异性较大（-0.121429～0.3），数值的升降，表明地表生态环境的情况，植被覆盖情况的好坏。从总体上看，大理市域范围内的土地利用有以下特点：

　　（1）周边山区的植被覆盖优于环洱海坝区。周边山区海拔较高，人类活动较少，生态植被保留比较完整。

　　（2）洱海西部和南部山区的植被情况优于东部、北部山区。因西部属于苍山山脉，南部的地形较为陡峭，所以植被覆盖保存较为完整。

　　（3）洱海西部的坝区植被情况优于洱海东部。海西土地情况、气象情况普遍优于海东地区，也与大理市"保护海西农田，建设海东新城"的政策有关。

　　通过对数值进行重分类（图 6-15、表 6-9），并根据土地利用类型共同分析，得出大理市域范围内的土地类型特点（图 6-16）。

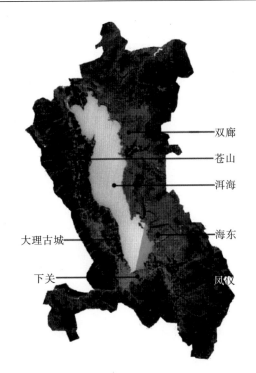

图 6-13 大理市土地利用类型二次分类图

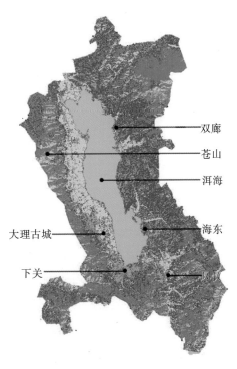

图 6-14 大理市植被指数空间分布数据集

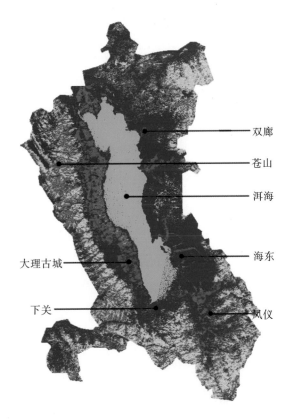

图 6-15 基于土地适应性的大理土地重分类

表 6-9　土地重分类及其土地利用适应性数值

用地类型	指标数值范围	面积/km²
水域	−0.121429~0.005	251
人居空间		
裸土	0.005~0.085	557
耕地	0.085~0.16	271
植被	0.16~0.3	708

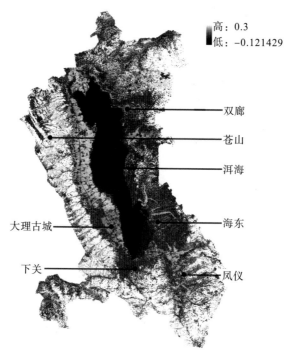

图 6-16　大理市土地适应性空间数据集

6.3.4　气候适应性评价

高原山地区域的相对湿度由气温和水汽压条件决定，并受云雾现象的影响，相对较为复杂，不同地区不同季节的相对湿度都不尽相同，即使同一地区也可能因受地势高低等局部因素的作用而有所差异。

日照时数是指太阳每天在垂直于光线平面上的辐射强度超过或等于 120W/m² 的时间长度。山区的日照分布比较复杂，主要受该地区气候和天气状况的影响(表 6-10、图 6-17、表 6-11、图 6-18)。

风速同山地地形之间的关系错综复杂，风速空间分布主要受两地气候和地形条件的影响(图 6-19)。

表 6-10　水文气象资料选点

序号	地名	纬度/(°)	经度/(°)	海拔/m
1	下关镇	25.592 033	100.230 11	1 976
2	大理镇	25.7	100.18	1 990.5
3	凤仪镇	25.584 292	100.311 692	1 980
4	喜洲镇	25.850 264	100.130 89	1 990
5	海东镇	25.710 644	100.260 065	1 978
6	挖色镇	25.828 904	100.226 506	1 974.6
7	湾桥镇	25.789 265	100.122 178	1 986
8	银桥镇	25.752 937	100.125 955	1 998
9	双廊镇	25.909 494	100.193 632	1 976
10	上关镇	25.957 08	100.129 603	1 974.9
11	太邑乡	25.559 787	100.097 757	1 743
12	鸡足山镇	25.941 066	100.402 285	1 818.6
13	大营镇	25.786 908	100.463 688	1 660
14	宾居镇	25.693 513	100.519 993	1 540
15	象鼻乡	25.555 4	100.498 45	2 118
16	红岩镇	25.427 338 9	100.412 941 7	1 732
17	永建镇	25.425 655 6	100.214 347 2	1 763
18	紫金乡	25.432 072 2	100.012 530 6	1 726
19	顺濞乡	25.480 905 6	99.923 311 11	1 487
20	平坡镇	25.580 113 9	100.050 358 3	1 437
21	脉地镇	25.780 222 2	99.934 116 67	1 843
22	凤羽镇	25.991 144 4	99.927 65	2 228
23	邓川镇	25.998 966 7	100.088 65	2 019
24	黄坪镇	26.102 333 3	100.247 413 9	1 462

图 6-17　大理市水文气象资料选点位置示意图

表 6-11　水文气象选点的气象适应性基础数据

地名	平均温度/℃	平均湿度/%	日照时数/h	平均风速/(m·s⁻¹)
下关镇	15.1	68.75	6.104 11	4.1
大理镇	14.86	61.523	6.050 556	2.3
凤仪镇	15.1	69.3	6.104 11	2
喜洲镇	15.1	68.75	6.052 968	2.1
海东镇	15.4	68.2	6.062 1	5.6
挖色镇	15	68.2	6.144 292	2.7
湾桥镇	15.5	66.55	6.067 58	2.5
银桥镇	17	68.75	6.136 986	2.1
双廊镇	15	68.2	6.080 365	2.1
上关镇	18	68.75	6.109 589	1.9
太邑乡	14.4	67.65	6.111 416	1.7
鸡足山镇	13	70.4	6.294 064	1.4
大营镇	25	69.85	6.290 411	1
宾居镇	16.7	69.85	6.326 941	1.1
象鼻乡	14.25	68.2	6.124 201	1
红岩镇	17.7	69.85	6.129 68	1.1
永建镇	15.6	69.3	6.109 589	1.4
紫金乡	17.3	69.3	6.126 027	0.7
顺濞乡	17.49	67.1	6.115 068	0.9
平坡镇	16.6	67.65	6.126 027	1.1
脉地镇	16.2	64.35	6.098 63	0.9
凤羽镇	13	64.35	6.052 968	0.8
邓川镇	15	68.2	6.109 589	1.5
黄坪镇	18	68.2	6.180 822	1.2

高:6.30228
低:6.05058

图 6-18　大理市日照时数数据集

高:7.65226
低:0.850058

图 6-19　大理市平均风速数据集

　　大理市人居环境的舒适性与地理特征有密切关系，呈现以下主要特征：

　　A 级(非常舒适)区域主要分布在大理市东北区域与西南区域。由于海拔较低，气候温暖，湿度较大，气候较为宜人，气候适应性最高；

　　B 级(舒适)区域包含大理市域范围内的平坝区域，因其濒临洱海，水体的调节能力较强，为该区域营造了舒适的小气候，气候适应性较高；

　　C 级(较不舒适)、D 级(不舒适)、E 级(极不舒适)区域主要分布在海拔较高的山区，随着海拔增加，温度降低，逐渐远离水面，所以冬天温度较低，气候干燥，气候适应性逐渐降低。

　　大理市风效指数分布趋势与温湿指数基本相似，不同的是 B 级(舒适)的范围涵盖了周边很多山区，特别是洱海东面的山区都涵盖其中；而 C 级(较不舒适)和 D 级(不舒适)的范围缩小(表 6-12、图 6-20～图 6-23、表 6-13)。

表 6-12　土地重分类及其气候舒适度数值

分级	指标数值范围	面积/km²
极冷，极不舒适	0～0.111	0.55
寒冷，不舒适	0.111～0.296	7.31
偏冷，较不舒适	0.296～0.540	54.23
清，舒适	0.540～1.235	656.82
凉，非常舒适	1.235～1.870	1093.88
暖，舒适	1.870～2.000	2.53

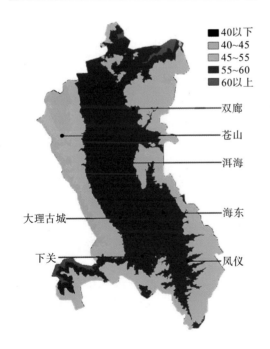

图 6-20　大理市温湿指数

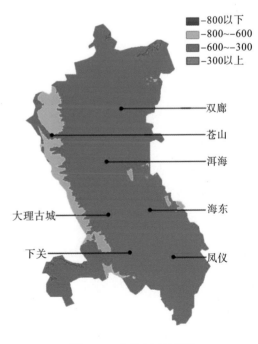

图 6-21　大理市风效指数

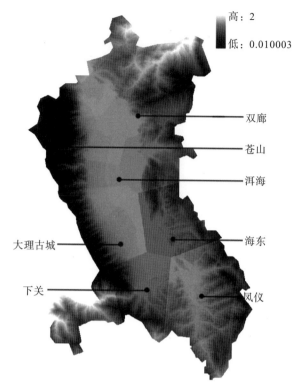

图 6-22　大理市气候适应性空间

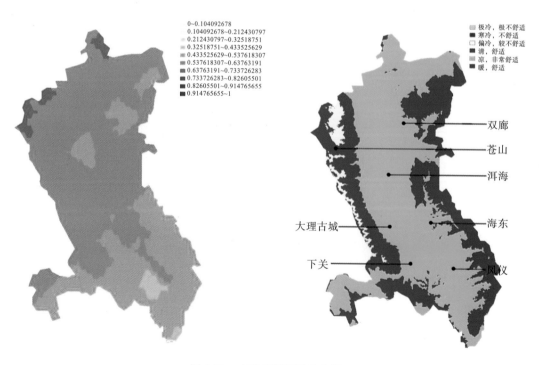

图 6-23　大理市舒适度分布图

表 6-13　降水归一化表

乡镇	海拔/m	纬度/(°)	经度/(°)	平均降水量/mm	降水量(归一化)
平坡镇	1 437	25.580 113 9	100.050 358 3	853.8	0.564 25
黄坪镇	1 462	26.102 333 3	100.247 413 9	725.7	0.337 52
顺濞乡	1 487	25.480 905 6	99.923 311 11	745.57	0.372 69
宾居镇	1 540	25.693 513	100.519 993	535	0
大营镇	1 660	25.786 908	100.463 688	600	0.115 04
紫金乡	1 726	25.432 072 2	100.012 530 6	962	0.755 75
红岩镇	1 732	25.427 338 9	100.412 941 7	563.5	0.050 44
太邑乡	1 743	25.559 787	100.097 757	936	0.709 73
永建镇	1 763	25.425 655 6	100.214 347 2	800	0.469 03
鸡足山镇	1 818.6	25.941 066	100.402 285	932	0.702 65
脉地镇	1 843	25.780 222 2	99.934 116 67	1 050	0.911 5
挖色镇	1 974.6	25.828 904	100.226 506	1 100	1
上关镇	1 974.9	25.957 08	100.129 603	742	0.366 37
下关镇	1 976	25.592 033	100.230 11	695.3	0.283 72
双廊镇	1 976	25.909 494	100.193 632	800	0.469 03
海东镇	1 978	25.710 644	100.260 065	565	0.053 1
凤仪镇	1 980	25.584 292	100.311 692	1 078.9	0.962 65
湾桥镇	1 986	25.789 265	100.122 178	1 080	0.964 6
喜洲镇	1 990	25.850 264	100.130 89	1 080.1	0.964 78
大理镇	1 990.5	25.7	100.18	1 079	0.962 83
银桥镇	1 998	25.752 937	100.125 955	700	0.292 04
邓川镇	2 019	25.998 966 7	100.088 65	840	0.539 82
象鼻乡	2 118	25.555 4	100.498 45	669.8	0.238 58
凤羽镇	2 228	25.991 144 4	99.927 65	750	0.380 53

现有数据表明,大理市域范围内水文条件较好,没有对人居环境造成严重干扰(图6-24)。

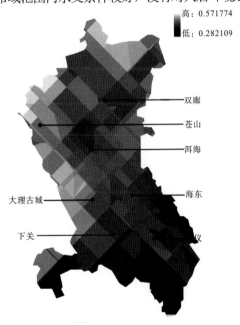

图 6-24　大理市水文适应性空间数据集

6.3.5　水文适应性评价

总体上，大理市域范围内的水文指数变化从 0.28 左右变化到 0.57 左右，整体呈现从西北到东南逐渐降低的走势。

6.3.6　垂直分异性适应性评价

大理市地势西、北高，东、南低，海拔最高点 4097m，最低点 1340m，形成高原湖泊—平坝—高原山地的特殊自然格局，分布在其中的人居环境也独具特点（表 6-14～表 6-16、图 6-25）。

表 6-14　人居环境垂直分异数据统计村镇明细

县市名	乡镇	海拔/m	村庄个数/个	总计
宾川县	力角镇	1280～1640	7	147
	钟英傈僳族彝族乡	1400～2200	6	
	金牛镇	1420～2300	76	
	州城镇	1458～2500	9	
	宾居镇	1510～2580	8	
	鸡足山镇	1580～2300	9	
	乔甸镇	1600～2100	6	
	大营镇	1660～1860	5	
	平川镇	1680～2500	14	
	拉乌彝族乡	1860～2260	7	
大理市	凤仪镇	1000～2587	52	260
	喜洲镇	1976～2190	66	
	银桥镇	1976～2200	39	
	湾桥镇	1978～1996	33	
	大理镇	1979～2040	70	
云龙县	漕涧镇	1090～2600	99	399
	功果桥镇	1300～2800	72	
	诺邓镇	1700～2300	19	
	长新乡	1775～2800	39	
	检槽乡	1945～3200	98	
	白石镇	1987～3457	72	

806

资料来源：数字乡村以及云南省山地城镇区域规划设计研究院村庄规划资料。

表 6-15 每 100m 海拔区间内人居环境分布情况

海拔分布/m	人口/人	人口比例/%	经济收入/万元	经济收入比例/%
1000~1100	1 015	0.140	318.9	0.016
1100~1200	0	0.000	0.0	0.000
1200~1300	3 879	0.535	2 254.1	0.117
1300~1400	17 894	2.468	11 334.5	0.586
1400~1500	116 174	16.023	122 053.7	6.312
1500~1600	68 000	9.379	68 244.1	3.529
1600~1700	14 913	2.057	56 477.0	2.921
1700~1800	20 352	2.807	11 460.4	0.593
1800~1900	36 236	4.998	24 343.3	1.259
1900~2000	281 114	38.772	1 156 643.5	59.817
2000~2100	96 065	13.250	329 114.1	17.020
2100~2200	35 179	4.852	137 301.1	7.101
2200~2300	12 546	1.730	5 208.4	0.269
2300~2400	7 020	0.968	2 043.7	0.106
2400~2500	8 027	1.107	3 666.5	0.190
2500~2600	4 257	0.587	2 626.5	0.136
2600~2700	594	0.082	173.9	0.009
2700~2800	641	0.088	157.0	0.008
2800~2900	88	0.012	12.0	0.001
2900~3000	258	0.036	87.6	0.005
3000~3100	358	0.049	61.0	0.003
3100~3200	129	0.018	12.0	0.001
3200~3300	186	0.026	30.2	0.002
3300~3400	0	0.000	0.0	0.000
3400~3500	120	0.017	17.6	0.001
合计	725 045	100.000	1 933 640.9	100.000

表 6-16 垂直分异情况

垂直分异范围/m	人口/人	人口比例/%	经济收入/万元	经济收入比例/%
1000~1400	22 788	3.14	13 907.53	0.72
1400~1900	255 675	35.26	282 578.39	14.61
1900~2200	412 358	56.88	1 623 058.62	83.94
2200~3500	34 224	4.72	14 096.37	0.73

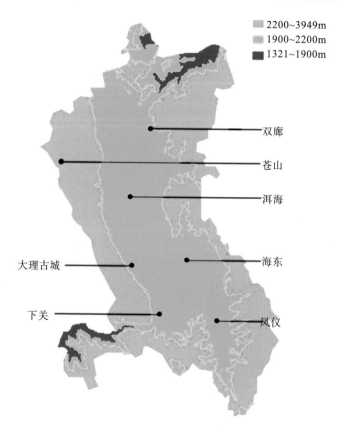

图 6-25 大理市垂直分异带

6.3.7 适应性评价权重确定

适应性评价权重确定如表 6-17 所示。

表 6-17 数据集权重表

指数名称	权重
地形适应性(RDLS)	0.22
土地利用适应性(LCI)	0.20
气候适应性(CA)	0.18
水文适应性(WRI)	0.21
垂直分异适应性(VD)	0.19

6.3.8 人居环境适应性评价

大理市域范围内，人居环境建设与发展程度总体呈现以洱海为中心向外逐渐减低的趋势，在受各种自然因素、人文因素的影响下，呈现以下特点(图6-26～图6-41)：

(1)洱海周边区域人居环境可建设程度较高。海拔低、气候宜人。人类亲水性的驱使，使人类对洱海的开发利用不可避免；同时绝对的不开发并不代表着保护，适量的人居环境建设、生态建设并存，不仅能够为城市带来发展机遇，也能够有效阻止高原湖泊因自循环慢而带来的"富营养"时期。

(2)苍山及周边山区海拔高、地势险、气温低，不利于人居环境的建设；自然环境良好，生态结构复杂，不进行人居环境建设有利于生态环境保护。

(3)海东、海南区域人居环境可建设程度较高。海东区域相较于海西区域地形起伏，但裸土类型分布较广，需强调生态恢复与生态建设；洱海南区域为城市建成区，土地开发基础完备，条件良好，有利于土地开发建设。

(4)海西区域人居环境可建设程度较低。海西区域属于平坝区域，多为农田，生态环境较优良；大规模的发展不仅会破坏农田的基本保障，也会破坏生态环境。

(5)海东区域人居环境指数变化幅度大于海西区域，这与海东区域土地较为破碎有关(唐富茜，2016)。

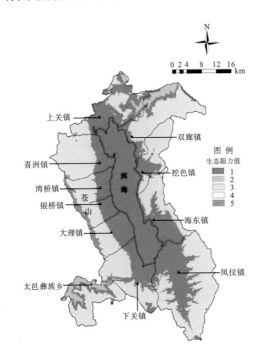

图6-26 大理市海拔阻力分布图

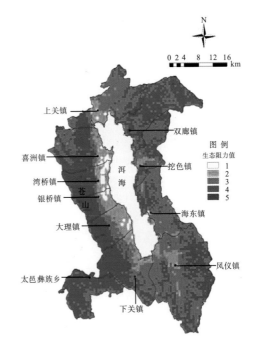

图6-27 大理市地形起伏度阻力分布图

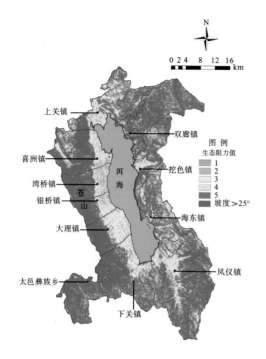

图 6-28 大理市坡度阻力分布图

图 6-29 大理市地质灾害阻力分布图

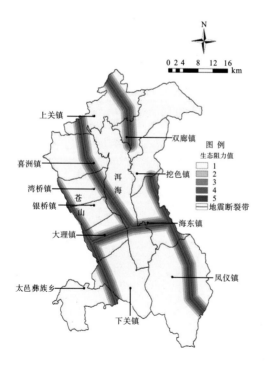

图 6-30 大理市地震灾害阻力分布图

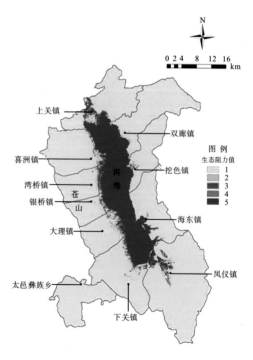

图 6-31 大理市洪水淹没风险阻力分布图

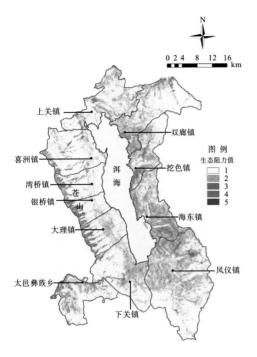

图 6-32 大理市土壤侵蚀风险阻力分布图

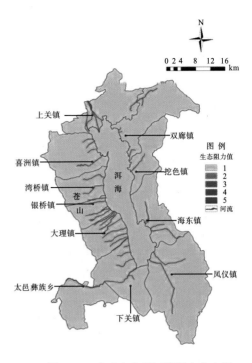

图 6-33 大理市主要河流阻力分布图

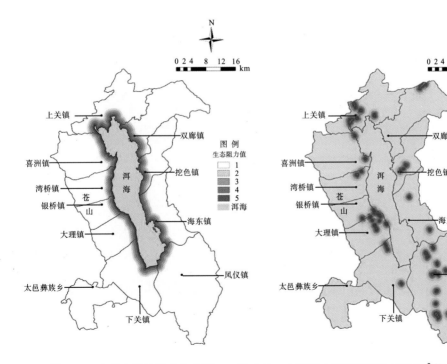

图 6-34 大理市湖泊阻力分布图　图 6-35 大理市水库及面积≥10000m² 的水塘阻力分布图

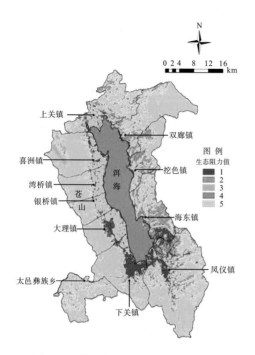

图 6-36 大理市土地利用阻力分布图

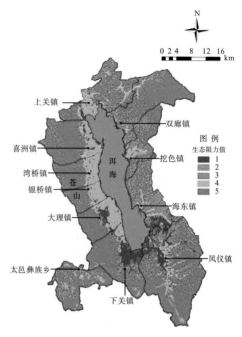

图 6-37 大理市土地覆盖阻力分布图

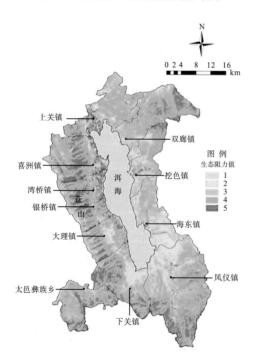

图 6-38 大理市植被覆盖度阻力分布图

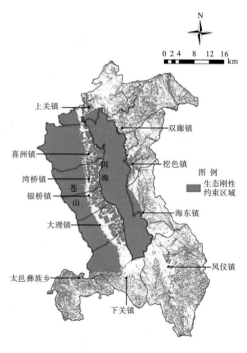

图 6-39 大理市生态刚性约束区域分布图

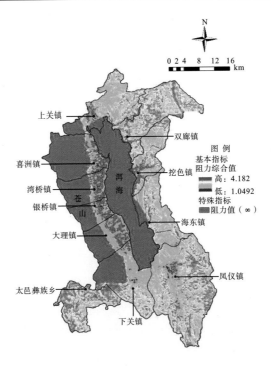

图6-40 大理市城镇扩展综合生态阻力分图

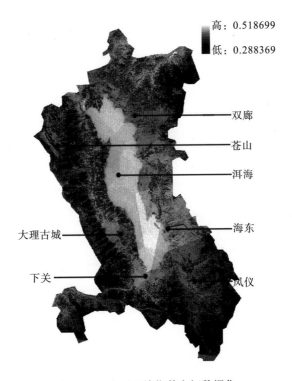

图6-41 人居环境指数空间数据集

6.4　环异龙湖人居环境的生态敏感性评价

　　针对环石屏异龙湖人居环境进行研究，总结分析影响因素。首先，人为扰动是影响最大的因素，环湖聚落的排污、取水情况，聚落的规模、等级、人口和分布情况，以及对流域土地的开发利用都会对人居环境造成负面影响。其次，周边的地形地貌、气候、降水等自然环境也会对人居环境产生显著影响。湖泊自身的大小、需水量的多少也直接影响到自身净化能力(图 6-42～图 6-44)(杨敏艳，2016；王连鹏，2018)。

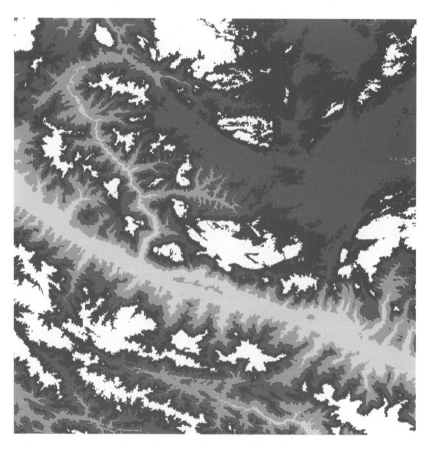

图 6-42　ASTGTM2_N23E102 影像图

资料来源：http://gdem.ersdac.jspacesystems.or.jp/.

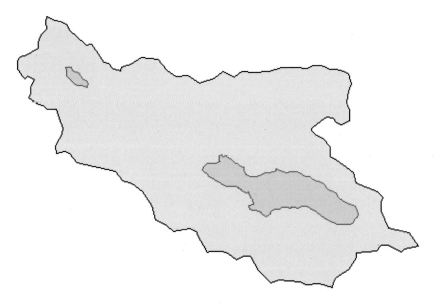

图 6-43　研究区域范围图

2010年湖库水质监测统计表

测点名称	采样月	采样日	水温	pH	电导率(ms/m)	溶解氧	溶解氧饱和度	高锰酸盐指数	化学需氧量	五日生化需氧量	氨氮	总磷	总氮	硒	铜	锌	氟化物	砷	总汞	镉	六价铬	铅	氰化物	挥发酚	石油类
异龙湖(东)	8	4	24.5	9.20	56.4	4.02	57.05	26.16	161.57	16.72	0.40	0.138	6.58	0.00010	0.000	0.0004	0.51	0.00688	0.00000	0.0000	0.003	0.000	0.001	0.001	0.07
异龙湖(东)	9	7	24.0	9.15	48.9	9.31	131.90	25.89	166.12	21.33	0.29	0.141	6.80	0.00000	0.041	0.0119	0.49	0.00863	0.00000	0.0001	0.001	0.000	0.000	0.004	0.10
异龙湖(东)	10	9	22.0	8.96	51.4	4.06	55.76	36.50	153.00	12.57	0.52	0.140	6.52	0.00016	0.003	0.0031	0.53	0.00703	0.00000	0.0001	0.002	0.002	0.002	0.001	0.07
异龙湖(东)	11	3	18.0	9.07	51.9	8.10	101.20	38.92	152.88	12.00	0.53	0.140	6.94	0.00012	0.000	0.0059	0.52	0.00659	0.00000	0.0001	0.001	0.000	0.000	0.000	0.06
异龙湖(中)	1	10	18.8	8.71	49.4	5.65	70.47	20.35	108.22	11.45	0.86	0.118	5.50	0.00059	0.000	0.0403	0.43	0.00923	0.00000	0.0001	0.001	0.000	0.001	0.001	0.06
异龙湖(中)	2	8	18.0	8.94	50.6	5.90	74.00	24.32	114.27	12.22	0.55	0.118	5.16	0.00017	0.000	0.0329	0.44	0.00352	0.00000	0.0001	0.001	0.000	0.000	0.000	0.06
异龙湖(中)	3	1	19.0	8.62	51.8	5.40	69.18	20.32	118.19	10.96	0.40	0.182	4.90	0.00026	0.000	0.0329	0.42	0.00337	0.00000	0.0001	0.001	0.000	0.000	0.000	0.02
异龙湖(中)	4	8	18.0	8.96	49.4	7.74	109.94	21.55	116.59	14.17	0.28	0.104	4.93	0.00013	0.000	0.0050	0.43	0.00282	0.00000	0.0001	0.001	0.000	0.000	0.000	0.06
异龙湖(中)	5	6	23.0	8.66	47.7	6.65	88.91	21.28	122.32	12.70	0.15	0.122	4.62	0.00015	0.000	0.0015	0.47	0.00320	0.00000	0.0001	0.001	0.000	0.001	0.000	0.06
异龙湖(中)	6	2	23.0	8.95	49.1	5.65	78.86	21.67	130.28	8.51	0.23	0.132	5.89	0.00036	0.000	0.0075	0.50	0.005	0.00000	0.0000	0.001	0.000	0.002	0.001	0.07
异龙湖(中)上半年			21.0	8.8	49.7	6.2	81.9	21.6	118.3	11.7	0.4	0.132	5.2	0.00026	0.000	0.02	0.46	0.004	0.00000	0.0000	0.001	0.000	0.001	0.000	0.11
异龙湖(中)	7	3	24.0	9.05	48.4	9.17	131.00	27.34	147.16	21.17	0.25	0.122	5.73	0.00000	0.000	0.0212	0.48	0.00321	0.00000	0.0000	0.003	0.000	0.001	0.001	0.09
异龙湖(中)	8	4	24.5	9.23	47.3	6.72	95.30	30.43	166.46	17.39	0.42	0.132	7.02	0.00022	0.000	0.0000	0.51	0.00711	0.00000	0.0000	0.003	0.000	0.001	0.001	0.09
异龙湖(中)	9	7	24.5	9.11	49.8	7.55	108.00	28.20	165.51	17.33	0.38	0.133	7.20	0.00000	0.037	0.0144	0.48	0.00801	0.00000	0.0003	0.003	0.000	0.002	0.002	0.12
异龙湖(中)	10	9	22.0	8.95	51.5	4.60	63.24	31.11	154.44	9.90	0.49	0.142	6.30	0.00015	0.004	0.0039	0.53	0.00796	0.00000	0.0000	0.003	0.000	0.001	0.000	0.08

2014年红河州湖泊水质环境月报数据表

项目	水温(℃)	水位(m)	pH值	电导率(ms/m)	透明度(m)	溶解氧 均值(mg/l)	溶解氧 饱和度(%)	高锰酸盐指数(mg/l)	化学需氧量(mg/l)	生化需氧量(mg/l)	氨氮(mg/l)	石油类(mg/l)	总磷(mg/l)	总氮(mg/l)	叶绿素a(mg/l)	挥发酚(mg/l)	汞(mg/l)	铅(mg/l)	砷(mg/l)	营养状态指数	综合类别	水功能类别
平均值	13.0	1411.69	8.40	74.2	0.70	7.50	84.71	11.62	58.79	2.40	0.19	0.01L	0.055	1.98	0.025	0.0005	0.00006	0.006	0.003L	0.004	60	V	III
水质评价	-	-	-	-	-	I		V		I	II		IV	V		I	I	I	I			
平均值	11.3	1411.72	8.28	76.0	0.77	8.26	88.55	11.77	71.06	4.08	0.11	0.04	0.065	2.23	0.030	0.0005	0.00006	0.006	0.003	61	>V	III
水质评价	-	-	-	-	-	I		V		IV	II		IV	>V		I	I	I	I			
平均值	21.0	1411.64	8.32	76.2	0.60	5.80	76.76	13.34	77.93	3.90	0.18	0.04	0.078	1.96	0.027	0.0005	0.00006	0.003L	0.005	62	>V	III
水质评价	-	-	-	-	-	III		V		III	II		IV	V		I	I	I	I			
平均值	20.0	1411.53	8.40	82.3	0.27	4.25	55.25	14.93	89.56	4.04	0.34	0.02	0.049	2.40	0.037	0.0005	0.00006	0.003L	0.013	66	>V	III
水质评价	-	-	-	-	-	IV		V		III	II		III	>V		I	I	I	I			
平均值	20.0	1411.41	8.64	76.6	0.40	6.56	77.72	17.72	85.60	3.68	0.26	0.04	0.093	2.33	0.032	0.0005	0.00006	0.003L	0.007	66	>V	III
水质评价	-	-	-	-	-	II		>V		III	II		IV	>V		I	I	I	I			
平均值	22.0	1411.23	8.57	82.1	0.27	5.74	78.48	32.38	103.59	4.05	0.31	0.08	0.078	2.92	0.050	0.0007	0.00006	0.003L	0.010	56	>V	III
水质评价	-	-	-	-	-	III		>V		IV	II	IV	IV	>V		I	I	I	I			

红河州监测站监测2011年异龙湖流域监测点监测数据

测点名称	测点代码	采样日	水温	pH	电导率	溶解氧	溶解氧饱和度	高锰酸盐指数	化学需氧量	五日生化需氧量	氨氮	总磷	总氮	硒	铜	锌	氟化物	砷	总汞	镉	六价铬	铅	氰化物	挥发酚	石油类
异龙湖(东)	8	2	20.5	8.99	49.2	6.00	79.36	26.78	131.96	8.84	0.41	0.137	4.69	0.00000	0.001	0.0078	0.45	0.01165	0.00000	0.0001	0.001	0.002	0.000	0.002	0.03
异龙湖(东)	9	2	20.0	9.05	52.4	8.27	111.70	26.45	135.31	10.62	0.27	0.165	5.06	0.00000	0.000	0.0081	0.56	0.01820	0.00000	0.0002	0.002	0.000	0.000	0.001	0.03
异龙湖(东)	10	6	20.0	8.68	53.0	7.79	100.50	19.04	130.31	14.15	0.38	0.145	5.73	0.00026	0.002	0.0078	0.64	0.01393	0.00000	0.0002	0.002	0.000	0.000	0.001	0.06
异龙湖(东)	11	3	17.0	8.66	54.1	4.03	49.09	18.02	116.88	16.77	0.46	0.133	5.52	0.00013	0.001	0.0090	0.71	0.01055	0.00000	0.0001	0.002	0.001	0.000	0.001	0.05
异龙湖(东)	12	6	16.5	8.86	57.7	9.34	112.30	16.99	105.50	9.95	0.59	0.119	5.11	0.00008	0.000	0.0090	0.68	0.00921	0.00000	0.0002	0.001	0.000	0.000	0.000	0.04
异龙湖(中)	1	7	12.0	8.56	54.9	6.74	74.49	29.73	107.35	7.73	1.66	0.151	6.05	0.00069	0.001	0.0188	0.59	0.00337	0.00000	0.0001	0.001	0.000	0.001	0.001	0.06
异龙湖(中)	2	9	16.0	8.60	55.1	8.04	97.00	16.25	93.55	4.72	2.29	0.095	5.04	0.00005	0.002	0.0000	0.62	0.00092	0.00000	0.0000	0.001	0.000	0.000	0.000	0.05
异龙湖(中)	3	7	18.0	8.78	57.2	7.16	91.71	18.27	89.05	5.12	1.51	0.097	4.44	0.00006	0.000	0.0000	0.47	0.00382	0.00000	0.0001	0.000	0.000	0.005	0.000	0.04
异龙湖(中)	4	6	15.0	8.79	56.9	8.35	99.53	14.95	84.30	5.95	0.77	0.099	3.30	0.00095	0.050	0.0067	0.61	0.00164	0.00000	0.0000	0.001	0.001	0.000	0.001	0.07
异龙湖(中)	5	4	23.0	8.52	54.0	8.02	111.80	17.44	90.95	9.30	0.19	0.113	3.10	0.00020	0.056	0.0101	0.57	0.00418	0.00000	0.0004	0.001	0.000	0.000	0.002	0.07
异龙湖(中)	6	1	20.5	8.87	52.1	7.23	95.64	18.33	102.58	8.79	0.20	0.123	3.67	0.00000	0.066	0.0102	0.52	0.00526	0.00000	0.0000	0.002	0.000	0.000	0.000	0.07
异龙湖(中)	7	6	25.0	8.85	49.8	7.75	110.00	22.87	83.66	5.54	0.12	0.142	4.50	0.00005	0.002	0.0049	0.49	0.00896	0.00000	0.0002	0.001	0.001	0.000	0.000	0.06
异龙湖(中)	8	2	21.5	8.95	48.2	7.25	97.76	25.64	130.72	8.34	0.46	0.147	4.81	0.00007	0.002	0.0073	0.46	0.01708	0.00000	0.0002	0.000	0.000	0.000	0.000	0.06

图 6-44　异龙湖湖管局资料

资料来源：石屏县异龙湖湖管局，2014 年 12 月。

结合各类文献及评价因子选取的原则，从地貌地形、自然条件、地被、人类活动、政策法规五个角度出发，进行评价因子的提取及筛选，最终确定针对异龙湖的生态敏感性评价因子和生态敏感性评价指标体系(表 6-18)。

表 6-18　环高原湖泊生态敏感性评价指标体系

一级指标	二级指标	三级指标
人类干扰敏感性	人类干扰指数	道路因子
		聚落因子
		湖泊污染因子
地形地貌敏感性	地形地貌指数	高程因子
		坡度因子
		坡向因子
		地形起伏度因子
地被敏感性	土地利用指数	地被因子
政策法规敏感性	政策法规指数	规划因子
自然条件敏感性	自然条件指数	气候因子
		水体因子

6.4.1　地形地貌生态敏感性评价

异龙湖流域人居环境建设与保护的矛盾非常尖锐。所以针对环异龙湖人居环境的评价，主要从高程、坡度、地形起伏度、坡向四个方面进行深入研究(王佳旭，2015)。

6.4.1.1　高程因子

高程是地形地貌的重要因素之一，在高原山地及环高原湖泊区域尤其重要(图 6-45、表 6-19)。

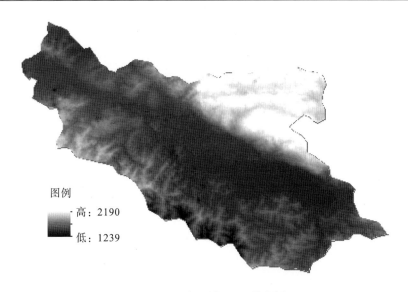

图 6-45　研究区域 DEM 数据图

表 6-19　高程因子及分级标准

分级	指标因子分级标准	赋值
极高敏感	海拔＞1760m	5
高度敏感	海拔 1540～1760m	4
中度敏感	海拔 1420～1540m	3
轻度敏感	海拔 1350～1420m	2
非敏感	海拔＜1350m	1

　　环异龙湖区域地形比较复杂，既有层峦叠嶂的山峰，又有微波粼粼的湖泊，高程变化明显。异龙湖北面是较高的山峰，平坝区极少。而西、南、东三个方向，尤其是西岸，有较大范围的平坝区，土壤肥沃、土地坡度平缓、开发难度低，非常适宜开发建设和农耕。但是开发建设的同时也容易对自然环境造成破坏，需要制定严格、有效的保护措施（图 6-46）。

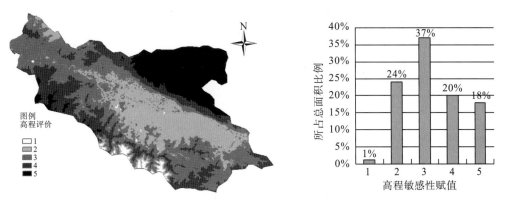

图 6-46　高程因子生态敏感性评价

6.4.1.2　坡度和地形起伏度因子

坡度和地形起伏度是高程的变率，表示陡峭程度，是否易出现水土流失、植被破坏等环境问题（表6-20、表6-21，图6-47～图6-49）。

表6-20　环异龙湖坡度值分析表

坡度	赋值*	计算	所占比例
8°以下	1	77527	21.9%
8°～25°	2	159447	45%
25°以上	3	117349	33.1%
总计		354323	100%

表6-21　地形起伏度因子及分级标准

分级	指标因子分级标准	赋值
极高敏感	1.85～1.97	5
高度敏感	1.81～1.85	4
中度敏感	1.76～1.81	3
轻度敏感	1.72～1.76	2
非敏感	1.65～1.72	1

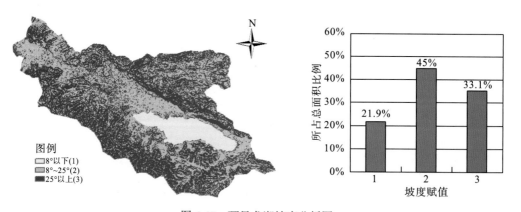

图6-47　环异龙湖坡度分析图

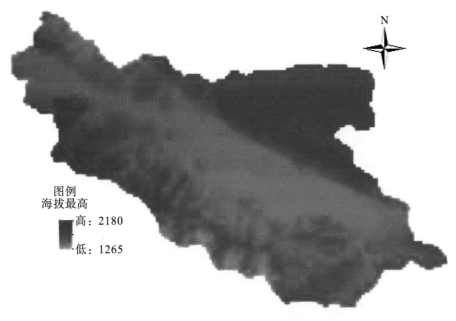

图 6-48　栅格海拔最高值

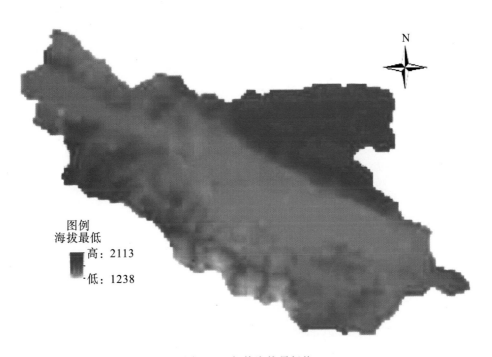

图 6-49　栅格海拔最低值

　　研究表明，环异龙湖总体坡度较大，绝大部分区域都在 8°以上，只有异龙湖以及湖的西北部和东南部有少量区域在 8°以下，约占研究区总面积的 11%。异龙湖流域内的平均地形高差变化幅度并不是很大。异龙湖四面环山，除了北岸山峰高耸、坝区极少外，东岸、南岸、西岸均有较平缓的土地，可以进行开发建设(图 6-50、图 6-51)。

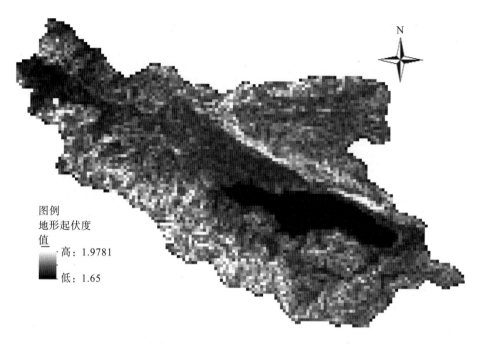

图 6-50　环异龙湖地形起伏度分析

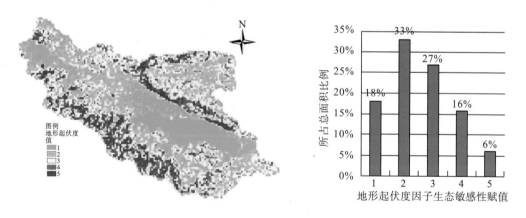

图 6-51　地形起伏度因子生态敏感性评价图

6.4.1.3　坡向因子

结合坡向因子的生态敏感性，人居环境建设时要保护坡向为北的高度敏感性区域，坡向为南的轻度敏感区，东西方向的中度敏感区(表 6-22、图 6-52)。

表 6-22　坡向因子及分级标准

分级	指标因子分级标准	赋值
高度敏感	北	4
中度敏感	东，西	3
轻度敏感	湖泊区域	2
非敏感	南	1

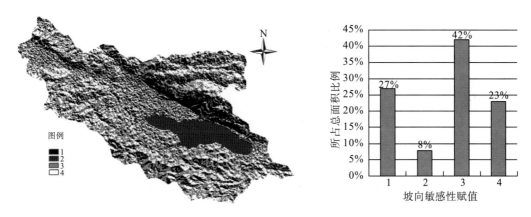

图 6-52　坡向敏感性分析图

6.4.1.4　地形地貌生态敏感性评价

综合高程、坡度、坡向和地形起伏度四个数据集，可以反映地形地貌综合生态敏感性。图 6-53 颜色越亮说明生态敏感性越强，容易受到外界干扰，生态较脆弱；反之则生态敏感性较弱，抵抗外界干扰的能力较强。如异龙湖北侧较陡峭的山峰，由于坡度很大，一旦植被遭到破坏，易导致水土流失，动植物资源遭到严重破坏；海拔高的区域，动植物多样性单一，很容易遭到破坏(图 6-54、表 6-23)。

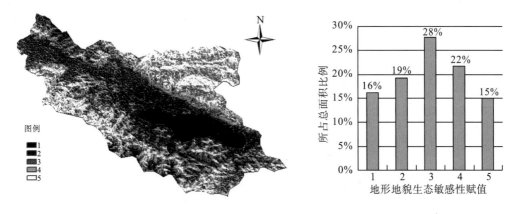

图 6-53　地形地貌生态敏感性评价

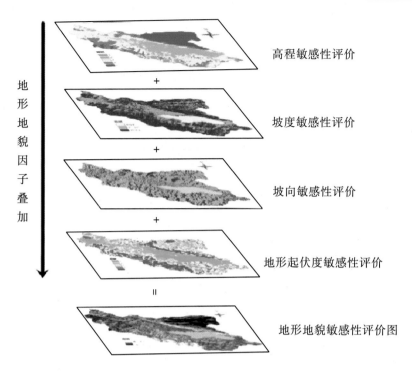

图 6-54　地形地貌生态敏感性叠加示意图

表 6-23　异龙湖流域地形地貌生态敏感性分级表

影响因子	非敏感区	轻度敏感区	中度敏感区	高度敏感区	极度敏感区
高程因子	<1350m	1350～1420	1420～1540	1540～1760	>1760m
坡度因子		小于 8°	8°～25°	>25°	
地形起伏度因子	1.65～1.72	1.72～1.76	1.76～1.81	1.81～1.85	1.85～1.97
坡向因子	南	湖泊	东、西	北	
分级赋值	1	2	3	4	5

6.4.2　自然生态敏感性评价

6.4.2.1　气候因子

与 45 个中心村落相对应的年降水量、年均温度、平均湿度、平均风速的气候分析见图 6-55～图 6-60、表 6-24。

图 6-55 环异龙湖聚落分布情况图

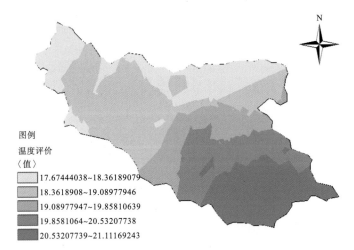

图 6-56 温度生态敏感性评价图

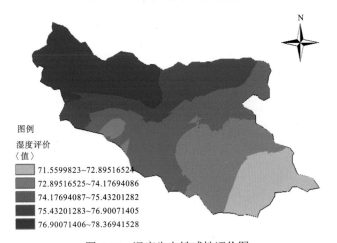

图 6-57 湿度生态敏感性评价图

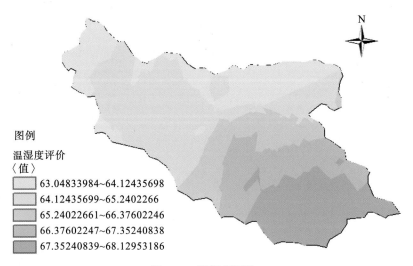

图 6-58   温湿度评价

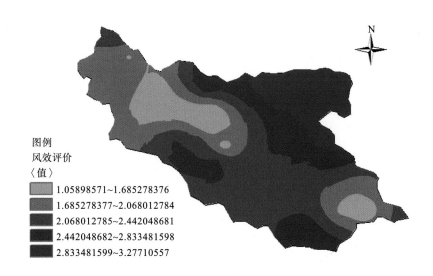

图 6-59   风效敏感性评价

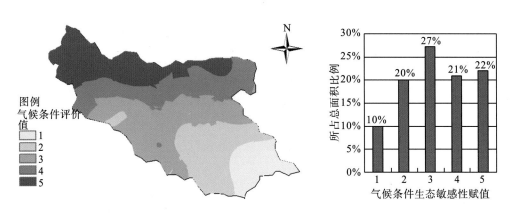

图 6-60   气候条件生态敏感性评价

表 6-24 聚落属性表

村落名称	年均气温/℃	平均湿度/%	年降水量/mm	村落人口/人	经济收入/万元	平均风速/(m·s⁻¹)
宝秀村	17.80	77.76	898.40	7976	4315.00	1.90
郑营村	18.20	77.65	898.40	3175	1613.00	2.10
许刘营	18.00	76.34	898.40	5262	1665.00	1.70
兰梓营	18.00	78.18	898.40	4250	3799.00	1.90
吴营	18.00	77.16	898.40	2483	1225.00	1.80
张向寨	18.00	77.34	898.40	3449	1571.00	1.90
朱洼子	18.00	79.73	1000.00	3467	1185.00	1.60
杨新寨	17.30	76.78	898.40	3514	1770.00	2.30
凤山村	18.00	78.65	943.00	2566	1157.00	2.00
城东社区	18.00	77.89	900.00	4684	1566.00	1.20
云泉社区	22.00	82.25	1100.00	7029	2258.00	1.10
卫家营	18.00	77.43	900.00	9550	1406.00	1.10
大瑞城	18.00	76.54	850.00	7458	6295.00	1.20
大水	23.00	73.55	780.00	7068	5549.00	2.50
陶村	19.00	76.14	800.00	6126	4721.00	1.30
杨广城	13.00	76.45	800.00	1327	1294.00	2.80
鸭子坝	16.00	75.18	850.00	1967	1526.00	3.10
他腊坝	18.00	78.11	900.00	1388	1249.00	3.20
孙家营	18.00	79.23	1000.00	3843	3084.00	1.40
李家寨	18.00	79.14	1000.00	4906	4087.00	1.00
松村	25.00	78.38	1000.00	4667	3510.00	1.60
高家湾	18.00	78.87	920.00	2066	2714.00	2.40
小水	18.50	75.43	800.00	2988	2519.00	2.50
豆地湾	25.00	68.50	500.00	2921	2411.00	2.40
冒合村	18.00	72.80	700.00	6002	5042.00	2.20
大西山村	18.00	73.50	700.00	2482	1858.00	2.10
弥太柏村	18.00	69.54	600.00	2998	2092.00	2.50
坝心村	20.00	69.46	620.00	2329	1582.00	1.70
王家冲	22.00	72.34	759.00	2970	1608.00	1.40
老街村	22.00	69.66	620.00	3838	3470.00	1.60
新河村	20.00	73.89	760.00	2764	1273.00	2.00
白浪村	20.00	76.24	820.00	4026	1936.00	2.10

村落名称	年均气温/℃	平均湿度/%	年降水量/mm	村落人口/人	经济收入/万元	平均风速/(m·s⁻¹)
海东村	20.00	74.26	790.00	3239	2148.00	1.90
新海资村	21.00	72.81	630.00	1287	1269.00	2.80
邑北孔	19.00	73.64	760.00	1769	941.00	3.30
芦子沟	24.00	71.60	690.00	1831	1141.00	2.20
者坝冲	21.00	70.13	620.00	393	173.00	2.90
新寨	21.00	71.46	630.00	129	127.00	2.50
黑尼	16.00	75.34	800.00	1077	993.00	3.30
茴水	17.40	77.87	898.40	2064	582.00	2.40
立新	17.30	77.15	898.40	1329	551.00	2.20
斐尼	17.60	77.43	898.40	2076	925.00	2.60
小官山	17.00	77.34	898.40	1268	523.00	2.10
石灰塘	17.00	78.45	898.40	1186	789.00	2.20
棉花冲	18.10	77.26	898.40	1214	582.00	2.80

资料来源：环异龙湖气象站资料汇总，2014 年 12 月。

石屏县境内四季如春，气候宜人，冬不围炉，夏不用扇。从西北向东南，从宝秀镇到坝心镇，降水量由 664mm 逐渐增加到 951mm 温度也和降水量趋势一致，从宝秀镇到坝心镇，由年均 17℃逐渐升高到年均 21℃。就气候条件来讲，石屏县适合多数作物种植，有利于农牧业引种改良、结构调整和本地资源的可持续发展。因此，该地区气候条件优越，气候生态敏感性较弱，对动植物生长、人类居住以及湖泊水资源没有负面影响，有利于人居环境建设。

6.4.2.2　水体因子

按距异龙湖水体的远近划分敏感性等级，距水体越近敏感性越高，距水体越远敏感性越低。目前异龙湖水质污染严重，周边生态敏感性高，生态异常脆弱，需要在周围建立生态缓冲区，加强水体的治理和保护。

根据距离水体的远近，依次将研究区划分为极敏感区、高度敏感区、中度敏感区、轻度敏感区、不敏感区五个分区，它们分别占研究区域总面积的 10.6%、3%、5.3%、5%、76.1%。

6.4.3　自然条件生态敏感性评价

由于环异龙湖气候条件优越，不会对区域内的开发、保护带来较大影响。异龙湖的污染情况异常严重，周边的生态敏感性强，生态脆弱(图 6-61、图 6-62)。

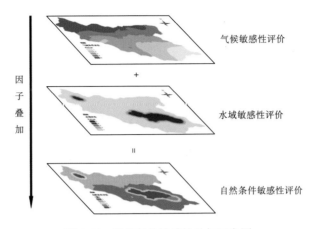

图 6-61　自然条件敏感性叠加示意图

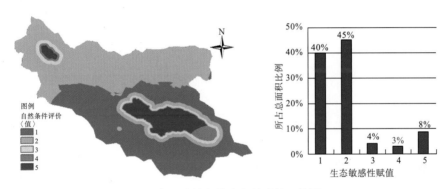

图 6-62　自然条件生态敏感性评价图

6.4.4　地被生态敏感性评价

地被生态敏感性如图 6-63～图 6-65、表 6-25 所示。

图 6-63　地被情况初步分类结果

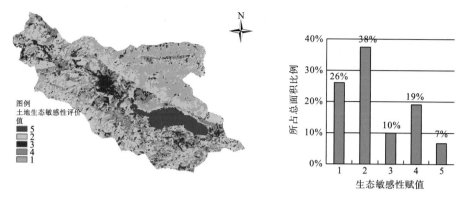

图 6-64　环异龙湖土地利用生态敏感性评价

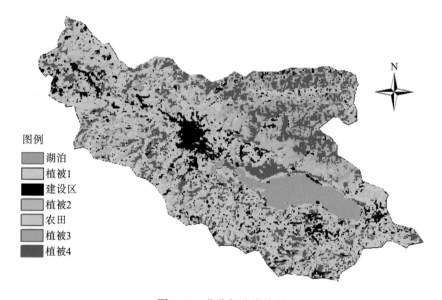

图 6-65　非监督分类结果

表 6-25　地被因子及分级标准

分级	指标因子分级标准	赋值
极高敏感	水域	5
高度敏感	耕地	4
中度敏感	建设区	3
轻度敏感	植被	2

环异龙湖人居环境特征：

（1）异龙湖西部为异龙镇，东部为坝心镇，周边被小村落包围，异龙湖周边的植被景观用地破碎。

（2）周边山区的海拔较高，人类活动较少，植被覆盖率明显高于环湖区域，生态植被保留比较完整。

(3)异龙镇中心辐射作用强,但对异龙影响明显。现湖泊西部沼泽化情况严重,湖泊已经慢慢退化为湿地。

根据土地利用类型共同分析,可以得出异龙湖流域的土地类型特点(表6-26)。

表6-26 研究区用地类型面积统计

用地类型	面积/km^2
水域	12.10
人居空间	17.25
耕地	32.77
植被	110.37

(1)水域类型。主要为异龙湖、赤瑞湖以及周边小水库,面积大约为12.10km^2。作为九大高原湖泊之一,异龙湖不仅是周边居民生存的根本,也为石屏县的发展带来了机遇。与此同时,石屏县城市的发展扩张、土地利用对异龙湖的影响也是巨大的。

(2)人居空间。人居空间主要分布在异龙镇、宝秀镇、坝心镇及异龙湖周边和北侧山峰上较为平坦的区域,人居环境的面积共计约有17.25km^2。

(3)耕地类型。主要分布在人居空间外侧、较为平坦的区域。异龙湖早期耕地不足,围湖造田,使大面积的湖泊被填成耕地,这给异龙湖带来了严重的影响。近年来,政府逐渐推行退耕还湖政策,扩大了湖泊面积,减少了周边干扰对湖泊造成的破坏。2014年,异龙湖流域耕地面积大约为32.77km^2。

(4)植被类型。植被主要分布于异龙湖流域范围内的山区,面积大约为110.37km^2。

异龙湖流域植被覆盖率相对较高,但环湖区域以及城镇周边的植被被人居空间、耕地破坏,植被景观较为破碎。异龙湖周边山脉植物群落众多,群落结构复杂,植物资源丰富,组成了环异龙湖自然生态系统的主体。

6.4.5 人类干扰生态敏感性评价

6.4.5.1 道路因子

道路因子具体情况见表6-27、表6-28和图6-66。

表6-27 省级道路交通因子及分级标准

分级	指标因子分级标准	赋值
极高敏感	道路0~100m缓冲带	5
高度敏感	道路100~200m缓冲带	4
中度敏感	道路200~500m缓冲带	3
轻度敏感	道路500~1000m缓冲带	2
非敏感	其他区域	1

表 6-28　县级道路交通因子及分级标准

分级	指标因子分级标准	赋值
极高敏感	道路 0～20m 缓冲带	5
高度敏感	道路 20～50m 缓冲带	4
中度敏感	道路 50～100m 缓冲带	3
轻度敏感	道路 100～200m 缓冲带	2
非敏感	其他区域	1

　　异龙湖北边有铁路通过，南边有鸡石高速通过，铁路和高速正好将异龙湖围在其中。加上周边树枝状的县道，使异龙湖区域的交通条件非常优越。交通的优越性，给异龙湖流域的发展带来了巨大动力。但与此同时，人为的干扰也对异龙湖造成了巨大破坏。图 6-66 中由浅到深反映了道路对周边环境的影响由轻到重，道路影响到的面积约占总面积的 35.6%，这些区域的动植物资源受到一定影响与破坏。距道路越近，生态越脆弱，生态敏感性越高。

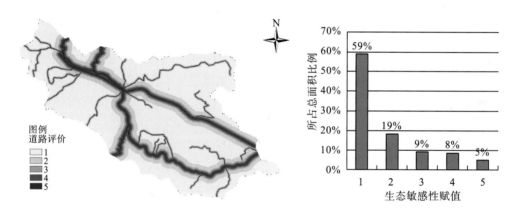

图 6-66　道路因子生态敏感性评价图

6.4.5.2　聚落因子

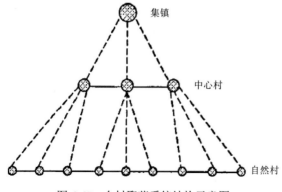

图 6-67　乡村聚落系统结构示意图

　　由不同规模的乡村居民点组成的聚落系统通常被分为集镇、中心村、自然村三个层级（图 6-67）。这三者都属于乡村聚落，只是在规模、数量和职能上不尽相同。集镇的规模最大，职能也最强，凝聚力和辐射范围较广。其次是中心村，有一定的规模，可以辐射到周围的一些自然村。职能和规模最小的为自然村（表 6-29～表 6-31、图 6-68）。

表6-29 大聚落因子及分级标准

分级	指标因子分级标准	赋值
极高敏感	道路 0~100m 缓冲带	5
高度敏感	道路 100~200m 缓冲带	4
中度敏感	道路 200~500m 缓冲带	3
轻度敏感	道路 500~1000m 缓冲带	2
非敏感	其他区域	1

表6-30 中聚落因子及分级标准

分级	指标因子分级标准	赋值
极高敏感	道路 0~70m 缓冲带	5
高度敏感	道路 70~150m 缓冲带	4
中度敏感	道路 150~300m 缓冲带	3
轻度敏感	道路 300~800m 缓冲带	2
非敏感	其他区域	1

表6-31 小聚落因子及分级标准

分级	指标因子分级标准	赋值
极高敏感	道路 0~30m 缓冲带	5
高度敏感	道路 30~100m 缓冲带	4
中度敏感	道路 100~200m 缓冲带	3
轻度敏感	道路 200~500m 缓冲带	2
非敏感	其他区域	1

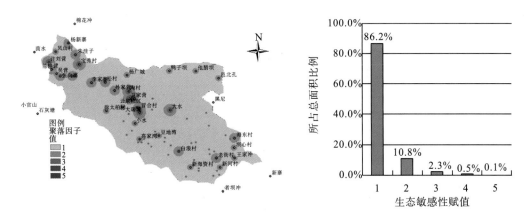

图 6-68 聚落因子生态敏感性评价

异龙镇是石屏县的政治、经济、文化中心，总人口约 103 000 人，农村经济总收入 39 346 万元；宝秀镇总户数 16 271 户，总人口 52 491 人，农村经济总收入 28 436 万元；坝心镇总户数 8 496 户，总人口 30 182 人，农村经济总收入 21 972 万元。

根据经济收入和人口规模，研究区内聚落大致分为三个等级，异龙镇为第一级，宝秀镇、坝心镇为第二级，其余村落为第三级。它们形成了一轴三核心的发展模式(图 6-69)。

总体而言，聚落以异龙镇、宝秀镇、坝心镇为核心，辐射性向外发展。但村落发展过为散乱，很多村落孤立自由发展，较远的区位脱离了核心区域的辐射范围，这样不但加大了植被的破碎化，增加了资源的浪费，而且也使得三核心的凝聚力下降，发展混乱无秩序。

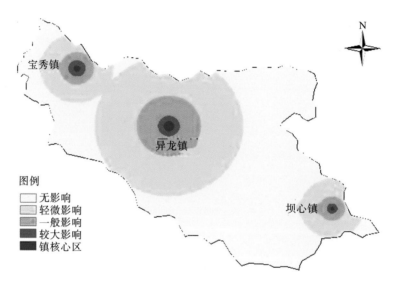

图 6-69　环异龙湖三镇辐射范围分析

(1)异龙镇不断向东部扩张。根据 2003～2010 年城市人口增长的情况，异龙镇范围内非农人口增长 7141 人，农业人口增长 1600 人，总人口增长 8741 人(表 6-32)。

表 6-32　2003～2010 年异龙镇人口增长比较情况表

	2003 年人口/人	2010 年人口/人	新增人口/人
非农人口	24 361	31 502	7 141
规划区内农业人口	28 898	30 498	1 600
规划区范围总人口	53 259	62 000	8 741

七年间，城市用地新增区域主要在三个片区：湖滨路沿线区、鸡石高速片区和石屏火车站片区。

异龙镇近年来发展迅速。由于东部坝区地势平坦，条件优越，所以城市不断向东发展。滨湖新区的建设已经破坏了城市与异龙湖之间的绿化缓冲区。对异龙湖的生态环境造成了严重影响(图6-70)。

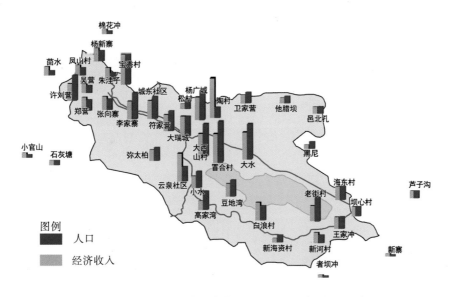

图6-70 研究区聚落经济、人口分布图

(2)周边聚落杂乱无章，缺乏中心凝聚力。异龙湖南部和北部，村落趋于自然发展，村落小、基础设施不完善、布局混乱，人口和经济情况都比较落后，散乱的布局使零星小村落不具备凝聚效应。不利于基础设施的集约化、资源的集约化。

6.4.5.3 异龙湖污染因子

根据异龙湖湖管局资料，分析确定湖泊的污染情况。异龙湖目前污染严重，水质属于地面水环境质量标准(GB3838—2002)五类。多类污染物已经严重超标，由于农业污水的过度排放，异龙湖内藻类大量滋生，水体富营养化的情况严峻。目前，异龙湖水质不断恶化，已经严重破坏了流域的整体生态环境(图6-71)。

异龙湖水环境监测共有12个监测点，将异龙湖分为湖西、湖中和湖东三个监测断面进行全天候监测。城河水从湖西流入异龙湖。由于异龙镇各类生活污水的无处理、不达标排放，城河受到严重污染，污染物也随同城河一起流入异龙湖，导致异龙湖湖西的污染情况要明显重于湖中和湖东。由于异龙湖形状为葫芦形，污染物扩散困难，加上异龙湖本身水量少、水浅，自净能力比较弱，污染物在湖泊中很难被净化。

五日生化需氧量(BOD5)在湖西、中、东三个区域分布较为平均，湖西污染情况略好于湖中和湖东；溶解氧的分布则明显更加集中在湖西；总氮含量集中分布在湖中和湖东；重金属和无机有害物氯化氢含量，在湖西和湖中明显高于湖东；从磷污染情况看，湖中污染较小，湖西的污染明显高于湖东和湖中。总体来说，湖西部污染最为严重，其次为东部，湖心污染相对较轻。

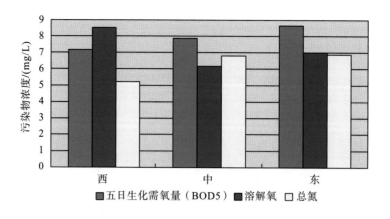

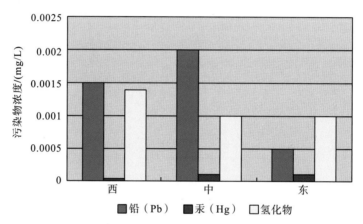

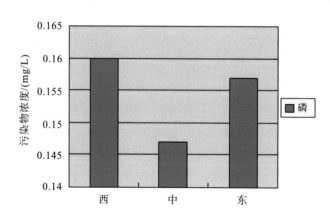

图 6-71　异龙湖污染情况分析图

资料来源：根据石屏县湖管局资料整理绘制，2014 年 12 月。

综合异龙湖污染情况和周边村镇排污、取水情况，得到异龙湖污染情况分析图(图 6-72、表 6-33)。

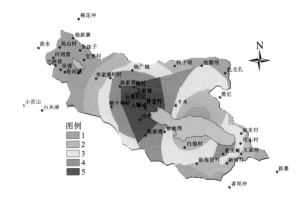

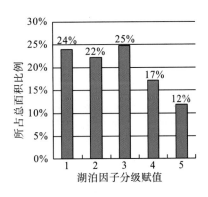

图 6-72 异龙湖污染情况分析图

表 6-33 湖泊污染因子及分级标准

分级	指标因子分级标准	赋值
极高敏感	对湖泊污染严重	5
高度敏感	对湖泊污染较重	4
中度敏感	对湖泊污染一般	3
轻度敏感	对湖泊污染较轻	2
非敏感	对湖泊没有污染	1

异龙镇对异龙湖的影响极大，坝心镇对异龙湖也造成了较多的污染，而异龙湖北侧、南侧的小村落，对异龙湖的破坏较小。

6.4.5.4 人类干扰生态敏感性综合评价

将道路因子、聚落因子、异龙湖污染因子三个数据集相叠加，得到人类活动生态敏感性评价图(图 6-73)。

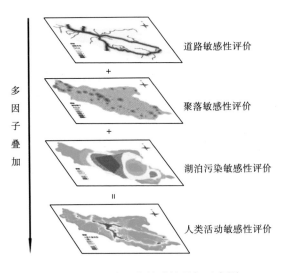

图 6-73 人类干扰敏感性叠加示意图

在人类活动频繁的地区，人类干扰性较强。如异龙镇、坝心镇、宝秀镇这三个中心地区，以及主要省道、铁路、县道沿线，都是较敏感的地区。人类干扰大的地区，植被、水域等自然资源，以及生物多样性都更容易遭到破坏，并且一旦被破坏很难修复（图 6-74）。

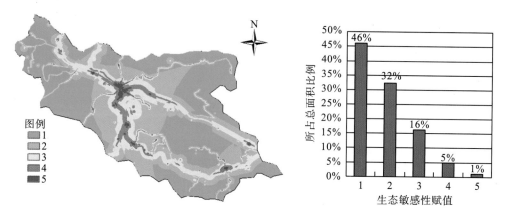

图 6-74　人类干扰生态敏感性评价

6.4.6　规划中的生态敏感性评价

1996 年 7 月，云南省人民政府审定公布第三批省级风景名胜区，异龙湖风景名胜区是其中之一。异龙湖风景名胜区保护规划是异龙湖被确定为风景名胜区之后所做的第一个规划，解决保护与开发的矛盾是该规划的目的。

1）景区发展战略

（1）以异龙湖、赤瑞湖的风景保护为中心，严格控制景区内的工业发展、人口增长和居民点增加。保留景区内传统的耕作农业，加以生态化引导，重点适度发展旅游业，科学经营风景名胜资源，实现保护与发展的统一。

（2）以休闲度假、寻幽访古为重点发展旅游业，不断提高旅游品位，以多样的户外游憩体现风景区的社会价值，丰富旅游内涵，提高经济、社会、生态效益。

2）规划布局结构与总体布局

异龙湖风景名胜区由异龙湖、古城、宝秀三个片区组成，三片区彼此分离，由蒙保铁路、公路、海河将三片区串连起来，形成天然的"三轴三片两环"的布局结构。

3）保护范围的划定

根据《风景名胜区规划规范》（GB 50298—1999）的要求和异龙湖风景名胜区的具体情况，利用综合分类保护和分级保护两种方法，将异龙湖景区进行区划划分。

二级自然保护区：异龙湖湖滨湿地。主要分布在异龙湖西岸焕文山麓、南岸小过细、东岸坝心到北岸的龙井村一带，保护面积 3.0km²。在该区域内，严格限制开发建设的进行，限制机动交通及机动设施的进入。控制游人的数量，必要时配置少量步行游览栈道和相关安全防护设施，局部地段配备环保型电瓶观光车。严格禁止对自然环境、植被、水体、山脉有破坏影响的相关建设。

二级史迹保护区：古城、焕文公园。古城以环城路以外 50m 为保护范围，面积约 1.0km²；焕文公园以焕文山整体为保护范围，面积约 650 亩。

对现有名胜古迹、寺庙、园林等进行重点保护，值得注意的是周边的环境也被划入保护范围，确保景区整体环境的协调。严格限制开发建设行为，如确实需要发展旅游，可布置少量旅宿设施。对于机动交通工具，应严格限制数量，除局部需要外不得进入。

二级风景游览区：以异龙湖法定岸线及岸线以外 50m 为环湖带状风景游览区，以焕文景区、罗色景区、坝心景区、仁寿景区为集中块状的风景游览区，面积约为 20km²。在该区域内，针对旅游发展的需要，进行适度的旅游开发建设，但严格控制规模，控制游客数量，旅游服务设施的布置也尽量少，与风景观赏无关的建设要严格禁止。景区内的交通以电瓶观光车为主，对于机动车的进入要严格限制。

核心保护区：景区内异龙湖水面及岸线以上 50m、郑营村和秀山寺后山。该区域为规划中的重点保护区，实行强制性的保护措施。在核心保护区不得建设旅馆、疗养院、会所等任何与景区保护无关的项目，如确实需要进行修复性建设，也要经过严格审批工作。禁止人造景观的私自建造，不得建设各类开发区和度假区，严格禁止任何经营性活动的进行。

依据石屏异龙湖风景名胜区总体规划(2006～2020 年)(图 6-75)，确定政策因子(表 6-34)对生态敏感性评价的影响情况(图 6-76)。即政策中要求保护的区域，生态敏感性强度适当加强，以达到落实政策、对风景名胜区进行严格保护的目标。

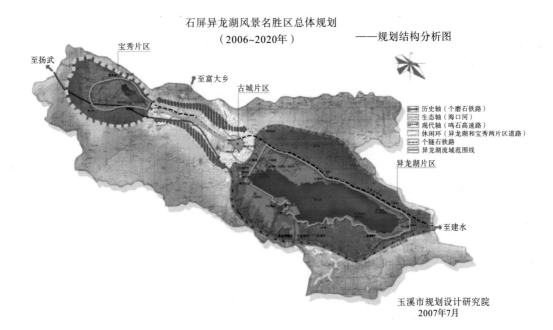

石屏异龙湖风景名胜区总体规划
（2006~2020年）　——保护培育规划图

至扬武　　　　　　至高大乡

一级自然景观保护区
二级史迹保护区
风景游览区
风景恢复区
余下为发展控制区
个碧石铁路
风景名胜区规划范围线
异龙湖流域范围线

至建水

玉溪市规划设计研究院
2007年7月

石屏异龙湖风景名胜区总体规划
（2006~2020年）　——规划总图

至扬武　　　　　　至高大乡

文化体验类　　　　山体
田园休闲观光类　　水藻类
湿地公园　　　　　生果类
菊花戏赏园　　　　园景类
杨梅采摘园　　　　遗迹类
旅游码头　　　　　建筑类
水上旅游航船　　　个碧石铁路
水体　　　　　　　风景名胜区规划范围线
游客接待中心　　　异湖湖流域范围线
游客接待次中心
环湖旅游路

至建水

玉溪市规划设计研究院
2007年7月

图 6-75　石屏异龙湖风景名胜区总体规划
资料来源：异龙湖风景名胜区总体规划(2006~2020年)。

表 6-34　政策法规因子及分级标准

分级	指标因子分级标准	赋值
极高敏感	对湖泊污染严重	5
中度敏感	对湖泊污染一般	3
非敏感	对湖泊没有污染	1

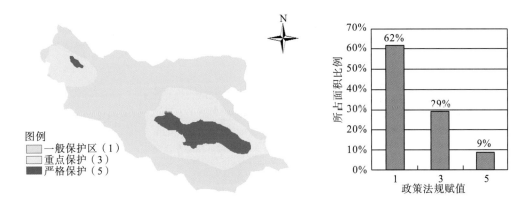

图 6-76 政策法规因子评价图

　　根据异龙湖风景名胜区保护规划的要求，绘制政策法规因子的生态敏感性分析图。严格保护区域为湖泊本身，敏感性最强；重点保护区为湖泊周边的平坝区域，此区域内各种开发建设都需要严格根据保护规划协调进行；其余区域为一般保护区，为主要开发建设的地区。

　　综上，对异龙湖流域的地形地貌、自然条件、地被条件、人类干扰以及政策法规五大方面进行系统的生态敏感性分析评价。

　　将 11 个评价因子赋予权重(表 6-35)，并运行空间叠置分析，得到生态敏感性综合评价数据集。其数学模型如公式：

$$S = \sum_{k=1}^{n}(W_k \cdot C_k)$$

式中，k 为评价因子编号；n 为评价因子总个数；S 为生态敏感性综合评价值；W_k 为第 k 个评价因子的权重；C_k 为第 k 个评价因子的生态敏感性评价值。

表 6-35　研究因子权重分配表

一级指标	二级指标	二级指标权重	三级指标	因子权重
人类干扰敏感性	人类干扰指数	0.288	道路因子	0.0864
			聚落因子	0.0864
			湖泊污染因子	0.1152
地形地貌敏感性	地形地貌指数	0.2014	高程因子	0.0816
			坡度因子	0.03021
			坡向因子	0.06042
			地形起伏度因子	0.03021
地被敏感性	土地利用指数	0.2618	地被因子	0.2681
政策法规敏感性	政策法规指数	0.1343	规划因子	0.1343
自然条件敏感性	自然条件指数	0.1119	气候因子	0.03357
			水域因子	0.07833

　　将生态敏感性综合评价数据集进行重分类，得到异龙湖流域生态敏感性综合评价图（图 6-77、图 6-78），并得到如表 6-36 所示的基础数据。

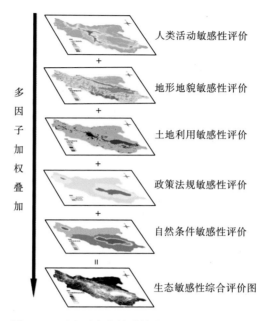

图 6-77　研究区生态敏感性综合评价叠加示意图

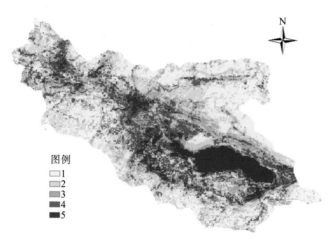

图 6-78　研究区生态敏感性综合评价图

表 6-36　生态敏感性综合评价基础数据

评价值	区域敏感程度	所占百分比/%	面积/km²
1	不敏感区	20.27	34.96
2	轻度敏感区	26.27	45.30
3	中度敏感区	24.57	42.37
4	高敏感区	19.11	32.96
5	极度敏感区	9.78	16.87

图 6-78 中，"1"代表不敏感区，"2"代表轻度敏感区，"3"代表中度敏感区，"4"代表高度敏感区，"5"代表极度敏感区。

(1) 非敏感区。非敏感区指的是生态环境非常稳定，对自然现象和人类干扰有较强的抵抗能力，不容易出现生态环境问题的区域。环异龙湖人居环境中，非敏感区面积占总面积的 20.27%，主要分布在北部、西部和南部山区这些植被茂盛、自然生态系统完好、基本没有受到人类干扰的区域。此区域海拔高、坡度大、植被茂密，不适宜大面积的开发建设。

(2) 轻度敏感区。轻度敏感指的是生态环境基本稳定，可以抵抗一般的开发建设活动，但在自然条件改变或人类干扰的情况下，可能会出现轻度的生态环境问题。环异龙湖人居环境中，轻度敏感区面积占总面积的 26.27%，在五个敏感区中所占比例最大，主要分布在不敏感区周边，海拔相对不敏感区较低，坡度也相对较为缓和，目前人类活动较少。此区域距离湖泊较远，由于有山体的天然屏障，对湖泊的影响很小，是用作开发建设较为合适的区域，但坡度普遍较大，需要对土地进行较大改造，经济投入大。

(3) 中度敏感区。中度敏感指的是生态环境比较稳定，对外界的开发建设等干扰活动有一定的抵抗性，但可能会对该区域产生一定的生态环境问题。结合实际情况，该区域较适合作为城市建设发展用地，但切忌盲目开发建设，对该区的开发必须有科学的引导。在生态环境得到保护的前提下，可以进行相应的开发建设行为。环异龙湖人居环境中，中度敏感区面积占总面积的 24.57%。此区域内有大量农田、建设区，植被较为破碎，因此在开发过程中需要避免破坏原有生态环境，对城镇建设用地的开发要严格控制，禁止大规模的开发建设；该区域内人口规模需严格控制；在临近湖泊、河流的地区要严格控制大型企业建设，防止工业污染；对于有污染的中小型企业，必须安装配套的处理设备，对于处理不达标的污染物要严格禁止排放；建议在该区域划定用地作为生态保护区，并加以严格控制，限制过度开发的进行。

(4) 高度敏感和极高敏感区。高度敏感、极高敏感区是指生态环境脆弱的区域，该区域已经出现了严重的生态环境问题或者在人类的干扰下极易出现生态环境的破坏，极度敏感区相比高度敏感区更加脆弱，是生态环境问题的频发地段。环异龙湖人居环境中，高度敏感区面积占总面积的 19.11%，主要是异龙湖周边的区域，多为湿地、裸土和农田，系统稳定性差，很容易受到外来干扰的影响，应该重点保护，以防止异龙湖遭到进一步的破坏。极度敏感区占 9.78%，主要为异龙湖湖面。在高度和极度敏感区内，不得进行城镇建设，修复生态环境是该区域的主要工作；对该区域的污染企业应严厉禁止，勒令搬迁；加强区域管理力度，禁止一切对生态环境有损害的行为；在该区域周边建立生态缓冲区，隔离污染、防止进一步破坏。

6.4.7　适应高原山地人居环境的区划划分

高原山地自然环境复杂脆弱，人居环境也复杂特殊。在适应性评价的基础上，划分将高原山地人居环境区划。

6.4.7.1 按自然地形地貌特征划分

经过适应性的评价分析研究，可将高原山地分为高原平坝区域、高原丘陵区域、高原山地区域(图 6-79)。

1)高原平坝区域

高原平坝区域地形起伏度小，相对海拔较低。在大理市范围内该区域的面积大约为674km²，地形起伏度为 1.332～2.092，土地平坦，地势起伏较小，海拔适中；土地平整或改造需求低。

此类高原平坝区域又可以细分为三类：

(1)高原湖泊区域。在环高原湖泊人居环境中主要为高原湖泊所在区域。

(2)高原山箐区域。主要位于高原丘陵区域与坝区之间的过渡地段，如在大理市主要分布在太邑彝族乡、凤仪镇、海东镇、双廊镇东北部。用地地势平坦，起伏较小，但受用地性质变化、水文等高原山地因素影响，用地形态较为破碎，用地狭长(图 6-80)。

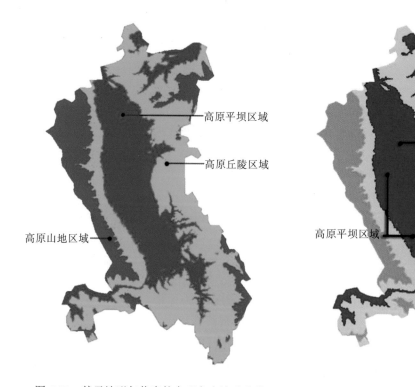

图 6-79　基于地形起伏度的大理市土地重分类　　　图 6-80　高原平坝与高原山箐区域对比

(3)高原平地区域。在大理市该区域主要分布在洱海西面的大理镇、银桥镇、湾桥镇、喜洲镇和洱海南面的下关镇以及洱海北面的上关镇。该区域用地地势平坦，用地形态完整，成片连续性强，但海拔较高。

2) 高原丘陵区域

高原丘陵区域地形起伏度较大,海拔相对适中。在大理市主要分布在洱海周边的山腰附近,面积大约为 823km²,地形起伏度为 2.092～2.692,为地形适应性中等区域。这一区域地形较为起伏,海拔适中;形态较为完整,土地平整和改造难度较小。

3) 高原山地区域

高原山地区域地形起伏度很大,相对海拔最高。在大理市主要为苍山所在区域,面积大约为 32km²,地形起伏度为 2.692～4.057,为地形适应性最差的区域。主要为周边山地的山腰以上区域。这一区域地形起伏最大,深沟险壑;土地改造成本巨大,平整土地难度巨大且会造成自然生态环境的破坏。

6.4.7.2 按建设管制要求划分

编制实施主体功能区规划,是根据不同区域的资源环境承载能力、现有开发密度和未来发展潜力,划分主体功能区,逐步形成人口、经济、资源环境相协调的空间开发格局。根据国家对主体功能区规划编制的要求,结合云南省情,可将云南省国土空间按照开发方式分为重点开发区域、限制开发区域和禁止开发区域 3 类主体功能区。

重点开发区域是指有一定经济基础,资源环境承载能力较强,发展潜力较大,聚集人口和经济条件较好,重点进行工业化、城镇化开发的城市化地区,其主体功能是提供工业品和服务产品,聚集经济和人口,但要保护好基本农田、森林、水域,提供一定数量的农产品和生态产品。

重点开发区域的功能定位:支撑云南省乃至全国经济增长的重要增长极,工业化和城镇化的密集区域,落实国家新一轮西部大开发战略、中国面向西南开放重要桥头堡战略,促进区域协调实现科学发展、和谐发展、跨越发展的重要支撑点。

重点开发区域应在优化结构、提高效益、降低消耗、保护环境的基础上推动经济可持续发展;推进新型工业化进程,提高自主创新能力,聚集创新要素,增强产业聚集能力,积极承接国际国内产业转移,形成分工协作的现代产业体系;加快推进城镇化,壮大城市综合实力,改善人居环境,提高聚集人口的能力;推进区域一体化,承接限制和禁止开发区域的人口转移,努力形成城市群和都市区;发挥区位优势,加快沿边地区对外开放,加强国际通道、口岸和城镇建设,形成若干支撑沿边对外开放的经济增长点,拓展中国对外开放的战略空间。

限制开发区域事关云南全省农产品供给安全、生态安全,是不应该或不适宜进行大规模、高强度工业化和城镇化开发的农产品主产区和重点生态功能区。其中,限制开发区域中的农产品主产区是以提供农产品、保障农产品供给安全为主体功能的区域。限制开发区域中的重点生态功能区是以提供生态产品、保障生态安全和生态系统稳定为主体功能的区域。限制开发也可发展符合主体功能定位、当地资源环境可承载的产业。

禁止开发区域是指依法设立的各级各类自然文化资源保护区域,以及其他禁止进行工业化和城镇化开发、需要特殊保护的重点生态功能区。规划中禁止开发的区域包括自然保护区、世界遗产、风景名胜区、森林公园、地质公园、城市饮用水源保护区、湿地公园、水产种质资源保护区、牛栏江流域上游保护区水源保护核心区等。

中国主体功能区规划涉及云南的"黄土高原——川滇生态屏障"以及"桂黔滇喀斯特石漠化防治生态功能区"、"川滇森林及生物多样性生态功能区"的生态安全战略格局，结合云南实际，构建以重点生态功能区为主体，禁止开发区域为支撑的云南省"三屏两带"生态安全战略格局(图 6-81)。"三屏"：青藏高原南缘生态屏障、哀牢山-无量山生态屏障、南部边境生态屏障。"两带"：金沙江干热河谷地带、珠江上游喀斯特地带。青藏高原南缘生态屏障要重点保护好独特的生态系统和生物多样性，发挥涵养大江大河水源和调节气候的功能；哀牢山-无量山生态屏障要重点保护天然植被和生物多样性，加强水土流失防治，发挥保障滇中国家重点开发区域生态安全的作用；南部边境生态屏障要重点保护好热带雨林和珍稀濒危物种，防止有害物种入侵，发挥保障全省乃至全国生态安全的作用。金沙江干热河谷地带、珠江上游喀斯特地带要重点加强植被恢复和水土流失防治，发挥维护长江、珠江下游地区生态安全的作用(图 6-81、表 6-37～表 6-39)。

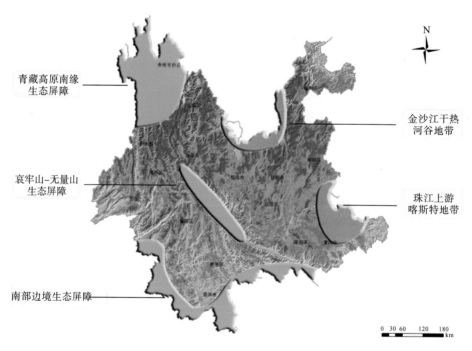

图 6-81 云南省生态安全战略格局图

资料来源：云南省主体功能区规划。

表 6-37 云南省重点生态功能区的类型和发展方向

区域	类型	综合评价	发展方向
滇西北森林及生物多样性生态功能区	生物多样性保护	原始森林和野生珍稀动植物资源丰富，是金丝猴、卦羊等重要物种的栖息地，在生物多样性 维护方面具有十分重要的意义。目前山地生态 环境问题突出，外来物种入侵日趋严重，生物多样性受到威胁	在已明确的保护区域保护生物多样性和多种珍稀动物基因库

续表

区域	类型	综合评价	发展方向
南部边境森林及生物多样性生态功能区	生物多样性保护	热带北缘地带。发育有中国特有的热带季节雨林、季雨林、山地雨林和湿润雨林，生态系统多样性和物种多样性极高，是亚洲象、绿孔雀、望天树等重要保护物种的分布地和亚洲象、亚洲野牛、印支虎与其国外栖息地牛境。破碎化程度较高，野生动植物生存的主要通道。目前由于不合理开发，受到不同程度的威胁	扩大保护区范围，加强对热带雨林和重要保护动物栖息地的保护；严禁砍伐森林和捕杀野生动物

表6-38　云南省重点生态功能区的类型和发展方向

区域	类型	综合评价	发展方向
哀牢山、无量山森林及生物多样性生态功能区	生物多样性保护	原始森林和动植物物种丰富，目前生态系统的多样性受到较大威胁，生物多样性逐渐减少，珍稀野生动植物资源总量下降	禁止非保护性砍采伐，涵养水源，保护动植物生物多样性
滇东喀斯特石漠化防治生态区	水土保持	拥有以岩溶系统为主的特殊生态系统，生态脆弱性极高，土壤一旦流失，生态恢复重建难度极大。目前生态系统退化问题突出，植被覆盖率低，石漠化面积加大	退耕还林、封山育林育草，种草养畜，实行生态移民，改善耕作方式，发展生态产业和优势非农产业
沿金沙江干热河谷生态功能区	水土保持	受地理位置、地形地貌、气候变化等自然因素影响，以及人为活动的破坏，生态系统退化问题严重，植被覆盖率低，水土流失严重，是典型的生态脆弱带，植被生态系统的退化引起严重的环境问题	退耕还林、还灌、还草，综合治理，防止水土流失，降低人口密度
滇东北三峡库区上游生态功能区	水源涵养	金沙江区段为主的长江上游地区流域的生态屏障，受自然与人为活动的破坏，水土流失、泥石流灾害严重，砂石化不断加剧，大量泥沙进入金沙江，生态环境问题严峻	禁止非保护性林木采伐，植树造林、退耕还林、涵养水源，防止水土流失
高原湖泊生态功能区	水源涵养	湖泊是全省生态系统的重要组成部分，对区域水资源平衡、物种的保护、局部小气候和候鸟的迁徙等影响较大，系统较为脆弱，一旦污染和破坏很难恢复。目前以滇池为主的高原湖泊水污染问题严重	禁止非法取水、过度捕捞、不达标的生产和生活污水直接排入湖中

资料来源，云南省主体功能区规划。

表6-39　云南省集中连片重点开发区域

级别		县市区和乡镇名录
国家级	27个县（市、区）和12个镇（街道）	五华区、盘龙区、官渡区、西山区、呈贡区、晋宁区、富民县、嵩明县、寻甸县、安宁市、麒麟区、马龙区、富源县、沾益区、宣威市、红塔区、澄江县、华宁县、江川区、通海县、易门县、峨山县、楚雄市（不包括三街镇、八角镇、中山镇、新村镇、树苴乡、大过口乡、大地基乡、西舍路镇）、牟定县（不包括蟠猫乡）、南华县（不包括五顶山乡、马街镇、兔街镇、一街乡、罗武庄乡、红土坡镇）、武定县（不包括己衣乡、万德镇、东坡乡、环州乡、发窝乡）、禄丰县（不包括黑井镇、妥安乡、高峰乡）宜良县匡远街道、北古城镇、狗街镇，石林县鹿阜街道，禄劝县屏山街道、转龙镇，师宗县丹凤街道、竹基镇，罗平县罗雄街道、阿岗镇、九龙街道，双柏县妥甸镇
省级	16个县（市、区）	隆阳区、昭阳区、鲁甸县、古城区、华坪县、思茅区、临翔区、个旧市、开远市、蒙自市、河口县、砚山县、大理市、祥云县、弥渡县、瑞丽市

　　按照高原山地的典型性，还可细分为禁止建设区、限制建设区、适宜建设区、现状建成区几种类型（图6-82、表6-40）。

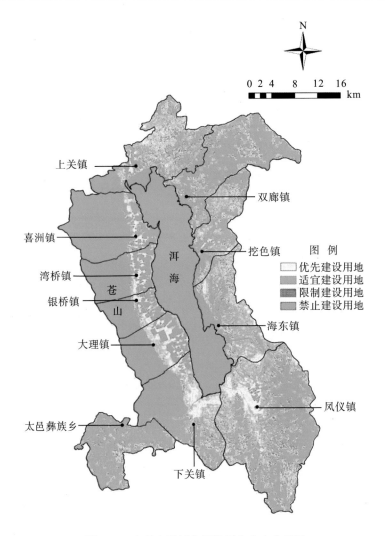

图 6-82　大理市城镇空间扩展生态安全格局

表 6-40　村庄建设用地划分

类型	建设控制
现状建成区	现状以建成区/居民区为主，规划加以整治
适宜建设区	指优先建设区域，可用于房地产开发或其他建设
限制建设区	指生态重点保护地区，根据生态、安全、资源环境等需要控制的地区，城市建设用地需要尽量避让，如果因特殊情况需要占用，应做出相应的生态评价，提出补偿措施
禁止建设区	指对生态、安全、资源环境、城市功能等对人类有重大影响的地区，一旦破坏很难恢复或造成重大损失。原则上禁止任何城镇开发建设行为

1) 禁止建设区

禁止建设区指生态、安全、资源环境、城市功能等对人类有重大影响的地区，一旦破坏很难恢复或造成重大损失。原则上禁止任何城镇开发建设行为。禁止建设区包括：

基本农田、行洪河道、水源地一级保护区、风景名胜核心区、自然保护区、区域性市政走廊范围内用地等。如在大理市，适应性评价研究基础表明，禁止建设区面积为290 423.29hm²，占区域国土面积的59.87%。

该类地区不适宜村庄布点，禁止在该类地区新建村庄，区域内的现有村庄原则上应当外迁，实施整体搬迁或逐步搬迁，建立生态补偿机制，外迁村民就地就近进入城镇或中心村安置。

该区划范围内，以水土涵养和水土保育为主，开展生态公益林建设和天然林保护；禁止新建、扩建向水体排放污染物的建设项目，禁止向饮用水源水域排放污水，禁止破坏饮用水源涵养林、护岸林以及与饮用水源保护相关的植被；森林公园核心区禁止开发建设，只允许为保护区域环境而进行的配套设施建设，建筑密度和容积率分别控制在10%和0.2以内，防止对景观、自然资源的破坏；文保单位禁止新建任何与文物无关的建筑物和构筑物；禁止任何单位和个人对基本农田保护区的耕地进行建房、建厂、建窑等改变土地用途的行为，严禁建设除农业附属设施以外的任何其他建（构）筑物，涉及重大基础设施必须使用本区域用地类型的变更，必须符合相关法律、法规；地质灾害点没有全部搬迁完毕必须采取监测措施。

该区划范围内，特别强调对森林公园及风景名胜区核心区、水源保护区、自然保护区、基本农田保护区等特殊区域的保护建设。

2) 限制建设区

限制建设区指生态重点保护地区，根据生态、安全、资源环境等需要控制的地区，城市建设用地需要尽量避让，如果因特殊情况需要占用，应做出相应的生态评价，提出补偿措施。此类用地主要以二级水源保护区，以及坡度大于25°的用地为主。包括一般农田、水源地二级保护区、地下水防护区、风景名胜区自然保护区森林公园的非核心区、生态保护区、采空区外围、地质灾害低易发区、行洪河道外围一定范围等。在大理市，适应性评价研究基础表明，限制建设区面积为106 324.46hm²，占区域国土面积的21.92%。

限制建设区应严格控制村庄建设行为，限定村庄增长边界，禁止发展对环境产生负面影响的产业，积极鼓励村民就地就近城镇化。

限制建设区包括一般农田、零星建设用地、除强制保护区以外的生态敏感区域、基础设施廊道及其他未利用土地。

3) 适宜建设区

适宜建设区指优先建设区域，可用于人工建设活动。

适宜建设区包括部分耕地、部分自留地、林地、园地。如在大理市，适应性评价研究基础表明，适宜建设区面积为73 409.58hm²，占区域国土面积的15.13%。

适宜建设区主要指现状村庄建成区及村庄增长边界以内的用地。应严守村庄建设边界，注重内部挖潜，优化村庄功能布局，集约用地发展，完善村庄基础设施，整治村庄环境，挖掘村庄特色，打造美丽家园。

对适宜建设区未来重点发展的地区进行预先控制，鼓励科学合理地利用山地，严格控制建设开发的标准，控制协调开发时序，控制空间序列、城市肌理和城市形象，开发对土地出让、产业引进、功能布局等进行整体规划控制管理，以便在较长的时间周期内逐步实现预定的发展目标。区域独立市政设施建设区按照专项设施相关规范的要求进行控制和保护。

4) 现状建成区

现状建成区指现状以建成区、居民区为主,规划加以整治的区域。现状建成区包括:现状城镇用地、交通水利用地、农村居民点用地等。在大理市,适应性评价研究基础表明,现状建成区面积为 14 914.95hm²,占区域面积的 3.07%。

现状建成区是规划加以整治的重点区域。

(1) 城镇建设区:各镇镇区具体按照各镇总体规划划定的区域,依据《中华人民共和国城乡规划法》各镇区总体规划进行管制。

(2) 乡村建设区:贯彻新农村建设标准,提高村级公共设施和基础设施配套,改善农村生活条件,重点加强村庄整治。按照节约集约利用土地、保护耕地的原则,统筹城乡土地利用的要求,加强对农民建房的规划引导与控制,完善现有村庄的整治,配套完善相应设施,引导农民相对集中建房。

按照现状农村人均建设用地情况,结合《云南省新农村建设村庄整治技术导则》及《云南省土地管理实施办法》的相关规定,将村庄建设用地划分为:适度增长型、严格控制型和禁止增长型(表 6-41)。

表 6-41　村庄建设用地增长控制表

现状人均建设用地指标/(m²/人)	村庄建设用地控制类型	增长指标上限/(m²/人)	控制要求
≤80	适度增长型	15	村庄根据人口增长情况适度增加宅基地审批,新增宅基地按照150m²/户控制。村庄可适度增加公共设施用地
80<X≤150	严格控制型	10	严格控制宅基地审批,鼓励村庄拆旧建新,新增建设用地仅用于公共设施建设
>150	禁止增长型	0	禁止新增建设用地,村庄新建项目以整理土地为主导方向

异地安置村庄及村庄新增建设用地时,各类用地增长控制需按表 6-42 执行。

表 6-42　村庄新增建设用地规划控制指引表

类别代码			类别名称	人均面积/(m²/人)	备注
大类	中类	小类			
			村庄建设用地	66~75	—
	V1		村民住宅用地	42	按新增宅基地面积150m²,按3.5人/户计算,则人均村民住宅用地面积为42m²
V	V2		村庄公共服务用地	3.5~7.0	—
	其中	V21	村庄公共服务设施用地	1.5~2.0	村庄公共服务设施主要为村民活动中心,进行村民活动及举办活动的公房,计算面积按农村人均活动产地面积1.5~2m²/人设计
	其中	V22	村庄公共场地	2.0~5.0	随村庄人居环境的提升和改善,村庄公共场地作为村民主要的交往空间,结合相关规范导则,确定村庄公共场地人均用地面积为2.0~5.0m²/人

续表

类别代码			类别名称	人均面积 /(m²/人)	备注
大类	中类	小类			
	V3		村庄产业用地	0.5～1	—
	其中	V31	村庄商业服务业设施用地	0.5～1	根据经验值测算，一般村庄人均商业服务业设施用地面积为0.5～1m²/人，若村庄发展定位有商业功能，则人均指标不以此为标准，应按需设置商业用地
		V32	村庄生产仓储用地	—	一般村庄不建设村庄生产仓储用地，该项建筑指标不作要求，根据实际情况按需建设
V	V4		村庄基础设施用地	20～25	—
	其中	V41	村庄交通用地	15～20	集合各类村庄规划设计经验值法确定人均村庄交通用地为15～22m²/人。
		V42	村庄交通设施用地	4.0	村庄交通设施用地中的公共停车场建议按照每户一个车位计算，全村折减系数取0.5，则人均停车场地建设指标为4.0
		V43	村庄公用设施用地	1.0	村庄公用设施用地主要包含环卫设施及市政基础设施用地，根据规划经验值测算，村庄公用设施用地面积为1.0m²/人

　　村庄建设用地管控边界划分要以"多规合一"为技术平台，以"四区"(禁止建设区、限制建设区、适宜建设区和已建设区)对全域进行统筹协调，对农村的合理发展做出边界控制，严格保护生态底线、基本农田、耕地；促进农村建设用地集约高效利用，实现广大村庄有序、高效发展(图6-83～图6-87、表6-43)。

图6-83 大理州宾川土地利用区划划分

图6-84 大理州宾川空间管制引导

图 6-85 大理州宾川生态红线管控

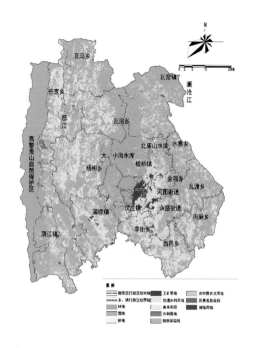

图 6-86 保山市隆阳区土地利用区划划分

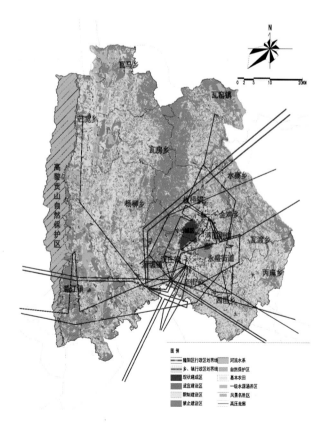

图 6-87 保山市隆阳区空间管制引导

表 6-43　保山隆阳区空间区划划分

序号	类型	建设控制	面积/hm²	备注
1	现状建成区	现状以建成区/居民区为主，规划加以整治	14 914.95	包括现状城镇用地、交通水利用地、农村居民点用地等
2	适宜建设区	指优先建设区域，可用于房地产开发或其他建设	73 409.58	包括部分耕地、部分园林地、林地、园地
3	限制建设区	指生态重点保护地区，根据生态、安全、资源环境等需要控制的地区，城市建设用地需要尽量避让，如果因特殊情况需要占用，应做出相应的生态评价，提出补偿措施	106 324.46	此类用地主要以二级水源保护区，以及坡度大于25°的用地为主。包括水源地二级保护区、地下水防护区、风景名胜区自然保护区森林公园的非核心区、生态保护区、采空区外围、地质灾害低易发区、行洪河道外围一定范围等
4	禁止建设区	指生态、安全、资源环境、城市功能等对人类有重大影响的地区，一旦破坏很难恢复或造成重大损失。原则上禁止任何城镇开发建设行为	290 423.29	包括基本农田、行洪河道、水源地一级保护区、文保单位、风景名胜核心区、自然保护区、区域性市政走廊用地范围内等
		总计	485 067.27	

6.4.7.3　按生态敏感性划分

1) 生态敏感保护区

人居环境的快速发展将侵蚀自然环境，特别是在生态脆弱的高原山地。高原山地垂直分布上生态结构复杂，生态环境敏感，极易受外界影响；高原湖泊自净力低，消减人类发展所产生的污染自循环能力弱。生态敏感保护区应强制杜绝在自然环境良好、生态结构复杂的高原山地与高原湖泊区域开展人居环境建设，最大程度减少人类活动对自然生态的影响，保护高原山地与高原湖泊敏感的生态环境。

生态敏感保护区应严格遵循《中华人民共和国自然保护区条例》《自然保护区土地管理办法》等进行土地开发利用。

除观测站等科研设施和少量旅游休憩设施外，禁止在此区域开展一切与保护功能无关的城市建设行为，禁止农副产品种养殖行为；科研和旅游建设项目，需经过法定程序审批，按照国家地方各项法律法规建设指标的下限建设，尽量减少对生态环境的侵扰；旅游设施项目仅限徒步栈道、安全救助站等旅游附属设施；根据情况，此区域内的旅游活动严格控制游客进入量，并限制火种、有毒物质等会对生态环境造成破坏的物品进入；旅游活动仅限于徒步、露营等低强度旅游行为，禁止狩猎、明火等高强度、高污染活动。

针对人居环境侵蚀自然环境的情况，如零星人居环境或与保护无关的建设行为，应采取相应的措施，如"退城还林"、"退耕还林"和"退耕还湖"等进行生态恢复与生态建设；建立补偿机制，对已存在的搬迁活动给予补偿；区域内已遭到破坏的生态环境，通过技术研究，培植植被，恢复原有的生态环境、生态结构；生态敏感保护区较小斑块落在其余区域内的情况出现时，除将其改造为城市绿地外，禁止做其他用途使用，并适当扩大保护范围。

2) 农田保护区

为保护生态空间的可持续发展，对耕地资源进行强制性保护。同时提高基本农田的产出效益，提高区域粮食综合生产能力。

在不影响粮食安全保障功能的前提下，农闲时节可适当开展以生态观光、生态体验为主的生态农业旅游服务业，对农业多元化发展、促进农民增收和加快城乡一体化有重要的现实意义。

农田保护区应遵守《中华人民共和国土地管理法》和《基本农田保护条例》以及相关地方性法律法规；除特殊用地、基础设施与少量旅游服务设施外，禁止一切与保护功能无关的城市建设行为在此区域内开展；此区域内的特殊用地、基础设施和旅游服务设施项目，需经过法定程序审批，按照国家地方各项法律法规建设指标的下限建设，对不可避免的建设项目建议采用低密度、低容积率的建设方式；对于被侵占的耕地资源，应等量等质进行返还补偿；新农村建设必须在不影响基本农田发展的基础上开展，着力杜绝村镇内的"空心户"现象，集约利用村镇土地，为基本农田的保护提供可能。

当农田保护区较小斑块落在生态敏感保护区范围内时，应进行退耕还林；当农田保护区较小斑块落在其他区域时，视情况优先改造为城市绿地或城市特色农业景观，面积为10hm²以上的农田保护区斑块建议保留。

3）城市开发缓冲区

通过对生态敏感保护区和农田保护区的强制保护，界定城市禁止建设区域，再通过城市开发缓冲区的划定以缓冲城市建设的力度，实现生态空间管制的弹性与刚性相结合。因此，城市开发缓冲区土地利用仍以生态保护为主，但允许城市建设在此区域适当开展。

按区域现有的自然环境特点进行生态保护；任何的人类活动和建设活动应以保护生态为前提，建议该区域的建设密度低于30%，并优先使用裸土或生态环境遭到破坏的土地。

城市建设允许在此区域进行，但需经过法定程序审批，建议低密度开发模式；绿色生态的项目建设可优先，如高绿化率、生态建筑、生土建筑等；禁止高污染工业在此区域进行；允许人类活动在此区域内开展，旅游、疗养、生态休闲等低强度活动及其相关附属设施建设优先考虑，建议低密度建设；允许村镇建设用地及农业生产活动在此区域开展，优先使用裸土或生态环境遭到破坏的土地；区域内出现的生态敏感保护区斑块和农田保护区斑块保留，禁止作其他城市建设用途使用，并以"集小成大"的原则扩大其范围，即与相似区域斑块集合形成较大规模的区域，进行保护。

4）城市适度建设区

城市适度建设区的划定目的是通过刚性地划定区域，以控制内圈层的大小，同时在区域内实行弹性的土地开发利用策略，达到对城市刚性、弹性控制相结合的效果。因此，城市适度建设区以城市建设为主，以生态环境保护为辅。

（1）允许建设行为与人类活动在此区域开展；

（2）建立补偿机制，对绿色生态项目给予适当的经济、政策补偿，如高绿化率项目、循环经济项目、生态建筑等建设活动；

（3）此区域可承担中心区域的城市功能，如大型市政设施、工业设施等；

（4）在生态敏感保护区和农田保护区边界，预留绿色生态廊道以限制城市功能的无限制扩张，距离应大于300～500m，禁止城市建设行为。

5)城市重点建设区

该区域为城市功能、人口、经济等城市因素聚集的中心,现状为城市高度建设区或规划城市重点建设区域,已具备或即将具备良好的基础设施条件和产业基础条件,其发展对周边区域有极强的辐射能力,是带动区域发展的核心。

已建成区域以城市更新和完善城市功能为主;未建设区域以建设高品质城市生活环境为主;同时注意城市绿地系统规划建设。

(1)严格控制发展范围,根据功能定位控制城市土地利用。

(2)立足城市发展现状,完善城市已建区域功能;新区承接城市功能,缓解已建区域城市发展的压力。

(3)已建区域适时进行城市更新,拆除与城市发展方向相违背的建筑;建设城市综合体,疏导城市功能,缓解中心区域交通压力;严格按照国家地区相关规定建设新区,并根据城市发展的需要预留合理的城市发展用地。

(4)已建区域城市新建项目应严格审批,制定政策,给予高绿化率与高退距项目适当的经济优惠,引导城市用地向集约化方向发展;新区建设在考虑城市风貌与景观结构的同时,鼓励高容积率、低密度、高绿化率的开发方式。

(5)已建区域积极保护城市绿地与水系等城市绿硬,提高城市环境品质;新区根据场地状况,对原有水系与较大面积的绿地进行保护,改造城市公园,并改造生境较为恶劣的地区,创造良好生境,为城市功能服务。

(6)为生态敏感保护区和农田保护区边界预留绿色生态廊道以限制城市功能的无限制扩张,距离应大于1km,禁止城市建设行为。

6.4.7.4 按与高原湖泊的相互关系划分

人居环境按与高原湖泊的关系可分为四种类型,各类型聚落景观优化建议如表 6-44 所示。

表 6-44 各类型聚落景观优化建议

聚落类型	评价结果描述	优化重点
半山区种植/畜牧业型	景观环境水平、景观资源价值均较差,景观利用条件一般,以传统农业种植景观为主	种植模式优化
湖滨坝区种植业型	景观环境水平处于一般到好之间,但位于坝区,靠近湖泊,自然环境优越,人工环境一般,景观资源价值一般,景观利用条件好	山水格局保护
特殊资源型	景观环境水平处于一般到好之间,景观资源价值较好,历史风貌保存完整,具有丰富的历史资源	重点保护控制
坝区非农型	景观环境水平、景观资源价值较差,景观利用条件较好,区位条件好,社会经济水平较高	城镇化发展

1)半山区种植/畜牧业型

半山区种植/畜牧业型村落,高程与地形起伏度均较大,距离中心城镇较远。受地形条件限制,大部分聚落以种植业和畜牧业为主,形成特色的山地农业景观。长期以来,山区地方耕地不足,以破坏地表植被为基础的粗放式农业开垦活动导致水土流失、石漠化等现象，导致景观资源综合评价时景观环境水平较差、景观资源价值不高。山地农业景观作为该类型聚落特色的景观资源，应正确处理好保护与利用的关系，优化山地农业种植模式，在坚持保护的前提下进行合理开发，形成观赏型和生产型相结合的山地农业特色景观(图6-88、图6-89)。具体种植模式优化有：

图 6-88　山区林地景观 　　　　　　　　　　　图 6-89　山区田园景观
来源：云南山地城镇区域规划设计研究院。　　来源：云南山地城镇区域规划设计研究院。

(1)纯种植模式。该模式要求与地形地貌相结合，在水资源、土壤条件相对较好的山区种植大面积粮食作物，如稻谷、小麦、油菜等。根据地形起伏度合理划分不规则几何形的耕作田块，形成大范围连续性的农田肌理，体现立体农业景观的整体美。

(2)间作种植模式。结合起伏的山地，合理利用不同坡度土地的光能效率和生产率，采取林粮间作、粮菜间作的种植模式。包括三粮夹两菜带型间作、瓜菜果树带型间作、粮食-蔬菜-林地间作等，形成交替变化、层次分明的景观效果。

(3)轮作种植模式。该模式要求在坡度 15°～25° 的山坡上，划分不同的区域，分别种植不同的作物，以经济林和混合农林为主，并保留一定的休耕地，2 年或 3 年轮换间作，构成每年均有变化的立体景观。

(4)混合种植模式。该模式适用于坡度大于 25° 的高海拔山区，是用于恢复和改善生态环境的生态屏障区，主要表现为农林牧结合、天然林和农林业混合的生态种植模式。在林下可乔灌草组合种植，形成层次丰富又多样统一的景观效果。

2)湖滨坝区种植业型

在高原湖泊地区，村庄大多属于湖滨坝区种植业型，高程与地形起伏度均较小。随着高原湖泊生态建设，高原湖泊及周围湿地成为生态条件良好、景观资源丰富的天然开放空间，周边区域农田密集分布，两岸高低起伏的山地，形成该类型村庄极具地域特色的山水格局景观。应强调对整体环境山水格局的保护。

(1)以高原湖泊为中心的水环境保护。具体保护措施：①湖滨村落实施退耕还湖，解决围湖、占湖问题，减少水污染；②加快实施生态恢复工程；③加大高原湖泊污染治理力度，特别是沿湖聚落面源污染的治理。

(2)实施沿湖聚落村域环境的综合治理，控制村域范围内新建建筑高度，防止过高的建筑阻挡村庄面向高原湖泊的可见性及能见度，保护村落良好的视线通廊。

(3)实施封山育林，造林绿化，禁止对自然植被的破坏、开荒建设和乱砍滥伐及猎捕等行为，保护生物的多样性和再生能力。

(4)进行村镇建设时考虑预留多层次的生态廊道，严格禁止在生态环境区域内进行建设活动，保持高原湖泊水体与周围山体景观的连续性与完整性，形成独具特色的山水田园格局景观。

3)特殊资源型

特殊资源型村庄的景观资源价值较好，一般保留着较多的历史环境要素，历史遗存丰富，地域特色突出。虽然部分村庄现状乡村旅游发展已具备一定的基础，但是旅游服务设施和村域环境整治有待完善。对于该类型村庄，应重点保护原有格局特征，挖掘村庄地域特色，严格控制建筑风貌，延续聚落传统历史风貌景观。重点保护控制内容包括：

(1)聚落整体格局形态保护。聚落整体格局形态是景观美感度的重要衡量标准，包括与聚落选址密切相关的地形地貌、绿化植被以及聚落自身格局形态(图 6-90、图 6-91)。应严格控制聚落整体风貌，村落发展建设必须维持原有的格局形态，不能进行大规模的破坏性建设。

图 6-90　湖滨坝区村落格局　　　　　　　　图 6-91　山区村落格局形态
来源：云南山地城镇区域规划设计研究院。　　来源：云南山地城镇区域规划设计研究院。

(2)历史建筑保护。历史建筑是聚落重要的历史资源，也是聚落历史价值的重要体现。应对村落中文物保护单位、历史遗迹、挂牌保护建筑等进行严格保护，定期维护；新增建筑应延续原有的建筑风格，建筑材料、色彩和空间布局与周围建筑和谐统一。

6.4.7.5　高原山地生活圈按空间划分

高原山地呈现山脉、坝子、河流交叉布局的空间特点，结合地形地貌特点，在生态适应性评价的基础上，可将人居空间，特别是步行空间按照山区和坝区的方法进行划分，在城市设计等环节予以利用(表 6-45)。

1)居民点基本生活圈

以幼儿和老人徒步 15～30 分钟为空间限定，空间极限为 1000m，考虑幼儿和老人使用公共服务设施的方便性和舒适性，基本生活圈的半径在 500m 左右较为合适。在居民生活圈内，应提供居民生活所需的基本公共服务设施，如幼儿园、便利店、老年活动室、室外活动场地等。

表 6-45　生活圈的划分表

生活圈	空间界限范围	界定依据	覆盖人口	建设选点
三级生活圈	15～30km	机动车行驶 30 分钟左右	50000 人以上	中心城区
二级生活圈	最大半径 4km(坝区) 最佳半径 2km(山区)	中学生徒步 1 小时， 自行车 30 分钟	10000～50000 人	各镇和中心城区
一级生活圈	最大半径 2km(坝区) 最佳半径 1km(山区)	小学生徒步 1 小时	3500～10000 人	重点镇、中心村、 各镇和中心城区
基本生活圈	最大半径 1km 最佳半径 500m	幼儿、老人的徒步 15～30 分钟分界线	1000～3500 人	所有居民点(包括重点村、 中心村、各镇和中心城区)

2）一级生活圈

坝区一级生活圈：以小学生徒步 1 小时为空间界限，约为 2km，考虑享用服务的方便性和设施运营的经济性，一级生活圈的半径在 2km 左右较为合适。在一级生活圈内，应配置小学、卫生室、图书室、便民超市、健身场地等。

山区一级生活圈：以小学生徒步 1 小时为空间界限，约为 1km，考虑享用服务的方便性和设施运营的经济性，一级生活圈的半径在 1km 左右较为合适。在一级生活圈内，应配置小学、卫生室、图书室、便民超市、健身场地等。

3）二级生活圈

坝区二级生活圈：以中学生徒步 1 个小时或骑自行车 30 分钟为空间界限，约为 4km，考虑享用服务的方便性和设施运营的经济性，二级生活圈的半径在 4km 左右较为合适。在二级生活圈内，应配置中学、综合文化站、卫生院、体育运动设施和市场等。

山区二级生活圈：以中学生徒步 1 个小时或骑自行车 30 分钟为空间界限，约为 2km，考虑享用服务的方便性和设施运营的经济性，二级生活圈的半径在 2km 左右较为合适。在二级生活圈内，应配置中学、综合文化站、卫生院、体育运动设施和市场等。

4）三级生活圈

三级生活圈：以机动车行驶 30 分钟左右为空间界限，距离为 15～30km。在三级生活圈内，应配置职业学校、敬老院、图书馆、博物馆、综合医院等。

7 高原山地人居环境适应性建设

高原山地人居环境建设，应在高度结合、适应自然条件的基础上，进行适应性评价，因地制宜地进行建设，真正实现高原山地人居环境可持续发展。

7.1 生态保护与恢复建设策略

7.1.1 生态系统及生态环境的保护

对受人为活动干扰和破坏的生态系统进行生态恢复和生态重建，需充分利用现代科学技术，充分利用生态系统的自然规律，达到高效和谐，实现环境、经济、社会效益的统一。

高原山地生态环境注重大气、水体、土壤等的环境质量，尤其是植被的造氧、造荫功能的发挥。改善人居环境，最根本的是建立"健全的生态结构"，消除污染，保持生态优先。

7.1.2 高原山地资源的保护与利用

通过构建高原山地垂直图谱等方式，将资源图像化，其中包括景观资源、植物资源、动物资源等的利用与保护。

7.1.3 避免高原山地灾害的发生

将高原山地可能存在的灾害威胁，在开发建设前予以掌握。同时，尽量避免"建设性的破坏"和"破坏性的建设"。

7.1.4 大山水格局特征的保护与利用

保护高原山地自然的山水格局。这既是对自然环境的保护，也能形成具有特点的山地城镇。

7.1.5 生态策略及生态技术的运用

依据地形划分廊道，构建可自净的城市母体；界定分区，构建细胞式的城市结构（图 7-1）；活跃边界，构建网络式的城市绿脉（图 7-2）；引入山地交通策略，构建叶脉式的城市路网；植入肌理，构建起伏式的城市形态。

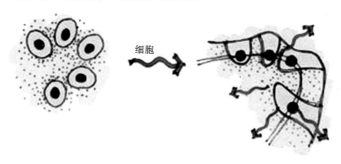

图 7-1 构建细胞式的城市结构

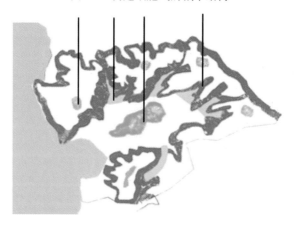

图 7-2 活跃边界并构建网络式城市绿脉

资料来源：根据重庆大学所做"大理海东山地生态新城"规划设计改编。

建设"山园"，通过保留现状绿化，形成组团绿化核心。从生态上强调自然与城市的融合，在视觉上优化城市与自然的契合关系，创造更自然、更和谐的视觉关系。

7.2 城镇空间格局建设策略

7.2.1 选择多核心组团式的城镇空间扩展模式

高原山地依托自然环境构建城镇空间生态安全格局。通常情况下，高原山地最适宜建设的坝区规模有限，适宜城镇空间扩展的土地被生态保护用地分割成若干小斑块，使城镇更明显地受到自然生态条件的限制。相较而言，多核心组团式的扩展模式比较适合高原山地城镇空间扩展。这种城镇空间扩展模式能高度结合高原山地以坝区为核心进行发展的空间模式；能尽可能保留高原山地中大片的农田、水体，避开生态敏感区域，有助于维护城市的生态安全；能结合交通体系串联形成适应高原山地的城镇群。因此，为了更好地兼顾城镇发展与生态保护，高原山地未来的城镇空间扩展可以考虑多核心组团式的空间扩展模式，寻求新的城镇发展空间，缓解城镇生态压力。

7.2.2　内涵式更新与集约化发展

高原山地中建设可占用的土地资源相当有限，受土地资源稀缺、分散的条件约束，人居环境发展应注重城镇空间的内涵式更新，进行集约化发展建设，形成紧凑型的城镇空间形态，尽可能节约可利用的土地资源。如大理市境内优先城镇扩展的土地面积为281km^2，适宜城镇扩展的土地面积为 200km^2，仅占大理市总面积的 26.5%。这其中还有很多用地斑块零散分布于限制建设与禁止建设的生态保护用地范围内，面积较小，在实际中很难将其用于城镇用地的开发建设。所以高原山地人居环境空间扩展内涵式更新主要从 3 个方面入手：首先，要严格按照国家、地区相关规定审批新建项目，提升土地的经济产出和经济效益；其次，注重城镇内部结构优化和重组，进行城中村改造、闲置用地再开发利用，最大限度地挖掘土地潜力；再者，在尊重生态自然演进、保障生态安全的基础上，采用先进的科学技术手段，努力提升城镇在垂直梯度方向上的空间利用水平，以高强度、高密度的方式进行城镇建设。

7.2.3　分散化集中建设

大部分高原山地人居环境空间扩展受交通的影响较大，城镇用地表现出以交通干线为发展轴进行空间增长。这种空间扩展方式，不仅会导致交通干线两侧分布的优质农田大量被侵占，而且会导致各乡镇的城镇用地连接成片发展，进一步增加生态环境压力。基于生态安全的考虑，高原山地人居环境应以"分散化集中"方式优化城镇空间布局。利用农田、水系、林地等作为天然屏障，避免城镇空间过度蔓延，并通过市内主要交通干道沟通各乡镇之间的联系，使城镇空间与周边自然景观形成有机统一的整体，形成以坝区城镇为核心的串珠式城镇空间发展格局。

7.2.4　科学引导城镇空间扩展方向

高原山地大部分城镇空间发展受到明显的山水条件限制。如大理市城镇扩展生态安全格局的空间特征研究表明，大理市洱海西部地区生态条件较好，但受生态刚性约束限制，城镇可开发利用土地有限；洱海东部和南部地区仍分布有大面积可用于城镇开发建设的土地，但生态条件较差。因此，这两大片区将是大理市未来主要发展的区域。其中，海东镇和凤仪镇在现状城镇用地的基础上，仍有斑块面积较大、用地条件较好的土地适宜于开发建设。随着社会经济发展，应科学分析高原山地用地条件，科学引导城镇空间扩展。

7.2.5　限定城镇用地扩展边界

为保障高原山地人居环境生态结构的完整性，促进城镇土地集约利用，避免因城镇蔓延式扩展而造成的生态环境破坏，应科学合理地划定城镇空间扩展边界。通过对生态保护和城镇发展的综合考量，划定城镇用地扩展的弹性发展边界和刚性约束边界。刚性约束边界内的土地是城镇发展最大的土地容量。基于对生态安全的考虑，高原山地城镇用地扩展边界的划定应以城镇空间扩展生态安全格局为主要依据，将其中的禁止建设用地主要分布区划定为城镇扩展的刚性约束边界，然后根据优先建设、适宜建设和限制建设用地分布情况，按照城镇发展的需求合理划定城镇扩展的弹性边界。部分对城镇建设起限制性的生态斑块划入弹性发展边界内的，要注意予以保护。

7.2.6　保护山体、河流、湖泊等自然生态景观

在地形地貌复杂、河流纵横交错、湖泊星罗棋布的高原山地地理特征下，造就了许多环境优美的山水城市。如大理市便是其中典型代表之一。各乡镇间及乡镇内部分布着山体、河流、湖泊等自然生态景观，形成了人工环境与自然环境紧密结合的独特城市景观。这些自然生态景观不仅能提高城镇环境品质，而且还具有较高的生态服务价值，可以对城镇空间扩展造成的生态环境破坏进行较大程度的补偿。自然生态景观在维护生态系统稳定运行，保障城市生态安全方面发挥着重要的作用。通过对大理市现状城镇用地与生态安全格局的叠加分析，洱海南部地区的下关镇、凤仪镇以及东部地区的海东镇、挖色镇和双廊镇现状已经将城镇用地布局在山体、湖泊周边，侵占了部分生态空间，导致自然生态景观的生态服务功能无法得到充分发挥，引起生态环境质量下降。因此，高原山地在未来的城镇空间扩展过程中，应注重对山体、河流、湖泊等自然生态景观的保护，严禁在保护范围内进行城镇建设活动。对于在山体、水体等自然生态景观周边已经开发建设的区域，应提高建设区内的绿地面积，与周边自然生态景观有机融合，最大限度地降低人类活动对自然生态景观的干扰。

7.3　土地利用及规模效应适应性策略

综合人居环境垂直梯度分布规律和水平方向上的适应性评价，构建高原山地综合区划体系，进行分区建设引导。高原山地人居环境在垂直方向上可划分为高海拔、中高海拔、中海拔、中低海拔以及低海拔五个分异带，其中中海拔和中高海拔地区比较适合人们聚族而居，为优先建设的区域；低海拔和高海拔地区自然条件相对较差，主要用于生态建设；水平方向上划分成生态敏感保护区、农田保护区、城市开发缓冲区、城市适度

建设区和城市重点建设区。

7.3.1   集中与分散相结合

1942 年，沙里宁(E.Saarinen)出版的《城市：它的发展、哀败和未来》一书中提出了"有机疏散"理论。高原山地土地利用也宜采用集中分散相结合的方式，这不仅有利于城市长远发展，也有利于生态的保护。

7.3.2   保护生态环境与基本农田

生态环境保护是城镇可持续发展的重点，在高原山地或高原湖泊区域，生态保护更是建设过程中的重中之重。这不仅保护了基本农田，也使得城市发展远离高原湖泊等生态资源，减弱了对生态环境的破坏。应注重高原山地深沟险壑、起伏不平的土地资源特点，在人居环境布局中予以规避。

7.3.3   尊重自然现状

从生态环境、农田保护、城市发展的角度，土地利用现状应视情况保留。不仅如此，高原山地当地居民生活习惯的现状也应得到尊重。如云南人居环境在与自然长期的适应过程中，该区域形成了符合朴素适应观的整体垂直景观格局特点：天-神、人-我、地-物空间层次，即垂直景观的底层留给与生存关联最大的耕地等空间，垂直景观的中层为人类生活用地和公共聚居场所，垂直景观的顶层形成对自然原始崇拜的宗教崇拜空间。

7.3.4   科学控制城镇建设

科学控制土地利用强度有利于解决高原山地由于地形、海拔等因素造成的可建设用地稀缺问题，同时有利于保护脆弱的生态环境。因此高密度、高容积率的土地开发强度在高原山地会造成开发强度过大、生态环境受破坏的问题；高密度、低容积率的土地开发强度容易造成城市连片发展、绿化率过低。而以适当的低密度、高容积率土地开发强度集约利用土地，不仅可为生态环境预留出足够的绿地与生存空间，也能够有效地依山就势，建设有特色的高原山地城市(表 7-1)。

表 7-1   云南省国土空间开发规划目标

指标	基期	目标期
	2012 年	2020 年
开发强度/%	2.53	2.85
城市空间/km^2	1 665	3 100

指标	基期	目标期
	2012 年	2020 年
农村居民点/km²	5 173	5 053
耕地保有量/km²	62 249	59 800
基本农田/km²	52 623	49 540
林地面积/km²	230 540	227 814
重要江河湖泊水功能区水质达标率/%	46.4	87
森林覆盖率/%	54.64	60
粮食产量/万吨	1 749.1	2 000

注：表中开发强度和城市空间目标数据采用土地利用总体规划修编与第二次全国土地调查衔接后的成果数据。

7.4　高原湖泊生态环境修护与利用

7.4.1　高原湖泊生态环境保护

（1）实施面山的封山育林、人工造林、防护林等工程建设，提高植被绿化覆盖度，治理水土流失，保护湖泊自然生态平衡；严禁沿湖岸区任意垦荒，提高水资源涵养，加强湖泊水量的补给。

（2）控制面源污染，特别是湖滨周围农村生活污水污染控制、农田污染控制，采取湖滨植被缓冲带净化、人工湿地净化、水生植物修复等各种方式，保护高原湖泊水质和生态环境。

（3）实施退耕还湖、清理占湖围垦等措施，加强湖滨带的保护，尽可能将湖滨带恢复为自然植被岸滨或建成生态型驳岸，以提高湖泊生态系统的自我修复能力。

（4）加强湖泊流域的综合管理，通过完善相关法律法规，建立统一有效的管理体制，以期实现湖泊流域山地、水体以及生态环境保护，指导湖区资源进行合理开发利用，保障高原湖泊的可持续发展。

7.4.2　生态、生产、生活有机结合

自然生态环境不仅构成乡村聚落丰富的自然景观资源，也是乡村聚落赖以生存的物质基础，在尊重原有自然地形地貌的条件下，将自然生态景观与乡村农业生产景观、居住生活景观有机结合，既保护具有地域特色的自然生态景观资源，同时也保留当地传统的生产、生活方式，构成独具特色的山水田园景观。

（1）实行土地集约化管理，保护集中连片的农田；

（2）严格控制村庄建筑的盲目扩张，建设人与自然生态和谐的居住环境景观；

(3)适当增加绿化植被种植，结合农田和村庄建筑，增加绿色生态廊道和分散的自然植被，补偿恢复自然景观的生态功能。

7.4.3　完善人居环境基础设施建设

高原湖泊周边部分村庄仍存在道路未硬化、与中心村连接不通畅等情况，村内基础设施建设落后，整体环境水平较低。因此，完善基础设施建设、改善人居环境是高原湖泊乡村聚落景观优化的重要方面。

(1)乡村道路建设。对于村内道路建设，应保持与原有道路体系风格一致，尽量采用当地原生态石材，保留乡土气息；逐步实现行政村之间、行政村与自然村之间柏油路或水泥路等进村道路建设，形成完善通畅的农村道路体系。

(2)垃圾污水治理。根据村庄实际情况调查及景观资源环境水平评价分析，大部分村庄缺乏垃圾污水处理设施，村内环境杂乱，生活垃圾和污水治理是各类型聚落人工环境优化的重点。应通过治理逐步实现垃圾定点存放、统一收集和集中处理，完善给排水管道建设，实行污水集中处理。

(3)村庄绿化美化。切实做好村庄行道树、农家庭院等的绿化美化工程，有效提升聚落景观环境水平，特别是村域内人居环境的绿化美化。结合地形地貌和地域特色，不同类型的聚落绿化布局和模式也不同，采用多层、混交的树种配置模式，形成多样化、生态功能与景观效果俱佳的聚落生态植被系统。

7.4.4　强化中心城镇职能

环高原湖泊人居环境一般只占高原湖泊流域面积的一部分，但一般承担该区域中心城镇的作用。如异龙湖流域平坝只占流域总面积的 10%左右，主要分布于湖泊西部以及东南部小部分区域，呈狭长分布。平坝中异龙镇和坝心镇分别位于湖泊西部、东部平坝区，成为异龙湖流域的两大中心地。其中，异龙镇是县政府所在地，是全县的政治、经济、文化中心，经过多年的建设，现已形成异龙镇、宝秀镇、坝心镇三组团快速发展的总体格局，异龙湖西部异龙镇、宝秀镇的"中心"职能基本确立。

目前大部分高原湖泊中心地城镇的集聚规模效应尚未能充分发挥，规模偏小，带动和辐射作用还不充分，缺乏较强的综合实力。而中心城镇周边的村落则更是散乱自由分布，毫无集约化可言。城镇化水平较低，阻碍了经济的健康持续发展。

因此，必须强化高原湖泊中心城镇职能，完善基础设施建设，整合周边零散自然村落，改善人居环境，发挥凝聚效应，扶持带动第三产业大力发展，推动城镇化进程，引导城镇居民生活方式的转变，增强城镇集聚效应。

7.4.5　打造以核心城镇为中心的低密度城镇化

城镇粗放型的发展，通常表现为用地无限制的扩大，城镇与周边乡村竞争土地，吞噬、破坏周边自然环境。环高原湖泊区域，保护与发展的尖锐矛盾决定了城镇低密度聚集的发展模式是环高原湖泊人居环境建设的必然选择。

因而，在环高原湖泊人居环境发展以现有城镇为"中心"的低密度城镇化不仅是人居环境建设发展的需要，同时也是生态环境保护的客观要求。应尽可能结合地域自然地理特征进行集约化建设，使城镇与城镇之间大量的自然生态得到保护，避免城市化非理性蔓延，并最终对其赖以生存的生态系统产生无法拯救的破坏。

香港是很好的山地建设案例。全境土地仅有 $1106km^2$，人口数多达 750 万。作为一个海滨城市，香港大部分地区同云南省一样是山地和丘陵，平坦的土地只存在于狭窄的沿海区域，适宜建设的用地极其缺乏。由于善于利用土地，大面积的绿地被保留了下来，广阔的山地和丘陵大多处于未被开发的自然状态，植被丰富、生物多样性保护完好，良好的自然环境给香港带来的是勃勃生机与持久的繁荣。香港集约化发展的成功，对云南环高原湖泊流域的发展提供了良好的借鉴。

7.4.6　组团式发展模式

针对环高原湖泊人居环境建设，集中加强环湖泊、处于平坝区域的中心城镇的职能，并在有限的土地资源下，走集约化道路。环高原湖泊区域多片区应协同发展，在建设区周边规划绿地缓冲区，限制中心城镇的无序蔓延。以中心城镇为核心，多片区共同发展(图 7-3)。

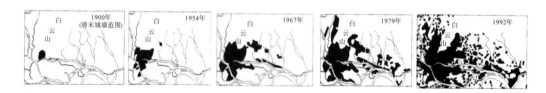

图 7-3　1900～1992 年广州城区发展

7.4.7　提高保护可操作性

(1)激发村民对村落的文化认同感，发挥保护主体作用。对于乡村聚落保护最重要的是激发村民内心深处对于村落价值的认同，对当地文化的自信，从而加强村民自发保护村落的积极性，发挥村民在村落保护中的主体作用，避免"自发性破坏"等行为。

(2)"授人以渔"，提高保护的可操作性。实施村落保护的同时不能阻碍村落的发展，保护不能仅仅依靠政府投资，更要"授人以渔"，充分挖掘村落所在地资源的利用价值，积极开发多元生计模式，鼓励村落精英、能人异士回乡创业，提高村落自身的发展能力，使其成为促进村民自发保护村落的动力。

7.5　区域整体开发利用

7.5.1　"串珠式"城市空间形态

高原山地区域城镇发展受自然地形条件限制，大多呈组团发展模式。在空间快速扩展过程中，资源、建设等城市因素的累积增加了生态环境压力，阻碍了城市更新。建议发展形成"串珠式"城市形态，在各个城市发展团块之间设置城市绿锲，严格限制城市连片发展。城镇"串珠群"，不仅符合高原山地四周环山，坝区山箐相间的土地情况，也能避免城市依附道路廊道连片发展，对自然环境造成不可恢复的破坏，分散城市功能，提高土地利用率。

7.5.2　护山、建城、保田、亲水

高原山地自然垂直性特点明显，垂直分异情况呈现特有的格局，自古以来形成了"耕于平坝，居于半山"的人居环境，充分体现了适应性的朴素生态观，是人居环境适应性的重要体现和手段。从城市发展和生态保护的实际情况出发，在垂直方向上宜形成"山-城-田-水"的地域景观格局，以"护山、建城、保田、亲水"为原则进行城市建设与土地开发。

7.5.3　生态保护与生态建设并存

城镇建设与生态保护并没有绝对的对立，城镇建设与适当的土地开发利用能促进自然生态环境的保护。

高原山地人居环境山水相依，风景优美，自然环境良好，生态结构完整，也存在生境本身恶劣的区域。城镇建设与土地适当利用开发中采用生态建设措施，如防风固沙、改善小气候、增加植被覆盖率等不仅提高人居环境宜居性，有利于城市建设；同时能保护自然环境，改善原本较为恶劣的生态环境。

7.5.4　引导土地开发利用强度

充分利用高原山地特点，实行分区划管理，引导土地开发利用强度。

7.5.5　兼顾旅游观光功能

建议因地制宜，依山就势，打造城市特色。在城市建设过程中，兼顾山形水体的位置与形态。通过控制容积率、建筑高度等方法，打造城市具有高原山地特点的特色风貌。

7.6　高原山地城镇体系建设

7.6.1　城镇职能结构建设

（1）增强坝区中心辐射作用，增强全省整体服务业水平，推动城乡关系改变。云南省高原山地的地理特征，限制了坝区间的联系，各个城镇需要具备相对独立的职能。省域内的城镇虽然都以同质的资源开发型产业为主导，但在服务业方面，即使优势再微弱，也一定具有比较优势。这是云南省提升服务业整体水平的出发点。

凭借比较优势拓展、发展合适的产业，特别是引入技术含量高、社会生态效益好的产业，有助于提升城镇的服务水平，扩展城镇非基本经济部类的比重，增强城镇经济空间的开放性。

云南省广大的农业地区，对于地区中心城市的依赖度是很高的。城市要能够给乡村提供更便利的服务，乡村自然成为城市发展的腹地。随着科技进步和国家产业转型，云南省的服务业将会迎来新的机遇（图7-4、图7-5）。

（2）注重产业结构的同时更加注重人口就业。云南省是全国范围内经济水平靠后的省份，这是高原山地地理条件、经济区位条件、民族社会文化条件多方面因素决定的。云南省的社会文化环境是几百年自然发展的产物，帮助云南人民安身立命，不仅仅能推动经济快速发展，更是一种与自然环境相协调的生活方式。注重生活的有机化、维持传统生活方式与经济发展的平衡，是保障云南人民安居乐业的前提。城镇发展也应注重就业、注重产业培育。

（3）科学转变人居观念。城市让生活更美好。高原山地自然环境导致城镇化无法很好地通过城市工业化快速提升水平。在聚居发展条件有限的情况下，保障并提升城镇建设的质量水平是科学有效的选择；同时，通过技术革新努力提升交通条件和城乡公共设施均等化的水平，脚踏实地推动城镇化有效地发展。

（4）加强城镇文化的影响力，提升信息化水平，推进小城镇自发建设。调整城镇化发展速度，提升城乡发展水平。云南省以独特的自然风光和民族文化闻名于世，应该在文化影响方面多发挥影响力、提升软实力，并在这一基础上，进一步提升信息化基础设施的建设水平，以适应劳动者的智慧结构。这样一方面有利于在空间上保存民族传统文化，另一方面有利于培养新的、适应于当今生活的民族优秀文化，进而增强云南省文化服务的水平。

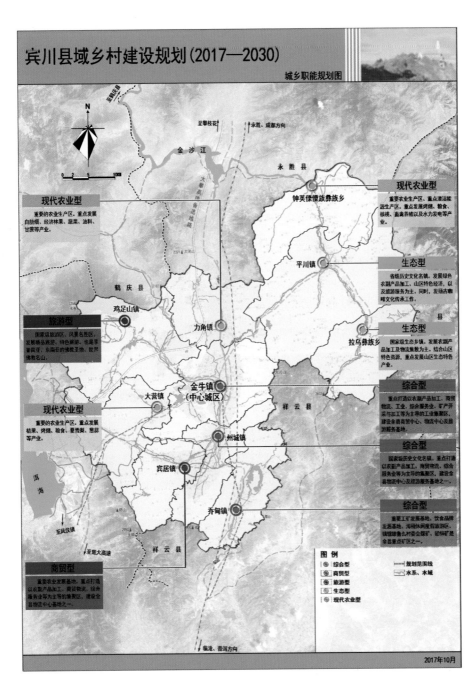

图 7-4 宾川城乡职能规划图

资料来源：云南山地城镇区域规划设计研究院。

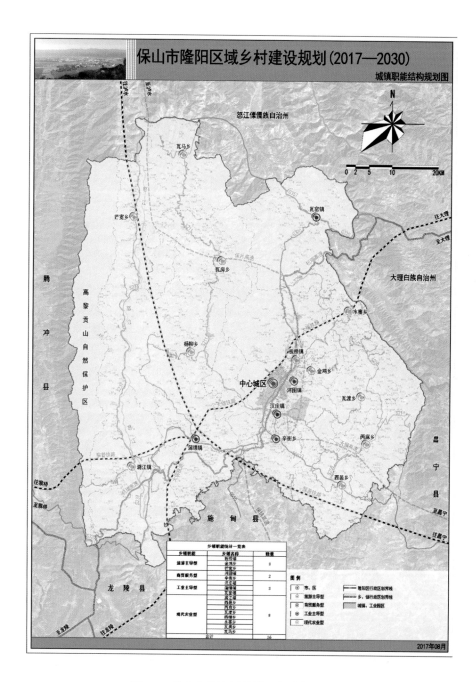

图 7-5　保山市隆阳区城镇职能结构规划图
资料来源：云南山地城镇区域规划设计研究院。

7.6.2 城镇规模等级结构建设

1) 按照城镇人口分布与迁移实际情况进行集中城镇化

当前，云南省整体正处于集中城镇化发展的阶段，虽然农业人口依然占有大多数，但人口流动、特别是青壮年劳动力的流动规模巨大。城镇化是云南省社会发展的主流，要根据城镇体系发展的特点掌握城镇化的速度，使其产生出更高的经济、社会、环境和文化效益。

2) 大城市和中等城市的城镇发展与山地开发

云南省的发展动力主要在于沿交通经济走廊分布的大中城市。这些城市的城镇化速度和人口迁移增长的水平远远高于省域内的其他城镇。因此，这些城镇必须结合高原山地的环境特征，努力扩展生产生活空间，并与山地开发高度结合。

3) 小城镇的人文生态保护

小城镇的发展不是简单地靠规模投入和物质空间生产完成的，要依靠小城镇自组织发展动力推动。云南小城镇的人文生态环境是宝贵的资源。只有在有机发展的过程中其物质空间、文化与生活形式才能具备有机融合的条件。这种融合在云南整体发展的条件下，文化价值将会越来越高。

4) 优化城镇体系及产业结构组成

云南省城镇体系中规模等级主要取决于城市自身的产业发展，而非区域产业体系。

未来的云南产业结构会逐渐转变为区域层面的结构体系。特别是服务业的结构，会打破行政区划界限，涉及越来越多的城镇。在此基础上，城镇体系内部各城镇间的联系也会越来越密切。在考虑未来云南省产业结构组成的时候，需要在结合各个城镇产业优势基础上，在区域层面进行引导，推动产业链和组团整体效益的提升。

7.6.3 空间体系结构与形态

1) "大分散、小聚合"格局维护生态环境空间格局特征

从生态环境的角度，城镇间巨大的山体区隔和空间距离是没有办法改变的。而这一生态格局也成就了云南省的独特之处。维护生态环境空间格局对于维护云南省的生态安全、生物资源等方面，具有重要意义。

2) 加强城市群中心城镇的网络化联系

虽然地理空间距离无法突破，但可以通过改变时间、信息距离增加城市群内部的联系程度，从而提升云南省各个城市群的经济集聚水平。完善的网络化联系有助于进一步推进城镇化和现代化。未来信息的网络化也会改变城市群生活的面貌。

3) 重点城镇沿主要廊道作用，科学推动经济发展

交通经济廊道将国内外的人流、物流、资金流引入云南境内，改变云南省相对封闭的生活环境。

未来信息、物流等技术的发展也将改变云南省的经济状况。廊道辐射范围内的城市将会平等地享受到现代化的便利。

但由于云南省的自然地理区隔，很多区域相对于其他省份依然会处于孤立的状态。社会、经济的孤立有助于保持其特有的民族文化和生活方式，从而形成高原山地独特的风景。

7.6.4　基础设施网络建设

(1)交通体系受地形制约，需在建设绩效提升的基础上，讲求效益水平、市场调节，完善交通网络功能。交通系统的建设受到地形的制约，建设成本会比较高。但只要遵循市场为主、政府导向的原则，以建设绩效评估作为基础设施投入的参考标准，就一定能够高效地实施建设。

在一个较长的时期后，云南省的交通网络功能将会得到完善，大大提升高原山地的交通服务水平。

(2)因地制宜实施服务设施均等化，注重社会效益。因地制宜实施服务设施均等化，关键是建设效益和效果的把握。

在云南省高原山地与坝区交错分割的情况下，基础设施投入的成本较大，但在条件允许的情况下应该以社会效益为准绳，积极投入工程难度大的基础设施建设。

7.7　高原山地城镇人居环境适应性保护与发展

7.7.1　人居环境适应所处自然环境的保护与发展

云南地区自古是多民族聚居地，在漫长的生存和发展历史中，形成和积累了相当丰富的有关生态环境的知识、文化，并形成了富有民族特征和地域特色的生态观。在这种生态观的指导下，先民修建民居和村寨；云南民居与自然环境融为一体，将自然之美、环境之美和景观之美的理念体现得淋漓尽致，这是人和自然和谐相处的象征。云南地区人居环境的朴素适应观可以总结为四个方面：

1)敬畏与崇拜大自然

云南的少数民族自古崇拜各种神灵：有控制天地的"天神"、滋养万物的"地神"、灌溉作物的"水神"、为人们带来光和热的"火神"，以及其他与人类生活有关的动物神和植物神等。这都是由于在人类文明早期发展的时候，对各种自然现象没有合理的科学认识，对自然的力量无法掌控，因此将其神化为神秘、强大的神灵。对自然的敬畏和崇拜，在云南地区各少数民族的生态观中占有核心和主导地位，几乎每一个建造村寨的过程，都有与祭祀和仪式相关的部分，表明了各民族对自然环境的崇拜和信仰。

2)亲和与保护自然环境

各民族的文化有所不同，生态文化也是如此。在彝族中，神山有着重要地位；纳西族将自然看作是与人同父异母的兄弟；德昂族信奉人与花鸟鱼虫一样，都是平等的；傣族认为是自然生育了人类——森林为父，大地为母，林、水、田、粮养育了人；基诺族可以说是森林守护者，他们把森林进行了不同的划分，有寨神林、公墓林、防风防火林、山梁防林、轮歇耕作林等，还制定了相应的规定；白族将龙神当作所有族人必须共同守护的"本主"；普米族称自己是森林的朋友。在云南地区，各民族崇拜自然，保护自然，并且将这一观念当作指导自身行为的指南，在这种观念下，他们顺应自然、礼待自然、保护自然，与自然和谐相处，与周围自然环境融为一体，真正达到了中华民族"天人合一"的最高境界。

3）人居环境的审美意识

云南的少数民族聚居地大都处在群山之中的山地、河谷、坝子，有独特的审美意识，村寨大多建在靠近山水的地方，树木成荫、环境美丽。从选择的环境可以看出建筑审美观：

"追求自然美，不改变天然的环境；享受山水之美，多在山水旁建造村寨；崇尚原生态美，将林木当作朋友，喜爱绿色之美；注重村寨的周边环境，追求自然的景观之美"。

这样独具特色的审美观念，不但是各民族生态观的重要组成部分，也是少数民族地区重要的可持续发展的文化资源。

4）建寨盖屋的风水观念

云南各少数民族一直受内地中原文化的影响，在云南地区建设村寨时就有类似于汉族传统的风水观念，有的民族甚至有汉族文化中的风水师或阴阳师等职业；白族村寨在入口处修建风水照壁，并种上大榕树，以此作为风水树；傣族在修建房屋前，要请来"莫练"确定建筑的方向和走位，请算卦的先生选定开工的吉时；而彝族在修建房屋时邀请毕摩看风水，选择好日子和时间上正梁；阿昌族也有类似于汉族的风水师和阴阳师。这些现象都说明，以追求理想的生活条件和发展环境为主的传统风水观念，已经成为云南地区少数民族生态观的一部分。

5）适应地形条件的格局特征。

云南地形复杂，地势多变，云南传统村落也往往依据所处环境建造和发展，表现出与周边地形地貌相互交映，与环境形成整体和谐的生长关系。哈尼族的蘑菇房和彝族的土掌房，依山傍水，村寨错落有致，往往沿着河流流向延伸和发展，内在秩序以线性为主，建筑朝向也顺着水系，村巷的空间变化显得丰富和自然。而山间平坝聚落，表面上看十分随意，但是其实内含组团肌理的布局，尤其是规模较大的平坝聚落，更是表现出一种理性的内在秩序，组团的构成方式和发展趋势更加明显(图7-6)。

图7-6 沿等高线布局的部落——团结乡乐居村(石克辉等，2003)

6) 对地理环境的因势利导

传统的村落，不仅在布局上顺应当地地形，还善于将风向、日照、空气和水文等自然条件巧妙地引入，并且通过合理规划，消除或者减少不利自然因素对村落的影响。

山地及山间平坝聚落，善于根据地理条件结合日照风向选择背风向阳的最佳朝向。如大理的苍山是南北走向，常年以西风和偏西风为主导风向，最大风速可达 4m/s，而大理白族的村落就因势利导，将村落选择建在苍山的东面，坐西朝东，不仅避开了主导风向，而且能得到较好的日照。丽江的玉龙雪山位于丽江古城的西北方，是中国最南的雪山，丽江属高原型西南季风气候，气温偏低，从雪山上刮来的寒风对村镇来说是一个非常不利的自然因素，但是在没有雪山寒风的地方，气温则要暖和的多。因此，丽江古城依托西北方的金虹山和狮子山为屏障，面朝东南，挡住了西北向的雪山寒风。高原没有发达的水系，但是许多云南村镇还是利用地势高差，将山泉河水引入村镇，形成小型的人工水系，城内沟渠纵横，空间曲折，家家门前都流水，户户院里均养花，不仅方便日常生活，也有利于排洪防灾，利于改善周围环境(图 7-7)。

图 7-7　沿河流的傣族村落(石克辉等，2003)

7) 节约可耕地资源

云南地区以山地为主，以农耕为主的传统村落和民居既要满足居住用地的需求，又必须保证足够的耕种土地。从整体上看，传统的云南民居及村落以小体积、高密度的组合方式聚居，无论是以院落组团构成的一颗印民居，还是在山间平坝之中随地形起伏，层层排列的土掌房村落，高密度聚居，都能有效利用空间，尽量少占地，留出大量耕地、农田及植被，为聚居地提供足够的生产用地和生态屏障；从细部看，为了保护山腰或山脚平坦肥沃的耕地，云南山地居民充分利用地势条件，在贫瘠、不便耕种的山脊上利用自然形成的高差，通过架空、筑台等构筑方式进行建设，如傈僳族的千脚落地房、一颗印和土掌房等，都是典型的利用地势和复杂地形的例子。

7.7.2　人居空间和水系适应关系

水在人们的生活中不可或缺，云南江河纵横、高原湖泊众多，水资源非常丰富，但降水却分布不均，这使得当地人们在历史的长河中逐水而居，众多传统聚落或围绕湖泊分布，或临河临水，水系在塑造聚落的同时，也在不断被改造和利用，传统聚落的生长和水系息息相关，水系是聚落的重要组成部分。

按照水系在传统聚落中分布的位置，可以分为贯穿式和边缘式两种。贯穿式水系是指水系从聚落内部穿过，或穿越串联整个聚落，或呈网状遍布整个聚落；边缘式水系是指水系不穿过聚落的内部，而从聚落的边缘环绕而过。

1) 贯穿式水系

贯穿式水系的传统聚落，通常水系纵横交错，形成网络遍布整个聚落，通常沿水系的生长方向发展成为聚落的增长轴线。肌理较为自由，在人们的改造利用中，不断变化形态，同时也呈现出愈加致密的趋势。

如丽江古城黑龙潭玉泉水经玉河从西北进入古城，分成东、中、西三条河，然后随地形地势又分成无数条支渠散布古城、自然流淌，形成"城依水存，水随城在"的特色，在古城内形成密布且不规则的水网。其中，中河为古城内的自然河流，古城最早便是沿着中河两岸展开，东河与西河为人工开挖的河流，由此将水一分为三，再分为无数，沿地势形成树状和网状结合的特点(图7-8)。

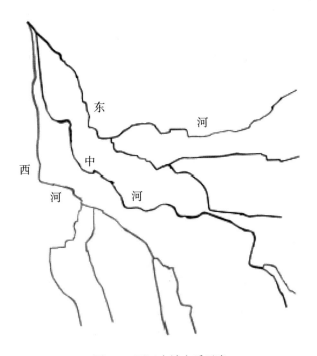

图7-8　丽江古城水系示意

　　束河西侧群山环抱，北有九鼎与疏河龙潭，村庄选址属典型"背山面水"。地势西北高，东南低，由北转向西南的青龙河将其分为东西两区并通过青龙桥相连，水流与道路紧密结合，主要街道两侧设有水渠，河水穿街而过。中部四方街沿支流东南向延展至地势平坦地带，使总体布局呈分散的"人"字形空间形态。区别于大研的"水网密布"，束河水系仅沿西南及东南方向主要道路划分，支流贯穿全村，呈"水路并行"之势。水系的流向与聚落的发展方向一致，聚落肌理顺应水系肌理（图7-9）。

图 7-9　聚落肌理顺应水系示意

　　2）边缘式水系

　　水系从传统聚落的边缘流过形成聚落的边缘式水系。

　　如大理云龙诺邓村落中由北向南穿过两条溪流，虽然"水细未成河"，但其河床可以排泄山顶和聚落中留下来的雨水和污水，使缓坡地免受洪涝灾害，溪水还可为周围的居民提供除饮用之外的各类用水。（图7-10）。

　　曼冈村与居住在山中的其他村寨共享一套上下水系，水源为寨中的泉水和山上的蓄水池，经过层层分流供给村寨。在曼冈村中，主要的水系为聚落北部的南各河，南部山上留下的小溪尚未形成河流。南各河从聚落的边缘流过，限制了聚落向河北部的发展，聚落主体在河南部沿河流方向生长（图7-11）。

图 7-10　诺邓村落水系肌理

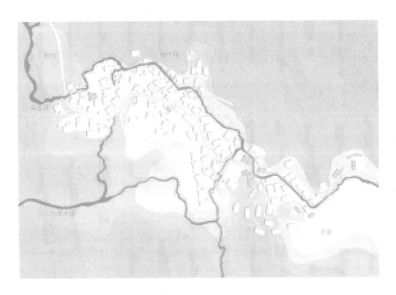

图 7-11　曼冈村水系肌理

7.7.3　城镇空间的适应性建设

(1)充分尊重地形地貌自然特征，构建城市格局(图 7-12)；

(2)山地交通网络体系的建立；

(3)多层次交通模式的构建(图 7-13)；

(4)结合地形制定开发强度；

(5)土地混合利用；

(6)注重城镇界面的营造建筑及建筑环境的适应性(表 7-2、表 7-3)。

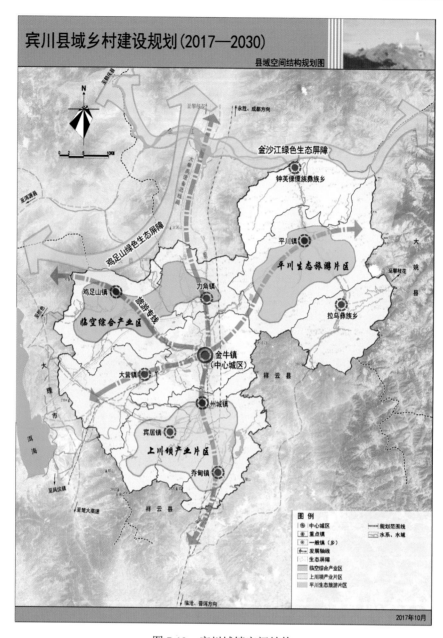

图 7-12   宾川城镇空间结构

平行等高线的山城步道

垂直等高线的山城步道

图 7-13   山城步道与等高线分布关系

表7-2 基于民族文化差异的乡村风貌特色引导一览表

类型	风貌塑造引导		
	聚落形态	风貌特色	民居建筑
汉族村落	规制型聚落	"一颗印"的住屋形式；具有清晰空间界定的"村口"；村落水口处的风水林或文笔塔；体现礼治思想、宗族制度的宗祠、牌坊及乡贤祠建筑	新中式多层建筑、汉式合院民居等
彝族村落	规制型聚落、带状建筑	村落掩映于密林之中，村口植高大树木或置特色建筑小品；民居建筑讲求鳞次栉比的韵律之美，建筑色彩以黑、红、黄为主；村落内散布以彝族崇拜物为主题的特色小品；村落旁择址建"神林"加以敬奉	木楞房、土掌房及其现代演化新型民居建筑
傣族村落	带状聚落	更为原始古朴的傣族先民居住形态；与自然景观相协调的"一楼一底"建筑，建筑色彩以黑色、青色为主，点缀以红色、绿色	三角落地型花腰傣民居、干栏式两面坡形竹楼
白族村落	带状聚落	通常以东西轴线安排房屋，重院则按横向的南北轴线深入。大门设在东北角，主房坐东朝西，与厢房照壁围成院落	"一坊一廊"、"三坊一照壁"、"四合五天井"等
傈僳族村落	组团式聚落	村落周边保持相对纯净的生态景观；基于动物有灵的"神物"文化而形成的图腾景观元素	竹篾房、木楞房
回族村落	规制型聚落	灵活布局的回居院落，建筑色彩以绿、白两色搭配为主；以清真寺为核心的礼拜空间和公共空间	"三方四合院"回式建筑
苗族村落	组团式聚落、散点式聚落	顺应自然地形的村落布局，保留禾晾建筑等乡土景观；村落旁植"神林"	苗家干栏式建筑

表7-3 基于地理地貌差异的城镇风貌塑造引导一览表

类型	风貌塑造引导	
	聚落形态	风貌特色
平坝区村落 新型农村社区	与农村居民适度集中居住要求相适应的现代聚落	住宅选型应符合地方民居特色的建筑色彩和风格，植物配置应以本土树种为主
一般村落	与当地历史文脉相适应的传统聚落	保持村庄整体环境完整性和真实性，传承地方建筑特色和街巷空间景观格局。体现乡土文化的街道、街巷、生活聚落空间应成规模保留
山地区村落 坡地型山地村落	依山就势垂直分布台地状聚落	通过视线控制、地块限高的手段体现风貌，组织有山地特色的景观秩序，强化地形的层次感和丰富地形的纵深感
河谷型山地村落	带状布局聚落	村落间结合自然条件，形成山体向河谷自然过渡的生态廊道，使自然景观渗透入乡村之中。通过高度控制构建"显山露水"的视觉景观，充分"借山用水"，形成变化有序、层次清晰的景观序列

7.8 高原山地人居空间街巷体系适应性保护与建设

高原山地人居空间中的街巷体系，一般主要呈现方格网、放射状、鱼骨状、自由式几种形式，均为自然适应的结果，在建设中应注重其形成的原因，合理利用。

7.8.1　方格网街巷体系

方格网街巷体系多在平地聚落出现，街巷体系较为规整。

大理古城呈方形，城内由南到北横贯五条大街，自西向东纵穿八条街巷，整个城市呈棋盘式布局，素有"九街十八巷"之称，道路泾渭分明，方格网状的道路规整明晰。

周城村内的主要道路为环村南、西、北面的镇南路、镇西路和镇北路；次要道路主要为东西向的文兴路、大充路、塔充路、石佛路以及南北向的茶马古道一条街；其他主要由巷道联系各村户，各级道路形成紧密的道路肌理（图 7-14）。

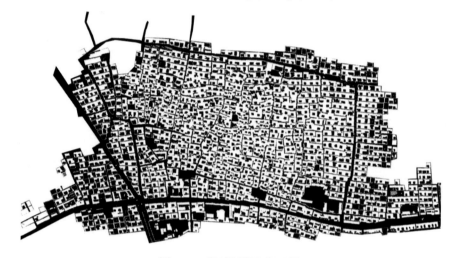

图 7-14　周城村道路肌理图

维西县结义村，村域面积为 25.16km²，人口为 296 人，户数为 58 户（图 7-15）。

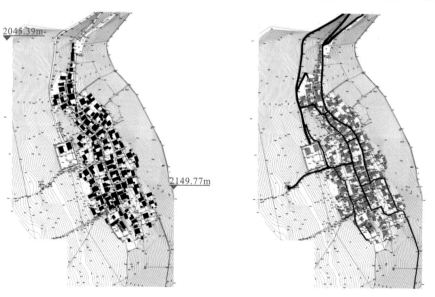

图 7-15　维西县结义村

7.8.2　放射状街巷体系

道路沿主要山体或水系呈现放射状形态，如德钦县霞若乡霞若村，村域面积为 4.63km², 人口为 145 人，户数为 34 户（图 7-16）。

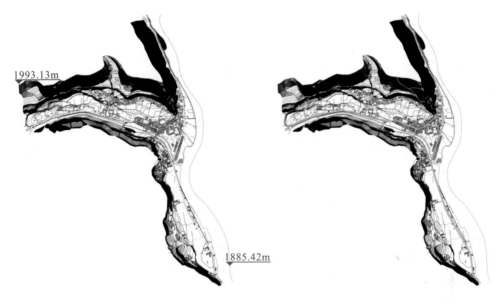

图 7-16　德钦县霞若乡霞若村

7.8.3　鱼骨状街巷体系

鱼骨状的街巷体系，一般由一条或少数几条主要道路串起整个聚落，再在主要道路上横向衍生次要道路，整个道路网络形似"鱼骨"。在高原山地中，一般鱼骨主路垂直等高线，起到串联整个聚落的作用，受地形和开发限制，主路仅有一条，且坡度较大；支路平行于等高线，起到连接各家各户的作用，在云南传统聚落中，一般都为尽端路（图 7-17）。

楚雄禄丰炼象关村与大理洱海东面的双廊镇具有典型的鱼骨状道路肌理，横穿整个聚落的主路与两侧垂直主路方向的次路，并一同构成整个聚落的道路。

西双版纳曼冈村的道路肌理呈现出鱼骨状的特征，聚落内部的道路分为主路与支路两级。主路是 5m 宽的水泥路，穿寨而过，成为整个聚落发展的轴线，支路衍生于主路并连接各家各户（图 7-18、图 7-19）。

丘北县猫猫冲村，村域面积为 2.73km², 人口为 1160 人，户数为 264 户（图 7-20）。

芒市遮冒村，村域面积为 2.37km², 人口为 1012 人，户数为 223 户（图 7-21）。

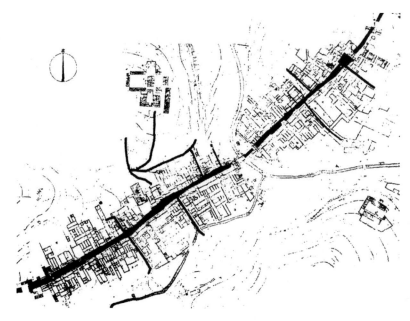

图 7-17　炼象关村道路肌理图

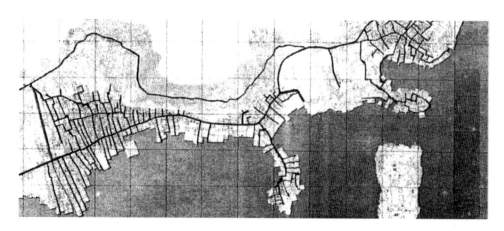

图 7-18　西双版纳曼冈村道路肌理图

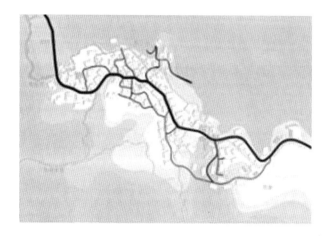

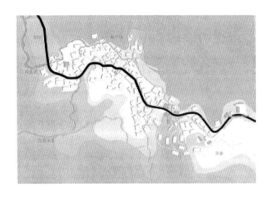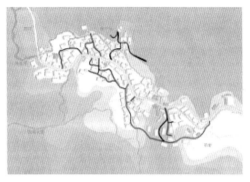

图 7-19　西双版纳曼冈村道路肌理图

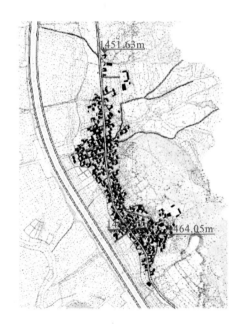

图 7-20　丘北县猫猫冲村

图 7-21　芒市遮冒村

维西同乐村，所处自然环境坡度较陡，村落属于层叠状村落。作为层叠状村落，由于地处复杂自然环境，其街巷组织具有明显的高原山地特征，整个街巷组织呈现类鱼骨状特点：平行等高线方向的街巷多尽端式布置；垂直等高线方向的街巷数量较少，且结合地形平坦区域形成节点空间。

同乐村垂直等高线方向坡度变化大，垂直等高线方向的道路较少，且为竖向人行梯道形式；平行等高线方向的道路多为尽端路形式。所以，村落中少量道路起连接村落垂直方向的通达作用，将村落的"天-人-地"格局串联在一起。道路在较为平坦的用地区域会形成放大节点，以布置相应的重要建筑或村落公共空间，形成村落中的公共区域。同乐村村落中部的广场即为用于"阿尺目刮"民族歌舞的公共空间。而在平行于等高线方向的街巷体系中，街巷是连接各建筑之间的载体，同时连接由于地形变化所形成的建筑台地(图7-22)。

图7-22　同乐村街巷格局

　　千年白族村诺邓地处滇西澜沧江纵谷区，位于云南大理地区云龙县内，是因为开采盐井而逐渐形成的白族聚居，属于典型的高原山地村落。现状人口规模约 283 户，993 人。据笔者实地调研实测经纬度 N25°33′01″，E99°13′35″；村落最低海拔 1866m，最高点的玉皇阁海拔 2300m，高差较大(图 7-23)。

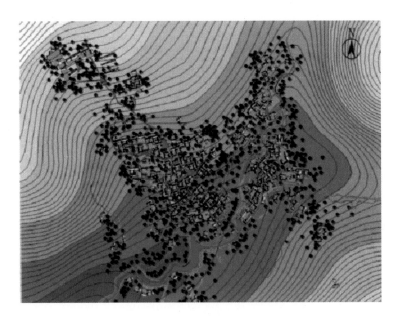

图 7-23　诺邓村街巷示意图

　　在传统高原山地村落中，由于地形限制，街巷空间并不追求完整形态、规则的布局方式。村落中通常仅有少量道路起连接村落垂直方向的通达作用，串联"天-人-地"格局。

　　总而言之，高原山地聚落地处复杂自然环境，垂直高差大，街巷组织有明显的垂直制约特征，形成鱼骨状的街巷组织关系：平行等高线方向街巷多尽端式布置；垂直等高线方向街巷数量较少，且结合地形平坦区域形成节点空间。

7.8.4　自由式街巷体系

　　自由式街巷，通常是由于所处高原山地的自然地形变化较大，道路结合自然地形呈不规则状布置而形成的。这种类型的路网没有一定的格式，变化很多。

参 考 文 献

白海霞, 朱桂香, 普荣. 2009. 中国西南喀斯特旅游景观区划研究[J]. 云南地理环境研究, 21(05): 88-92, 97.

曹晓峰, 孙金华, 黄艺. 2012. 滇池流域土地利用景观空间格局对水质的影响[J]. 生态环境学报, 21(02): 364-369.

陈春瑜, 和树庄, 胡斌, 等. 2012. 土地利用方式对滇池流域土壤养分时空分布的影响[J]. 应用生态学报, 23(10): 2677-2684.

陈冬梅, 卞新民. 2005. 高原湖泊旅游资源的生态可持续利用评价研究[J]. 资源调查与环境, (04): 305-310.

陈思思, 张虎才, 常凤琴, 等. 2016. 异龙湖湖泊沉积对流域人类活动的响应[J]. 山地学报, 34(03): 274-281.

陈兴中. 2004. 西部山区旅游地可持续发展研究[J]. 乐山师范学院学报, (02): 13-15.

陈治邦, 陈宇莹. 2006. 建筑形态学[M]. 北京: 中国建筑工业出版社: 12.

程浩亮, 杨具瑞, 芦振爱, 等. 2011. 滇池湖泊生态系统水动力学模拟[J]. 生态与农村环境学报, 27(04): 74-80.

程鸿. 1983. 我国山地资源的开发[J]. 山地研究, (02): 1-7.

崔汉超. 2018. 地形差异下的宾川县乡村聚落人居环境对比研究[D]. 昆明: 云南大学.

党国锋, 纪树志. 2017. 基于 GIS 的秦巴山区土地生态敏感性评价——以陇南山区为例[J]. 中国农学通报, 33(07): 118-127.

董磊, 彭明春, 王崇云, 等. 2012. 基于 USLE 和 GIS/RS 的滇池流域土壤侵蚀研究[J]. 水土保持研究, 19(02): 11-14, 18.

董云仙, 吴学灿, 盛世兰, 等. 2014. 基于生态文明建设的云南九大高原湖泊保护与治理实践路径[J]. 生态经济, 30(11): 151-155.

董云仙, 赵磊, 陈异晖, 等. 2015. 云南九大高原湖泊的演变与生态安全调控[J]. 生态经济, 31(01): 185-191.

段文秀. 2011. 洱海流域土壤侵蚀动态变化研究[J]. 中国水土保持, (11): 38-40, 66.

范水生, 陈文盛, 邱生荣, 等. 2015. 山地型休闲农业生态系统服务功能价值评估研究[J]. 中国农业资源与区划, 36(07): 117-122.

范弢. 2010. 滇池流域水生态补偿机制及政策建议研究[J]. 生态经济, (01): 154-158.

范雪峰. 2005. 云南地方传统民居屋顶的体系构成及其特征[D]. 昆明: 昆明理工大学.

方芳. 2014. 垂直梯度视角下的高原山地人居环境演变研究[D]. 昆明: 云南大学.

方精云, 沈泽昊, 崔海亭. 2004. 试论山地的生态特征及山地生态学的研究内容[J]. 生物多样性, (01): 10-19.

房志勇. 2000. 传统民居聚落的自然生态适应研究及启示[J]. 北京建筑工程学院学报, (01): 50-59.

封志勇, 唐焰, 杨艳昭, 等. 2007. 中国地形起伏度及其与人口分布的相关性[J]. 地理学报, (10): 1073-1082.

冯德显. 2006. 山地旅游资源特征及景区开发研究[J]. 人文地理, 92(06): 67-70.

甘淑, 陈娟. 2006. 云南高原山地公路沿线植被群落调查分析——以昆石高速公路为例[J]. 水土保持通报, 26(1): 38-41.

甘淑, 何大明. 2006. 云南高原山地生态环境现状初步评价[J]. 云南大学学报(自然科学版), (02): 161-165.

高明, 杨浩. 2006. 滇池流域斗南不同土地利用下土壤养分的分布及其对环境的影响[J]. 安徽农业科学, (23): 6255-6257, 6259.

高喆, 曹晓峰, 黄艺, 等. 2015. 滇池流域水生态功能一二级分区研究[J]. 湖泊科学, 27(01): 175-182.

龚伟, 胡庭兴, 宫渊波, 等. 2004. 浅谈脆弱森林生态系统的形成特征及其治理措施[J]. 四川林勘设计, (01): 5-10.

龚正达, 吴厚永, 段兴德, 等. 2005. 云南横断山区蚤类物种丰富度与区系的垂直分布格局[J]. 生物多样性, (04): 279-289.

郭彩玲. 2006. 我国山地旅游资源特征及可持续开发利用对策探讨[J]. 地域研究与开发, (03): 56-59.

郭红雨. 1998. 山地建筑的本土性[J]. 新建筑, (04): 51, 53-54.

郝立波, 刘海洋, 陆继龙, 等. 2009. 松花湖沉积物~(137)Cs 和~(210)Pb 分布及沉积速率[J]. 吉林大学学报(地球科学版),

39(03)：470-473.

何远江. 2012. 高原山地型旅游城镇建设的保护与开发[A]//中国城市规划学会. 多元与包容——2012 中国城市规划年会论文集(11. 小城镇与村庄规划)[C]. 中国城市规划学会：7.

洪艳, 徐雷. 2007. 山地建筑单体的形态设计探讨[J]. 华中建筑, (02)：64-66.

胡元林, 杨蕊. 2012. 高原湖泊流域经济与生态良性耦合模式研究[J]. 经济问题探索, (05)：173-178.

胡元林, 赵光洲. 2008. 高原湖泊湖区可持续发展判定条件与对策研究[J]. 经济问题探索, (08)：88-91.

胡元林, 郑文. 2011. 高原湖泊流域可持续发展研究[J]. 生态经济, (03)：168-171, 183.

黄承标, 陈俊连, 冯昌林, 等. 2008. 雅长兰科植物自然保护区气候垂直分布特征[J]. 西北林学院学报, 23(5)：39-43.

黄静波. 2007. 山地型景区旅游产品设计——以郴州市为例[J]. 人文地理, (05)：103-106.

霍震, 李亚光. 2010. 基于 GIS 的滇池流域人居环境适宜性评价研究[J]. 水土保持研究, 17(01)：159-162, 187.

姜辽, 张述林. 2007. 国内外山地旅游环境研究综述[J]. 重庆师范大学学报(自然科学版), (04)：77-81.

金蕾. 2004. 云南传统民居墙体营造意匠[D]. 昆明：昆明理工大学.

金其铭. 1989. 中国农村聚落地理[M]. 南京：江苏科学技术出版社.

孔海浪. 2012. 云南山地低碳小城镇规划研究[A]//中国城市规划学会. 多元与包容——2012 中国城市规划年会论文集(11. 小城镇与村庄规划)[C]. 中国城市规划学会：中国城市规划学会：10.

兰策介, 沈元, 王备新, 等. 2010. 蒙新高原湖泊高等水生植物和大型底栖无脊椎动物调查[J]. 湖泊科学, 22(06)：888-893.

李斌, 董锁成, 李雪. 2009. 四川省生态经济区划研究[J]. 四川农业大学学报, 27(3)：302-308.

李炳元, 潘保田, 程维明, 等. 2013. 中国地貌区划新论[J]. 地理学报, 68(03)：291-306.

李超. 2016. 高原山地聚落垂直梯度分布特征及影响因素研究——以大理云龙为例[D]. 昆明：云南大学.

李建国, 刀红英, 张亮, 等. 2004. 滇池流域水土流失监测[J]. 水土保持研究, (02)：75-77.

李锦胜. 2011. 洱海流域土地利用格局研究[J]. 环境科学导刊, 30(04)：34-39.

李景宜. 2002. "黄金周"山地旅游市场竞争态及其转移研究[J]. 山地学报, (05)：531-535.

李林红. 2002. 滇池流域可持续发展投入产出系统动力学模型[J]. 系统工程理论与实践, (08)：89-94.

李卫平. 2012. 高原典型湖泊营养元素地球化学循环与重金属污染研究[D]. 呼和浩特：内蒙古农业大学.

李新, 程国栋, 卢玲. 2003. 青藏高原气温分布的空间插值方法比较[J]. 高原气象, (06)：565-573.

李旭东, 张善余. 2006. 贵州喀斯特高原人口分布与自然环境定量研究[J]. 人口学刊, (03)：49-54.

李泽红. 2006. 洱海流域水污染预测与对策研究[D]. 昆明：昆明理工大学.

李志英, 孙奕, 李晖. 2012. 基于环境影响识别的滇中高原湖泊城市景观评价——以昆明市为例[J]. 生态经济, (07)：161-164, 180.

郦建锋, 杨树华, 谭志卫, 等. 2008. 洱海流域土地利用格局变化研究[J]. 云南大学学报(自然科学版), (S1)：382-388.

林忠辉. 2004. 气象要素空间插值方法优化[J]. 地理学报. 23(3)：357-364.

刘峰贵, 王锋, 侯光良, 等. 2007. 青海高原山脉地理格局与地域文化的空间分异[J]. 人文地理, (04)：119-123.

刘佳. 2012. 草海高原湖泊湿地生态安全评价研究[D]. 重庆：重庆师范大学.

刘世梁, 崔保山, 杨志峰, 等. 2006. 高速公路建设对山地景观格局的影响——以云南省澜沧江流域为例[J]. 山地学报, (01)：54-59.

刘世翔, 胡艳飞, 闫清华, 等. 2011. 专家克里金插值法在空间插值中的应用[J]. 地质与资源, (04)：292-294.

刘涛, 杨昆, 王桂林, 等. 2014. 基于蚁群算法的 MAS/LUCC 模型模拟洱海流域土地利用变化[J]. 数字技术与应用, (02)：128-130, 132.

刘兴良, 史作民, 杨冬生, 等. 2005. 山地植物群落生物多样性与生物生产力海拔梯度变化研究进展[J]. 世界林业研究, (04): 27-34.

刘学, 黄明. 2012. 云南历史文化名城(镇村街)保护体系规划研究[M]. 北京: 中国建筑工业出版社.

刘洋, 张一平, 何大明, 等. 2007. 纵向岭谷区山地植物物种丰富度垂直分布格局及气候解释[J]. 科学通报, (S2): 43-50.

刘玉发. 1997. 山地旅游资源特点及其开发利用原则——以广东省为例[J]. 资源开发与市场, (02): 84-85.

卢锡铋. 2015. 环高原湖泊人居环境景观格局及演变研究——以大理市为例[D]. 昆明: 云南大学.

陆林. 1995. 山岳风景区旅游经济效益研究——以安徽黄山为例[J]. 人文地理. 10(2): 30-36.

马国君, 蒋雪梅. 2010. 论原生态文化资源利用的扭曲及其生态后果——以云贵高原三大环境灾变酿成为例[J]. 原生态民族文化学刊, 2(01): 13-20.

马骊驰, 王金亮, 李石华, 等. 2016. 抚仙湖流域土壤侵蚀遥感监测[J]. 水土保持研究, 23(03): 65-70, 76.

马仁锋, 王筱春, 张猛, 等. 2011. 云南省地域主体功能区划分实践及反思[J]. 地理研究, 30(07): 1296-1308.

马溶之. 1965. 中国山地土壤的地理分布规律[J]. 土壤学报, (01): 1-7.

毛志睿, 陆莹. 2013. 高原湖泊型湿地人居环境保护与发展对策研究——以大理洱源西湖国家湿地公园为例[J]. 西部人居环境学刊, (04): 72-78.

梅坚. 2000. 浅谈山地自然环境与山地建筑[J]. 广西土木建筑, (03): 131-132.

潘延玲. 2000. 测量学[M]. 北京: 中国建材工业出版社.

彭盛和. 1996. 山地资源开发及应注意的问题[J]. 中南民族学院学报(哲学社会科学版), (06): 28-32.

施晔, 段海妮. 2016. 水生态文明视角下的云南高原湖泊管理对策研究[J]. 人民珠江, 37(01): 76-79.

石克辉, 胡雪松. 2003. 云南乡土建筑文化[M]. 南京: 东南大学出版社.

史继忠, 何萍. 2005. 论云贵高原山地民族文化的保护与发展[J]. 中央民族大学学报, (01): 105-108.

宋涛, 郑挺国, 佟连军, 等. 2006. 基于面板数据模型的中国省区环境分析[J]. 中国软科学, (10): 121-127.

苏国有. 2006. 云南坝子经济揭秘[M]. 昆明: 云南人民出版社: 11.

苏伟忠. 2007. 基于景观生态学的城市空间结构研究[M]. 北京: 科学出版社.

汤晨苏. 2014. 高原山地人居环境生态适应性土地利用与开发研究——以大理市为例[D]. 昆明: 云南大学.

唐富茜. 2016. 基于生态安全的高原山地城镇空间扩展研究——以大理市为例[D]. 昆明: 云南大学.

唐瑜. 2015. 高原山地传统聚落肌理特征及形成机制研究——以云南省为例[D]. 昆明: 云南大学.

童绍玉, 陈永森. 2007. 云南坝子研究[M]. 昆明: 云南大学出版社: 33-34.

屠清瑛. 2003. 我国湖泊的环境问题及治理对策[J]. 中国环境管理干部学院学报, (03): 1-3.

万潮涌. 2004. 秀美神奇的"公园省"——浅谈贵州高原的自然景观[J]. 科学咨询, (06): 36.

万绪才, 徐菲菲. 2002. 山岳型旅游资源质量综合评价研究——黄山和泰山实例分析[J]. 南京经济学院学报, (02): 17-20.

汪汇海, 李德厚, 张业海, 等. 2004. 元江干热河谷山地土壤资源的垂直分异特征及其合理利用[J]. 资源科学, (02): 123-128.

王海雷, 郑绵平. 2010. 青藏高原湖泊水化学与盐度的相关性初步研究[J]. 地质学报, 84(10): 1517-1522.

王纪武. 2006. 山地都市人居环境·城市形态发展探析——以重庆, 香港为例[J]. 重庆建筑, (04): 15-19.

王佳旭. 2015. 高原湖泊流域人居环境生态敏感性评价及空间优化研究——以异龙湖为例[D]. 昆明: 云南大学.

王剑芳. 2005. 云南高原湖泊湖区资源保护与利用及经济可持续发展——以抚仙湖湖区为例[D]. 昆明: 昆明理工大学.

王连鹏. 2018. 石屏县景观格局演变及其生态效应研究[D]. 昆明: 云南大学.

王如松. 2008. 绿韵红脉的交响曲: 城市共轭生态规划方法探讨[J]. 城市规划学刊, (01): 8-17.

王伟, 梁启斌. 2008. 人工湿地在云南高原湖泊面源污染控制中的应用[J]. 环境科学导刊, (03): 32-35.

王卫林, 叶燦原, 杨昆, 等. 2015. 基于 GIS 和 RUSLE 的洱海流域土壤侵蚀空间特征分析[J]. 湖北农业科学, 54(13): 3108-3113.

王文博, 蔡运龙, 王红亚. 2008. 结合粒度和~(137)Cs 对小流域水库沉积物的定年——以黔中喀斯特地区克酬水库为例[J]. 湖泊科学, (03): 306-314.

王兮之, 杜国桢, 梁天钢, 等. 2001. 基于 RS 和 GIS 的甘蓝草地生产力估测模型构建及其降水量空间分布模式的确立[J]. 草业学报. 10(2): 95-102.

王昕. 2002. 论山地开发与旅游[J]. 山地学报, (S1): 148-151.

韦小军. 2003. 论山水形态中人居环境建设的哲学内涵[J]. 规划师, (06): 63-65.

闻扬, 刘霞. 2009. 基于社区参与的四川山地旅游发展[J]. 财经科学, (02): 110-115.

吴存荣. 2002. 管理体制对水资源可持续利用的作用与影响[J]. 中国水利, (10): 53-56.

吴积善, 张信宝, 汪阳春. 2006. 川西北高原山地灾害垂直地带性[J]. 山地学报, (02): 161-166.

谢晨岚, 朱晓东, 李杨帆. 2005. 景观生态调控: 概念提出与方法研究[J]. 生态经济, (11): 34-36.

邢可霞, 郭怀成, 孙延枫, 等. 2005. 流域非点源污染模拟研究——以滇池流域为例[J]. 地理研究, (04): 549-558.

徐海涛. 2011. 高原湖泊湖区可持续发展评价体系及模式研究[D]. 昆明: 昆明理工大学.

徐吉洪, 张伟, 汤培彪, 等. 2010. 云南凤庆县森林资源现状及其发展思路探讨[J]. 内蒙古林业调查设计, 33(05): 79-82.

徐坚, 李英全, 姜鹏. 2008. 山地环境中廊道对人居格局及城镇体系的影响——以滇西北为例[J]. 城市问题, (08): 18-22.

徐坚, 汤晨苏, 方芳. 2013. 高原山地聚落保护与发展的适应性研究——以拖潭村村庄建设规划为例[J]. 华中建筑, 31(08): 113-118.

徐坚. 2008. 山地生态适应性城市设计[M]. 北京: 中国建筑工业出版社.

徐思淑, 徐坚. 2012. 山地城镇规划设计理论与实践[M]. 北京: 中国建筑工业出版社.

许永涛. 2017. 环高原湖泊聚落空间格局及其影响因素研究——以大理市为例[D]. 昆明: 云南大学.

闫立, 段汉明. 2009. 欠发达地区山地小城市人居环境建设初探——以巴中市南江县为例[J]. 环境科学与管理, 34(11): 26-31.

杨大禹, 朱良文. 2009. 云南民居[M], 北京: 中国建筑工业出版社: 20-23.

杨竞锐, 戴谦训, 周毅. 2014. 高原山地风电场风资源利用研究[J]. 云南电力技术, 42(04): 9-14, 19.

杨敏艳. 2016. 基于景观资源评价的环异龙湖乡村聚落保护发展研究[D]. 昆明: 云南大学.

杨雪梅. 2010. 云南高原湖泊湿地景观保护与开发研究[D]. 长沙: 中南林业科技大学.

杨月圆, 王金亮, 陈有君. 2013. 云南山地土壤垂直带信息图谱分析[J]. 山地学报, 31(01): 31-38.

尤南山, 蒙吉军. 2017. 基于生态敏感性和生态系统服务的黑河中游生态功能区划与生态系统管理[J]. 中国沙漠, 37(01): 186-197.

俞孔坚, 李迪华, 韩西丽. 2005. 论"反规划"[J]. 城市规划, (09): 64-69.

云南省计划委员会. 1990. 云南国土资源[M]. 昆明: 云南科技出版社.

张红平, 周锁铨. 2004. 山地降水的空间分布特征研究综述[J]. 陕西气象, (06): 27-30.

张洪, 陈震, 张帅. 2011. 云南高原湖泊流域土地利用与水质变化异质性分析[J]. 资源开发与市场, 27(07): 646-650, 672.

张洪, 黎海林, 陈震. 2012. 滇池流域土地利用动态变化及对流域水环境的影响分析[J]. 水土保持研究, 19(01): 92-96, 287.

张珂, 赵耀龙, 付迎春, 等. 2013. 滇池流域 1974 年至 2008 年土地利用的分形动态[J]. 资源科学, 35(01): 232-239.

张林祥. 2003. 推进流域管理与行政区域管理相结合的水资源管理体制建设[J]. 中国水利, (05): 30-31.

张振. 2005. 传统聚落的类型学分析[J]. 南方建筑, (1): 14-16.

张振克, 吴瑞金, 朱育新, 等. 2000. 云南洱海流域人类活动的湖泊沉积记录分析[J]. 地理学报, (01): 66-74.

赵璨. 2012. 基于景观生态学视角下山地城市的建设——以泸西总体规划为例[A]. 中国城市规划学会. 多元与包容——2012

中国城市规划年会论文集(09. 城市生态规划)[C]. 中国城市规划学会: 中国城市规划学会: 8.

赵光洲, 胡元林. 2007. 云南高原湖泊湖区可持续发展战略研究[J]. 生态经济(学术版), (02): 379-381+406.

赵明月, 赵文武, 安艺明, 等. 2012. 青海湖流域土壤侵蚀敏感性评价[J]. 中国水土保持科学, 10(02): 15-20.

赵万民, 李云燕. 2013. 山地城市地质灾害防治规划思考: 防治与利用一体化[J]. 上海城市规划, (04): 30-34.

赵万民, 史靖塬, 黄勇. 2012. 西北台塬人居环境城乡统筹空间规划研究——以宝鸡市高新区为例[J]. 城市规划, 36(04): 77-83.

郑云瀚. 2006. 云南民居的生态适应性[J], 华中建筑, 24(11): 108-111.

钟祥浩, 李祥妹, 王小丹, 等. 2007. 西藏小城镇体系发展思路及其空间布局和功能分类[J]. 山地学报, (02): 129-135.

周丰, 郭怀成, 刘永, 等. 2007. 湿润区湖泊流域水资源可持续发展评价研究[J]. 自然资源学报, 22(2): 290-300.

周鸿. 2001. 人类生态学[M]. 北京: 高等教育出版社.

周文龙, 熊康宁, 龚进宏, 等. 2011. 石漠化综合治理对喀斯特高原山地土壤生态系统的影响[J]. 土壤通报, 42(04): 801-807.

朱珣之, 张金屯. 2005. 中国山地植物多样性的垂直变化格局[J]. 西北植物学报, (07): 1480-1486.

庄立伟. 2003. 东北地区逐日气象要素的空间插值方法应用研究[J]. 应用气象学报. 14(5): 605-615.

邹尚辉. 1992. 城市生态系统中人与环境的关系[J]. 社会科学, (02): 61-65.

左晓舰. 2008. 西南地区流域开发与人居环境建设研究[D]. 重庆: 重庆大学

Ahmad A. 1993. Environmental impact assessment in Himalayas: An ecosystem approach[J]. Ambio, 22(1): 4-9.

Beedie P, Hudson S. 2003. Emergence of mountain-based adventure tourism[J]. Annals of Tourism Research, 30(3): 625-643

Kuniyal J C. 2002. Mountain expeditions: minimising the impact[J]. Environmental impact Assessment Review, (6): 561-581

Marquínez J, Lastra J, Garcia P. 2003. Estimation models for precipitation in mountainous regions: the use of GIS and multivariate analysis[J]. J. Hydrol., (270): 1-11.

Messerli B, Ives J D. 1997. Mountains of the World: A Global Priority. New York and Carnforth: Parthenon Publishing, 495.

Sevruk B, Nevenic M. 1998. The geography and topography effeets on the areal pattern of precipitation in a amall prealpline basin[J]. Wat. Sci. Tech., (37): 163-170.

Tsanis I K, Gad M A. 2001. A GIS precipitation method for analysis of storm kinematics[J]. Environment Modelling & Software, (16): 273-281.

Wolting G, Bouvier C H, Danloux J, et al. 2000. Regionalization of extreme precipitation distribution using the principal components of the topographical environment[J]. Journal of Hydrology, (233): 86-101.